食品理化检验技术

林 婵 著

九州出版社
JIUZHOUPRESS

图书在版编目（CIP）数据

食品理化检验技术 / 林婵著． -- 北京：九州出版社，2018.5

ISBN 978-7-5108-7198-6

Ⅰ．①食… Ⅱ．①林… Ⅲ．①食品检验 Ⅳ．① TS207.3

中国版本图书馆 CIP 数据核字 (2018) 第 122782 号

食品理化检验技术

作　　者　林　婵　著

出版发行　九州出版社

地　　址　北京市西城区阜外大街甲 35 号 (100037)

发行电话　(010)68992190/3/5/6

网　　址　www.jiuzhoupress.com

电子信箱　jiuzhou@jiuzhoupress.com

印　　刷　三河市华晨印务有限公司

开　　本　787 毫米 ×1092 毫米　　16 开

印　　张　16.75

字　　数　263 千字

版　　次　2019 年 1 月第 1 版

印　　次　2019 年 1 月第 1 次印刷

书　　号　ISBN 978-7-5108-7198-6

定　　价　59.00 元

前　言

"国以民为本，民以食为天，食以安为先"，食品是人类最基本的生活资料，是维持人类生命和身体健康不可缺少的能量源和营养源。食品的品质直接关系到人类的健康及生活质量。随着社会发展和科学进步，食品工业化和商品化步骤显著加快，与人们身心健康紧密相关的食品质量问题便更加受到人们的关注。因此，必须对食品品质进行检测和评价，以保证人类能够摄食到营养卫生的食品。食品理化检验就是通过运用物理、化学等学科的基本理论和技术，按照制定的技术标准，对食品工业生产中的原料、辅料、半成品及成品进行检测化验，进而评定食品品质及其变化的一门应用性、技术性学科。

本书以我国国家标准中食品检验检测方法为基础，联系近年来国内外先进的检测方法，结合作者自身的科研经历和检测经验，系统介绍了检验方法的原理和检测技术。注重基本理论、基础知识和基本技能的学习和培养，适当介绍新理论、新技术，了解学科发展前沿，使本书具有思想性、科学性、先进性和适用性。主要包括样品的准备，分析方法和过程，营养成分、有毒有害成分、转基因成分和添加剂的分析等的基本原理和检验技术，并具体介绍了典型分析过程的实践过程。

在编写过程中，编者参考了许多国内同行的论著及部分网上资料，资料来源未能一一注明，在此向原作者表示诚挚的感谢。

由于编者知识水平和条件有限，书中错误在所难免，恳请各位同仁和读者批评指正，以便进一步修改、完善。

林　婵

2017 年 11 月

目 录

第一章 食品理化检验概论

第一节 食品理化检验的内容和作用

一、食品理化检验的内容

食品的种类繁多，组成成分也十分复杂。由于检验的目的不同，分析检验的项目各异，分析方法也多种多样。食品分析按照分析手段不同可以分为感官分析、理化分析、仪器分析等，但即使利用先进的仪器分析方法，其原理和分析的基础还是理化分析。因此，食品分析的主要内容是理化分析。概括起来，食品理化分析的内容主要涉及以下几个方面：

（一）食品的一般成分分析

食品的一般成分分析主要是食品的营养成分分析。人体所必需的营养成分有水分、矿物质、碳水化合物、脂肪、蛋白质、维生素共 6 大类，它们是构成食品的主要成分。人们为了维护生命和健康，保证各项活动能正常开展，必须从食品中摄取足够的、人体所必需的营养成分。通过对食品中营养成分的分析，可以了解各种食品中所含营养成分的种类、数量和质量，合理进行膳食搭配，以获得较为全面的营养，维持机体的正常生理功能，防止营养缺乏而导致疾病的发生。通过对食品中营养成分的分析，还可以了解食品在生产、加工、储存、运输、烹调等过程中营养成分的损失情况，以减少造成营养素损失的不利因素。此外，通过对食品中营养成分的分析，还能对食品新资源的开发、新产品的研制和生产工艺的改进以及食品质量标准的制订提供科学依据。

（二）食品添加剂的分析

食品添加剂是指在食品生产过程中，为了改善食品的感官性状和食品原有的品质、增强营养、提高质量、延长保质期、满足食品加工工艺需要而加入食品中的某些化学合成物质或天然物质。目前，所使用的食品添加剂多为化学合成物质，有些对人体具有一定的毒副作用，如果不科学使用，必然会严重危害人们的健康。因此，国家食品安全标准对食品添加剂的使用品种、使用范围及用量均做了严格的规定。为监督食品企业在生产中合理使用食品添加剂，保证食品的安全，必须对食品中的食品添加剂进行检测，这已成为食品分析中的一项重要内容。

（三）食品中有毒有害物质的检测

食品中的有毒有害物质，是指食品在生产、加工、包装、运输、储存、销售等各个环节中产生、引入或被污染的，对人体健康有危害的物质。食品中有毒有害物质的种类很多，来源各异，且随着工业的高速发展、环境污染的日趋严重，食品污染源将更加广泛。为了确保食品的安全性，必须对食品中有毒有害物质进行分析检验。按有毒有害物质的来源和性质，有毒有害物质主要有以下几类。

1. 有害、有毒元素

有害、有毒元素主要来自工业"三废"、生产设备、包装材料等对食品的污染，包括砷、汞、铬、镉、锌、锡、铅、铜等。

2. 食品加工中形成的有毒有害物质

在食品加工中也可产生一些有毒有害物质，如在腌制加工过程中产生的亚硝胺；在发酵过程中产生的醛、酮类物质；在烧烤、烟熏等加工过程中产生的苯并（a）芘。

3. 来自包装材料的有毒有害物质

在食品包装中，由于使用不合乎质量要求的包装材料包装食品，使食品中引入有毒有害物质，如聚氯乙烯、多氯联苯、荧光增白剂等。

4. 农药

食品原料在生产中由于不合理地施用农药，使动植物生长环境中农药超标，经动植物体的富集作用及食物链的传递，最终造成食品中农药的残留。

5. 细菌、霉菌及其毒素

由于食品生产或储藏环节处理不当而引起的微生物污染，使食品中产生有害的微生物毒素。此类微生物毒素中，危害最大的是黄曲霉毒素。

总之，食品中的营养成分是人类生活和生存的重要物质基础，食品的品质直接关系到人类的健康及生活质量；食品中的有毒有害物质对食品安全造成严重威胁，为了保证食品的安全性和保障人民的身体健康，对食品中的营养成分和有害成分进行检验是食品理化分析的主要内容。

二、食品理化检验的作用

食品理化检验技术是食品生产和食品科学研究不可缺少的手段，在保证食品营养与卫生、防止食物中毒及食源性疾病、确保食品的品质及食用安全、研究和控制食品污染等方面都有着十分重要的意义。

其具体作用如下：

1. 指导与控制生产工艺过程。食品生产企业可通过对食品原料、辅料、半成品的检测，确定工艺参数、工艺要求，以控制生产过程，减少产品不合格率，从而减少经济损失。

2. 保证食品企业产品的质量。食品生产企业通过对成品的检验，可以保证出厂产品的质量。

3. 政府管理部门对食品质量进行宏观监控。检验机构根据政府质量监督行政部门的要求，对生产企业的产品或市场上的商品进行检验，为政府对产品质量实施宏观监控提供依据。

4. 对进出口食品的质量进行把关。在进出口食品的贸易中，商品检验机构需根据国际标准或供货合同对商品进行检测。

5. 为解决食品质量纠纷提供技术依据。当发生产品质量纠纷时，第三方检验机构可根据有关机构的委托，对有争议产品做出仲裁检验，为解决产品质量纠纷提供技术依据。

6. 对突发性食物中毒事件提供技术依据。当发生食物中毒事件时，检验机构可对残留食物进行仲裁检验，为事件的调查及解决提供技术依据。

第二节　食品理化检验的依据和方法

一、食品理化检验的依据

国内外食品分析与检测标准是食品理化检验的依据。食品标准是经过一定的审批程序，在一定范围内必须共同遵守的规定，是企业进行生产技术活动和经营管理的依据。根据标准性质和使用范围，食品标准可分为国际标准、国家标准、行业标准、地方标准和企业标准等。

（一）国际标准

国际标准是由国际标准化组织（ISO）制定的，在国际通用的标准。主要有：

（1）ISO：国际标准化组织（ISO）制订的国际标准。

（2）CAC：联合国粮农组织（FAO）/世界卫生组织（WHO）共同设立的食品法典委员会（CAC）制订的食品标准。

（3）AOAC：美国公职分析家协会（AOAC）制订的食品分析标准方法，在国际食品分析领域有较大的影响，被许多国家所采纳。

世界经济技术发达国家的国家标准主要有：美国国家标准 ANSI；德国国家标准 DIN；英国国家标准 BS；法国国家标准 NS；瑞典国家标准 sIS；瑞士国家标准 SNV；意大利国家标准 UNI；俄罗斯国家标准 TOCIP；日本工业标准 JIS。

要使企业生产与国际接轨，我们必须逐步采用国际标准排除贸易技术堡垒。

（二）中国标准

中国标准分为国家标准（GB）、行业标准、地方标准和企业标准4级。

1. 国家标准

国家标准是全国范围内的统一技术要求，由国务院标准化行政主管部门编制。主要有：

（1）国家强制执行标准：要求所有进入市场的同类产品（包括国产和进口的）都必须达到的标准。

国家标准的编号由国家标准的代号、国家标准发布的顺序号和年号构成，如 GB×××（该标准顺序号）—×××（制定年份）。

（2）国家推荐执行标准：是建议企业参照执行的标准，用 GB/T×××—××× 来表示。

2. 行业标准

对没有国家标准而又需要在全国某个行业范围内统一的技术要求，可以制订行业标准，如中国轻工业联合会颁布的轻工行业标准为 QB；中国商业联合会颁布的商业行业标准为 SB；农业部颁布的农业行业标准为 NY；国家质量监督检验检疫总局颁布的商检标准为 SwN 等。

行业标准也分为强制性和推荐性两种。推荐性行业标准的代号是在强制性行业标准代号后面加"/T"。

3. 地方标准

对没有国家标准和行业标准而又需要在省、自治区、直辖市范围内统一的工业产品的安全、卫生要求，可以制定地方标准。

地方标准是在省、自治区、直辖市范围内统一技术要求，由地方行政部门编制的标准，只能规范本区域内食品的生产与经营。同样的，地方标准分为强制性地方标准和推荐性地方标准，代号分别为"DB+*"和"DB+*/T"，* 表示省级行政区划代码前两位。

4. 企业标准

对企业生产的产品，尚没有国际标准、国家标准、行业标准及地方标准的，如某些新开发的产品，企业必须自行组织制订相应的标准，报主管部门审批、备案，作为企业组织生产的依据。

企业标准首位字母为 Q，其后再加本企业及所在地拼音缩写、备案序号等。对已有国家标准、行业标准或地方标准的，鼓励企业制订严于国家标准、行业标准或地方标准要求的企业标准。

二、食品理化检验的方法

在食品理化检验工作中，由于分析的目的不同，或由于被测组分和干扰成分的性质以及它们在食品中存在的含量差异，所选用的分析检验方法也各不相同。在食品理化检验中，常用的分析检验方法有物理检验法、化学分析法、仪器分析法、微生物分析法、酶分析法和免疫学分析法等。

（一）物理检验法

物理检验法是根据食品的物理参数与食品组成成分及其含量之间的关系，通过测定密度、黏度、折射率等特有的物理性质，来求出被测组分含量的检测方法。物理检验法快速、准确，是食品工业生产中常用的检测方法。

（二）化学分析法

化学分析法以物质组成成分的化学反应为基础，是被测组分在溶液中与试剂作用，用生成物的量或消耗试剂的量来确定组分和含量的分析方法。化学分析法包括定性分析和定量分析两部分，是食品理化分析的基础方法。大多数食品的来源及主要成分都是已知的，一般不必做定性分析，仅在个别情况下才做定性分析。因此，食品理化分析中最常做的工作是定量分析。

化学分析是食品分析的基础，即使在仪器分析高度发展的今天，许多样品的预处理和检测都是采用化学方法，而仪器分析的原理大多数也是建立在化学分析的基础上。因此，化学分析法仍然是食品理化检验中最基本的、最重要的分析方法。

（三）仪器分析法

仪器分析法是根据物质的物理和化学性质，利用光电等精密的分析仪器来测定物质组成成分的方法。仪器分析法一般具有灵敏、快速、准确的特点，是食品理化分析方法发展的趋势，但所用仪器设备较昂贵，分析成本较高。目前，在我国的食品卫生标准检验方法中，仪器分析法所占的比例越来越大。

第三节　食品理化检验技术用语的基本规定

一、表述与试剂有关的用语

1. "取盐酸 2.5 mL"：表述涉及的使用试剂纯度为分析纯，浓度为原装的浓盐酸。

2. "乙醇"：除特别注明外，均指 95% 的乙醇。

3. "水"：除特别注明外，均指蒸馏水或去离子水。

二、表述溶液方面的用语

1. 除特别注明外，"溶液"均指水溶液。

2. "滴"：蒸馏水自标准滴管自然滴下 1 滴的量，20 ℃时 20 滴相当于 1 mL。

3. "V/V"：容量百分浓度（%），指 100 mL 溶液中含液态溶质的毫升数。

4. "W/V"：重量容量百分浓度（%），指 100 mL 溶液中含溶质的克数。

5. "7：1：2"或"7+1+2"：溶液中各组分的体积比。

三、表述与仪器有关的用语

1. "仪器"：指主要仪器，所使用的仪器均需按国家的有关规定及规程进行校正。

2. "水浴"：除回收有机溶剂和特别注明温度外，均指沸水浴。

3. "烘箱"：除特别注明外，均指 100 ℃ ~ 105 ℃烘箱。

四、表述与操作有关的用语

1. 称取：用天平进行的称量操作，其精度要求用数值的有效数位表示，如"称取 15.0 g"，指称量的精度为 ±0.1 g；"称取 15.00 g"，指称量的精度为 ±0.01 g。

2. 准确称取：准确度为 ±0.001 g。

3. 精密称取：准确度为 ±0.0001 g。

4. 恒量：在规定的条件下，连续两次干燥或灼烧后称定的质量差异不超过规定的范围。

5. 量取：用量筒或量杯取液体物质的操作，其精度要求用数值的有效数位表示。

6. 吸取：用移液管、刻度吸量管取液体物质的操作。

7. "空白试验"：不加样品，而采用完全相同的分析步骤、试剂及用量进行的操作，所得结果用于扣除样品中的本底值和计算检测限。

五、其他用语

1. 计量单位：中华人民共和国法定计量单位。

2. "计算"：按有效数字运算规则计算。

第四节　食品理化检验的原则和发展趋势

一、食品理化检验的原则

《中华人民共和国食品安全法》和国务院有关部委及省、市、自治区卫生防疫部门颁发的食品卫生法规是判定食品是否能食用的主要依据。

由国务院有关部委和省、市、自治区有关部门颁发的食品产品质量标准是判定食品质量优劣的主要依据。

食品具有明显腐败变质或含有过量的有毒、有害物质时不得供食用。

食品由于某种原因不能直接食用，必须严格加工或在其他相关条件下处理时，可提出限定加工条件、加工环境和限定食用及销售等范围的具体要求。

食品的某些指标的综合判定结果略低于产品质量有关标准，而新鲜度、病原体、有毒有害物质指标符合卫生标准时，可提出要求在某种条件下、某种范围内可供食用。

在鉴别指标的分寸掌握上，婴幼儿，老年人，病人食用的保健、营养食品，要严于成年人、健康人食用的食品。

鉴别结论必须明确，不得含糊不清、模棱两可，对符合条件可食用的食品，应将条件写准确；对没有鉴别参考标准的食品，可参照有关同类食品进行全面恰当的鉴别。

在进行食品综合全面鉴别前，应向有关单位或个人收集食品的有关资料，如食品的来源、保管方法、贮存时间、原料组成、包装情况，以及加工、运输、保管、经营过程的卫生情况。寻找可疑环节、可疑现象，为鉴别结论提供必要的正确鉴别的基础。

鉴别检验食品时，除遵循上述原则以外，还应有如下要求：食品检验人员或其他有关进行感官检查的人员，必须敢于坦言，而且身体健康，精神素质健全，无不良嗜好、不偏食。同时，还应具有丰富的食品加工专业知识和检验、鉴别的专门技能。

二、食品理化检验的发展趋势

随着科技的迅猛发展，食品工业化水平的迅速提高，对食品检测方法提出了更高的要求。食品检测方法正在向着快速、灵敏、在线、无损和自动化方向发展。

为发展快速和简便的检测方法，就要实现检验方法的仪器化和自动化，不仅可以快速检测食品中的某种成分，也可以同时检测多种成分。随着检测技术的提高，已经出现了低损耗检测，降低了生产消耗，提高了经济效益。同时，出现了许多新的检测方法，如酶联免疫分析、酶分析法、免疫学分析法、生物传感检测技术等。

第二章 食品理化检验的基本知识

食品的理化检验主要是一个定量的检测过程，整个检测程序的每一个环节都必须体现一个准确的量的概念，因此食品的理化检验不同于感官及微生物检验，它必须严格地按一定的定量程序进行。

第一步，检测样品的准备过程，包括采样及样品的处理及制备过程；

第二步，进行样品的预处理，使其处于便于检测的状态；

第三步，选择适当的检测方法，进行一系列的检测并进行结果的计算；最后，对所获得的数据（包括原始记录）进行数理统计及分析；

第四步，将检测结果以报告的形式表达出来。

第一节 样品的采集、制备和保存

一、样品的采集

（一）采样的原则

样品的采集简称采样，是从整批产品中抽取一定数量具有代表性样品的过程。

样品的采集是食品理化检测工作中的重要环节，采样过程中必须遵循的原则是：

（1）采集的样品要均匀，具有代表性，能反映全部被检食品的组成、质量和卫生状况。对此，样品的数量应符合检验项目的需要。

（2）采集样品的过程中，要确保原有的理化指标，防止成分逸散或带入杂质。对此，理化检验取样一般使用干净的不锈钢工具，包装常用聚乙烯、聚氯乙烯等材料，并经过硝酸—盐酸（1+3）溶液浸泡，以去离子水洗净，晾干备用；样品如为罐、袋、瓶装者，应取完整的未开封的原包装；如为冷冻食品，应保持冷冻状态。

同类食品或原料，由于品种、产地、成熟期、加工或保藏条件不同，其成分和含量会有相当大的差异，甚至同一分析对象，不同部位的成分也会有一定差异。因此，要想从大量的、成分不均匀的被检样品中采集到能代表全部样品的分析样品，必须采用恰当的科学方法。否则，即使此后的样品处理、检测等一系列环节非常精密、准确，其检测结果也毫无价值，得出的结论也是错误的。

（二）采样的步骤

采集样品的步骤一般分5步，依次如下：

（1）获得检样。从分析的整批物料的各个部分采集的少量物料称为检样。

（2）形成原始样品。许多份检样综合在一起称为原始样品。如果采得的检样互不一致，则不能把它们放在一起做成一份原始样品，而只能把质量相同的检样混在一起，做成若干份原始样品。

（3）得到平均样品。原始样品经过技术处理后，再抽取其中一部分供分析检验用的样品称为平均样品。

（4）平均样品三等分。将平均样品均分为三等分，分别作为检验样品（供分析检测使用）、复验样品（供复验使用）和保留样品（供备用或查用）。

（5）填写采样记录。采样记录要求详细填写采样的单位、地址、日期，样品的批号，采样的条件，采样时的包装情况，采样的数量，要求检验的项目以及采样人等资料。

采样流程为：待检样品→检样→原始样品→平均样品（检验样品、复检样品、保留样品）→记录。

（三）采样方法及采样量

采集的样品应充分代表检测样品的总体情况，一般将采样的方法分为随机抽样和代表性取样两种。随机抽样是使每个样品的每个部分都有被抽检的可能；代表性取样是根据样品随空间、时间和位置等的变化规律，采集能代表其相应部分的组成和质量的样品，如分层取样、随生产过程的各个环节采样、定期抽取货架上陈列了不同时间的食品进行采样等。随机抽样可以避免人为倾向，但是对不均匀的食品进行采样，仅仅用随机抽样法是不完全的，必须结合代表性取样，要从有代表性的食品的各个部分分别取样。因此，通常采用随机抽样与代表性取样相结合的方式进行采样。

应根据分析对象的性质选择适用的采样方法。

1.固体（散粒状）样品

（1）有完整包装（如桶、袋、箱、筐等）的样品。可用双套回转取样管插入容器中，回转180°取出样品。每一包装须由上、中、下3层取出3份检样，把多份检样混合起来成为原始样品，用四分法将原始样品做成平均样品。四分法的具体程序是：将原始样品混合均匀后放在清洁的玻璃板上，压平成厚度在3 cm以下的圆台形料堆，在料堆上将其分成4份，取对角的两份混合，再如上分为4份，取对角的两份，如此操作直至取得所需数量为止。具体操作如图2-1所示。

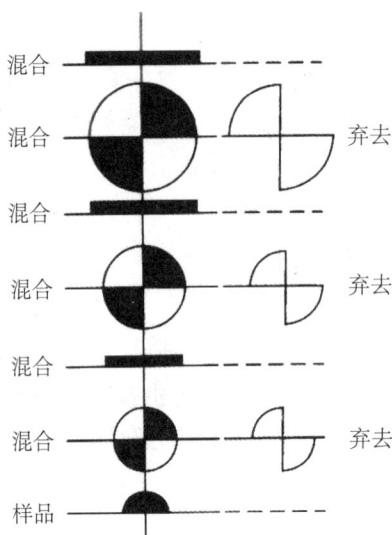

图 2-1　四分法取样图解

（2）无包装的散装样品（如粮食等）。可采取四分法取样。即先将其划分为若干等体积层，再在每层的中心和四角部位用取样器取样，放于大塑料布上。提起四角摇荡，使其充分混匀，然后铺成均匀厚度的圆形或方形，划出两对角线，将样品分为 4 等份，取其对角两份，再铺平再分，如此反复操作，直至取得需要量的平均样品为止。

2. 较稠的半固体样品（如蜂蜜、稀奶油等）等桶（缸、罐）装样品，确定采样桶数后，用虹吸法分上、中、下 3 层分别取样，混合后再分取，缩减得到所需数量的平均样品。

3. 液体样品（如植物油、鲜乳等）在取样前需充分混合，可用混合器混合。如果容器内被检物的量较少，可用由一个容器转移到另一个容器的方法混合。然后，从每个包装中取一定量综合到一起，充分混合后，分取缩减到所需数量。

桶装或散装的液料不易混合均匀，可用虹吸法分层（分四角及中心 5 点）取样，每层 500 mL 左右，充分混合后，分取缩减到所需数量的平均样品。

4. 小包装食品（如罐头、袋或听装奶粉、瓶装饮料等）。一般按班次或批号连同包装一起采样。同一批号取样件数：250 g 以上的包装不得少于 6 个，250 g 以下的包装不得少于 10 个。其中，罐头食品开启罐盖，若是带汁罐头，液汁可供食用的，应将固体物与液汁分别称重，罐内固体物应去骨、去刺、去壳后称重，然后按固体与液汁比，取部分有代表性的量，置捣碎机内捣碎成均匀的混合物。

5. 不匀的固体食品（如肉、鱼、果品、蔬菜等）。这类食品各部位极不均匀，个体大小及成熟程度差异很大，可按下述方法采样：

（1）肉类：可从不同部位取样，经混合后能代表该只动物情况；或从一只或多只动物的同一部位取样，混合后可代表某一部位的情况。切细，绞肉机反复绞 3 次，混合均匀后缩分。

（2）水产、禽类：可随机取多个样品，去除非食用部分，食用部分切碎、混匀后分取缩减到所需数量。个体较大的鱼，可从若干个体上切割少量可食部分，切碎、混匀后分取缩减到所需数量。

（3）蛋和蛋制品：鲜蛋去壳，蛋白和蛋黄充分混匀。其他蛋制品，如粉状物经充分混匀即可。皮蛋等再制蛋，去壳后，置捣碎机内捣碎成均匀的混合物。

（4）果蔬类：体积较小的果蔬，如山楂、葡萄等，随机取若干个整体，切碎混匀，缩分到所需数量。体积较大的果蔬，如西瓜、苹果、萝卜等，可按成熟度及个体大小的组成比例，选取若干个体，对每个个体按生长轴纵剖为4份或8份，取对角线的2份，切碎混匀，缩分到所需数量。体积蓬松的叶菜类，如菠菜、小白菜等，从多个包装（筐、捆）中分别抽取一定数量，混合后捣碎、混匀，分取缩减到所需数量。

6.腐败变质、被污染及食物中毒可疑的食品。遇到这类情况，可分别采集外观有明显区别的样品，如色、香、味、包装及存放条件不同的食品。对于食物中毒可疑的食品，应直接采集餐桌或厨房中的剩余食品，同时还应采集接触可疑食品的刀、板、容器的刮拭物及患者的血、尿、粪便，这类样品切忌相混。

食品理化检验结果的准确与否通常取决于两个方面：采样的方法是否正确；采样的数量是否得当。因此，从整批食品中采集样品时，通常按一定的比例进行。确定采样的数量，应考虑分析项目的要求、分析方法的要求和被分析物的均匀程度3个因素。样品应一式三份，分别供检验、复检及备查使用，每份样品的质量一般不少于0.5 kg。检测掺伪物的样品与一般成分分析的样品不同，由于分析的项目事先不明确，属于捕捉性分析，因此取样量要多一些。

（四）采样的注意事项

所采样品均应保持被检对象原有的性状，不应因任何外来因素使样品在外观、化学检验和细菌检验上受到影响。因此，采样时应特别注意以下操作事项：

（1）凡是接触样品的工具、容器必须保持清洁，必要时需要进行灭菌处理，不得带入污染物或被检样品需要检测的成分。例如，测定样品的含铅量时，接触食品的器物不得检出含铅。

（2）样品包装应严密，以防止被检样品中水分和挥发性成分损失，同时避免被检样品吸收水分或有气味物质。为防止食品的酶活性改变、抑制微生物繁殖以及减少食物的成分氧化，样品一般应在避光，低温下贮存、运输。

（3）样品采集后，应尽快进行分析，以缩短样品在各阶段的停留时间，防止发生变化。

（4）盛装样品的器具应贴牢标签，注明样品的名称、批号、采样地点、日期、检验项目、采样人及样品编号等。无采样记录的样品，不得接受检验。

（5）性质不相同的样品切不可混在一起，应分别包装，并分别注明性质。

二、样品的制备

按采样方法采集的样品往往数量过多，颗粒较大，组成不均匀。为了确保分析结果的正确性，必须对样品进行粉碎、混匀、缩分，这项工作即为样品的制备。制备样品的目的在于保证样品的均匀性，使在分析时取任何部分的样品都能代表全部样品的成分，得到相同的测定制备样品时需根据被检样品的性质和检测要求采用不同的方法。

（一）固体样品

一般固体样品应用切细、粉碎、捣碎、研磨等方法将样品制成均匀可检状态。水分含量少的、硬度较大的固体样品（如谷类等）可用粉碎法；水分含量较高的、质地松软的样品（如蔬菜、水果类）可用匀浆法；韧性较强的样品（如肉类等）可用捣碎或研磨法。常用的工具有粉碎机、组织捣碎机、研钵。

（二）液体、浆体及悬浮液体

一般将样品充分搅拌、摇匀。常用的简便工具有玻璃搅拌棒和可以任意调节搅拌速度的电动搅拌器。

（三）罐头样品

水果罐头在捣碎前需清除果核；肉禽罐头应预先剔除骨头；鱼类罐头要将调味品（葱、辣椒等）分出后再捣碎。常用捣碎工具有高速组织捣碎机等。

（四）互不相溶的液体

应首先使不相溶的成分分离（如油和水的混合物），再分别进行采样。

在样品制备过程中，应注意防止易挥发性成分的逸散，避免样品组成和理化性质发生变化。

三、样品的保存

采集的样品，为了防止其水分或挥发性成分散失以及其他待测成分含量的变化（如光解、高温分解、发酵等），应在短时间内进行分析。如果不能立即分析或是作为复验和备查的样品，则应妥善保存。

制备好的样品应放在密封、洁净的容器内，于阴暗处保存，并应根据食品种类选择其物理化学结构变化极小的适宜温度保存。易腐败变质的样品保存在 0 ℃ ~ 5 ℃的冰箱里，保存时间也不宜过长。有些成分，如胡萝卜素、黄曲霉毒素 B1、维生素 B1 等，容易发生光解，以这些成分为分析项目的样品，必须在避光条件下保存。特殊情况下，样品中可加入适量的不影响分析结果的防腐剂，或将样品置于冷冻干燥器内进行升华干燥来保存。

此外，样品保存环境要清洁干燥，存放的样品要按日期、批号、编号摆放，以便查找。

第二节　样品预处理

食品的化学组成非常复杂，既含有蛋白质、糖、脂肪、维生素及因污染引入的有机农药等大分子的有机化合物，又含有钾、钠、钙、铁等各种无机元素，这些组分之间往往以复杂的结合态或络合态形式存在。当用某种方法对其中一种组分的含量进行测定时，其他组分的存在常常给测定带来干扰。为了保证检验工作的顺利进行、得到准确的分析结果，必须在测定前排除干扰组分。此外，有些被测微量组分，如污染物、农药残留、黄曲霉毒素等，由于含量少，很难检测出来，要准确地测出它们的含量，必须在检验前对样品进行富集或浓缩。以上这些操作过程统称为样品的预处理，它是食品检验过程中的一个重要环节，直接关系着检验的成败。

常用的样品预处理的总原则是：①消除干扰因素；②完整保留被测组分；③使被测组分尽可能浓缩，以获得可靠的分析结果。

常用的样品预处理方法有以下几种：

一、有机物破坏法

有机物破坏法主要用于食品中无机元素的测定。通常采用高温或高温加强氧化剂的条件，使有机物质分解，呈气态逸散，而使被测的组分保留下来。根据具体操作方法的不同，有机物破坏法又可分为干法和湿法两大类。

（一）干法灰化法（灼烧法）

1. 原理

将一定量的样品置于坩埚中加热，小火炭化后，使其中的有机物脱水、炭化、分解、氧化，再置于高温电炉中（一般为 500 ℃ ~ 550 ℃）灼烧灰化，直至残灰为白色或浅灰色为止，所得的残渣即为无机成分，可供测定用。

2. 方法特点

干法灰化法基本不加或加入很少的试剂，故空白值低；因多数食品经灼烧后灰分的体积很小，因而能处理较多的样品，可富集被测组分，降低检测下限；有机物分解彻底，操作简单，不需要工作者严密看管。但此法所需灰化时间较长，因温度较高，易造成某些易挥发元素的损失；坩埚对被测组分有吸留作用，会降低测定结果和回收率。

除汞以外的大多数金属元素和部分非金属元素的测定都可用此法处理样品。

（二）湿法消化法（消化法）

1. 原理

向样品中加入强氧化剂，并加热消煮，使样品中的有机物质完全分解、氧化，呈气态逸出，而待测成分转化为无机物状态存在于消化液中，供测试用。常用的强氧化剂有硝酸、硫酸、高氯酸、高锰酸钾和过氧化氢等。

2. 方法特点

湿法消化法的优点是：有机物分解速度快，所需时间短；由于加热温度较干法低，故可减少金属挥发逸散的损失，容器对其的吸留也少。但在消化过程中，常产生大量有害气体，因此操作过程需在通风橱内进行；消化初期，易产生大量泡沫外溢，故需操作人员严密看管；试剂用量较大，空白值偏高。

近年来，高压消解罐消化法得到广泛应用。此法是在聚四氟乙烯内罐中加入样品和氧化剂，放入密封罐后在 120 ℃ ~ 150 ℃的烘箱中消化数小时，取出后自然冷却至室温，得到的消化液可直接用于测定。此法克服了常压湿法消化的一些缺点，但要求的密封程度高，且高压消解罐的使用寿命有限。

3. 常用的消化方法

（1）硫酸消化法。硫酸具有强氧化性与脱水性，适宜对测定粗蛋白质样品进行消化和对富含脂类样品进行消化分离，是凯氏定氮中常用的消化剂。其作用是使有机物分解，蛋白质和少量其他含氮物中的氮转移成铵盐。

（2）硝酸—硫酸消化法。硝酸 - 硫酸具有强于硫酸的氧化性，此方法适于分解成分复杂、难于消化的样品，消化过程可使样品中的大多数化合物氧化成为离子和水溶性形式。反应中产生的二氧化氮和亚硝酸盐有毒并对许多测定均有干扰，因此在消化完全后一定要除去。

（3）过氧化氢—盐酸消化法。可使大多数元素组分和无机物质溶解，适宜脂类、蛋白质含量较低的样品。

（4）硝酸—高氯酸—硫酸消化法。氧化性最强，能快速溶解和氧化样品中的有机物并使其分解，但在操作中应注意防止爆炸。

上述几种消化方法各有利弊，在处理不同的样品或做不同的测定项目时，做法上略有差异。在加热温度、加酸的次序和种类、氧化剂和催化剂的加入与否等方面，可按要求和经验灵活掌握，并同时做空白试验，以消除试剂和操作条件不同所带来的差异。

二、溶剂提取法

利用样品中各组分在某一溶剂中溶解度的差异，将各组分完全或部分分离的方法，称为溶剂提取法。常用的无机溶剂为水、稀酸、稀碱，常用的有机溶剂有乙醇、乙醚、三氯甲烷、丙酮、石油醚等。溶剂提取法常用于维生素、重金属、农药残留及黄曲霉毒素的分离测定。

溶剂提取法分为浸提法和溶剂萃取法。

（一）浸提法（液—固萃取法）

用适当的溶剂将固体样品中某种待测成分浸提出来的方法称为浸提法（液 - 固萃取法）。

1. 提取剂的选择

选择溶剂应注意以下原则：

（1）相似相溶原则。极性弱的成分（如有机氯农药）用极性小的溶剂（如正己烷、石油醚）提取；极性强的成分（如黄曲霉毒素 B1）用极性大的溶剂（如甲醇与水的混合液）提取。

（2）溶剂的沸点应在 45 ℃ ~ 80 ℃。沸点太低，易挥发、不易浓缩且热稳定性差的被提取成分容易损失。

（3）溶剂要稳定，不能与样品发生作用。

2. 提取方法

（1）振荡浸渍法。将样品切碎，加入适当的溶剂进行浸泡、振荡提取一定时间，便可从样品中提取出被测成分。此法简便易行，但回收率较低。

（2）捣碎法。将切碎的样品放入捣碎机中，加入适当的溶剂后捣碎一定时间，便可以提取出被测成分。此法回收率较高，但选择性差，会溶出较多的干扰杂质。

（3）索氏提取法。将一定量的样品放入索氏提取器中，加入适当的溶剂后加热回流一定时间，便可以提取出被测成分。此法的溶剂用量少，提取完全，回收率高，但操作较麻烦，且需专用的索氏提取器。

（二）溶剂萃取法（液—液萃取法）

利用被测组分在两种互不相溶的溶剂中的分配系数不同，使其从一种溶剂中转移到另一种溶剂中，而与其他组分分离的方法，称为溶剂萃取法。此法操作简单、快速，分离效果好，应用广泛，但萃取试剂通常易燃、易挥发，且有毒性。

1. 萃取溶剂的选择

（1）萃取所用溶剂应与原溶剂不互溶，且对被测组分有最大的溶解度，而对杂质有最小的溶解度，使得萃取后被测组分进入萃取溶剂中，同留在原溶剂中的杂质分离开。

（2）两种溶剂较容易分层，有清晰的相间界面，且不会产生泡沫。

2. 萃取方法

萃取通常在分液漏斗中进行，应按少量多次的原则（一般需经 4 ~ 5 次），以得到较高的萃取率，达到完全分离的目的。如果用比水轻的溶剂，从水溶液中提取分配系数小，或振荡后易乳化的物质时，可采用连续液体萃取器，如图 2-2 所示。

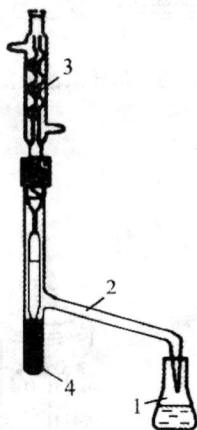

图 2-2　连续液体萃取器

1—三角瓶；2—导管；3—冷凝器；4—预萃取相

三、蒸馏法

蒸馏法是利用液体混合物中各组分沸点的不同而进行分离的方法，具有分离和净化的双重效果。此法的缺点是仪器装置和操作都较为复杂。

根据样品中待测成分的性质不同，可采取常压蒸馏、减压蒸馏、水蒸气蒸馏、分馏等蒸馏方式。

（一）常压蒸馏

常压蒸馏适用于被蒸馏的物质受热后不发生分解或其中各成分的沸点不太高时。常压蒸馏装置如图 2-3 所示。根据被蒸馏物质的沸点和特性，可选择水浴、油浴或直接加热等加热方式。

（二）减压蒸馏

减压蒸馏适用于在常压蒸馏下易分解或沸点温度较高的物质。减压蒸馏装置如图 2-4 所示。

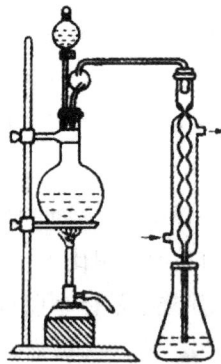

图 2-3　常压蒸馏装置

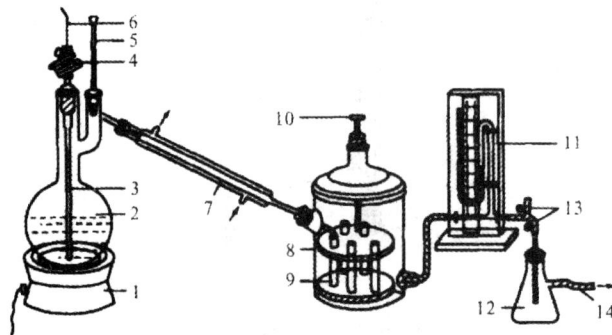

图 2-4　减压蒸馏装置

1—电炉；2—克莱森瓶；3—毛细管；4—螺旋止水夹；5—温度计；6—细铜丝；7—冷凝器；8—接收瓶；9—接收管；10—转动把；11—压力计；12—安全瓶；13—三通管阀门；14—接抽气机

（三）水蒸气蒸馏

某些物质组分复杂，部分物质沸点较高，直接加热蒸馏时，因受热不均易引起局部炭化，还有些被测成分被加热到沸点时，会发生分解，这些成分的提取可采用水蒸气蒸馏。水蒸气蒸馏装置如图 2-5 所示。水蒸气蒸馏是利用水蒸气加热混合液体，使具有一定挥发度的被测组分与水蒸气按分压比例从溶液中一起蒸馏出来。例如，在测定总酸含量时就采用水蒸气蒸馏方式。

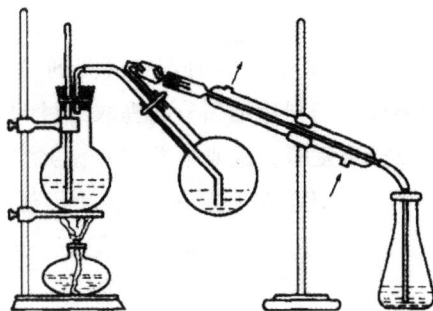

图 2-5　水蒸气蒸馏装置

（四）分馏

当需要分离的两种或两种以上互溶组分的沸点相差很小时，可用分馏的方法进行分离。分馏是蒸馏的一种，是将液体混合物在一个设备内进行多次部分汽化和部分冷凝，将液体混合物分离为各组分的蒸馏过程。

四、化学分离法

化学分离法常采用的方法有磺化法、皂化法、沉淀分离法、掩蔽法。

（一）磺化法和皂化法

磺化法和皂化法是一种经常使用的除去油脂的方法，常用于农药检验中样品的净化。

1. 磺化法

磺化法是用浓硫酸处理样品提取液，能使脂肪磺化。油脂遇到浓硫酸就磺化成极性甚大且易溶于水的化合物，浓硫酸与脂肪和色素中的不饱和键起加成作用，形成可溶于硫酸和水的强极性化合物，不再被弱极性的有机溶剂溶解。磺化法就是利用这一反应，使样品中的油脂经磺化后再用水洗除去，有效地除去脂肪、色素等干扰杂质，从而达到分离净化的目的。

磺化法操作简单、迅速，净化效果好，但仅适用于对强酸稳定的被测组分的分离。用于农药分析时，仅限于在强酸介质中稳定的农药（如有机氯农药中的六六六、DDT）提取液的净化，其回收率在 80% 以上。

2. 皂化法

皂化法是用热碱溶液处理样品提取液，以除去脂肪等干扰杂质。利用氢氧化钾－乙醇溶液将脂肪等杂质皂化后除去，以达到净化的目的。此法仅适用于对碱稳定的被测组分的分离。

（二）沉淀分离法

沉淀分离法是利用沉淀反应进行分离的方法。沉淀分离法的原理是：在试样中加入适当的沉淀剂，使被测组分沉淀下来，或将干扰组分沉淀下去，经过过滤或离心分离将沉淀与母液分开，从而达到分离的目的。例如，测定冷饮中糖精钠的含量时，可在试剂中加入碱性硫酸铜，将蛋白质等干扰杂质沉淀下去。糖精钠仍留在试液中，经过滤除去沉淀后，取滤液进行分析。

在进行沉淀分离时，应注意溶液中所要加入的沉淀剂的选择。所选沉淀剂应不会破坏溶液中所要沉淀析出的物质，否则达不到分离提取的目的。沉淀后，要选择适当的分离方法，如过滤、离心分离或蒸发等。这要根据溶液、沉淀剂、沉淀析出物质的性质和实验要求来决定。沉淀操作中，经常伴随有 pH 酸碱度、温度等条件要求，这一点应注意。

（三）掩蔽法

掩蔽法是利用掩蔽剂与样液中干扰成分的相互作用，使干扰成分转变为不干扰测定的状态，即被掩蔽起来。运用这种方法，可以不经过分离干扰成分的操作而消除其干扰作用，简化分析步骤，因而在食品分析中的应用十分广泛，常用于金属元素的测定。

五、浓缩法

食品样品经提取、净化后，有时净化液的体积较大，在测定前需进行浓缩，以提高被测成分的浓度。常用的浓缩方法有常压浓缩法和减压浓缩法两种。

（一）常压浓缩法

常压浓缩法主要用于待测组分为非挥发性的样品净化液的浓缩，通常采用蒸发皿直接挥发。若要回收溶剂，则可用一般蒸馏装置或旋转蒸发器。该法操作简便、快速，是常用的浓缩方法。

（二）减压浓缩法

减压浓缩法主要用于待测组分为热不稳定性或易挥发性的样品净化液的浓缩，通常采用 K-D 浓缩器。浓缩时，水浴加热并抽气减压。此法浓缩温度低、速度快，被测组分损失少，特别适用于农药残留分析中样品净化液的浓缩。

六、色谱分离法

色谱分离法是在载体上进行物质分离的一系列方法的总称。根据分离原理的不同，色谱分离法可分为吸附色谱分离法、分配色谱分离法和离子交换色谱分离法等。

（一）吸附色谱分离法

利用聚酰胺、硅胶、硅藻土、氧化铝等吸附剂，经活化处理后所具有的适当的吸附能力，对被测成分或干扰组分进行选择性吸附而进行的分离称为吸附色谱分离。例如，聚酰胺对色素有很强的吸附力，而其他组分则难于被其吸附，在测定食品中色素的含量时，常用聚酰胺吸附色素，经过过滤、洗涤，再用适当的溶剂解吸，可以得到较纯净的色素溶液，供检验用。

（二）分配色谱分离法

分配色谱分离法是以分配作用为主的色谱分离法，是根据不同物质在两相间的分配比不同而进行分离的方法。两相中的一相是流动的（称流动相），另一相是固定的（称固定相），由于不同物质在两相中具有不同的分配比，被分离的组分在与流动相沿着固定相移动的过程中，溶剂渗透到固定相中并向上渗展，这些物质在两相中的分配作用反复进行，从而达到分离的目的。例如，多糖类样品的纸上色谱。

（三）离子交换色谱分离法

离子交换色谱分离法就是利用离子交换剂与溶液中的离子之间所发生的交换反应而进行分离的方法，分为阳离子交换法和阴离子交换法两种。

将被测离子溶液与离子交换剂一起混合振荡，或将样液缓缓通过用离子交换剂做成的离子交换柱时，被测离子或干扰离子即与离子交换剂中的 h^- 或 Oh^- 发生交换，被测离子或干扰离子留在离子交换剂中，被交换出的 h^+ 或 Oh^-，以及不发生交换反应的其他物质留在溶液内，从而达到分离的目的。离子交换色谱分离法还常用于分离较为复杂的样品。

七、样品预处理现代方法

（一）固相萃取分离法

固相萃取分离法是一种无须有机溶剂，简便快捷，集"采样、萃取、浓缩、进样"于一体，能够与气相色谱仪或高效液相色谱仪联用的样品预处理技术。其分离原理是溶质在高分子固定液膜和水溶液间达到分配平衡后分离。

固相微萃取技术集萃取、富集和解吸于一体，具有无溶剂，可直接进样，操作简便、快捷、灵敏的特点。

（二）微波萃取分离法

通常，萃取溶剂和固体样品中的目标物由不同极性的分子组成，萃取体系在微波电磁场的作用下，具有一定极性的分子从原来的热运动状态转为跟随微波交变电磁场而快速排列取向。在这一微观过程中，一方面微波能量转化为样品内的能量，从而降低目标物与样品的结合力；另一方面微波所产生的电磁场加速被萃取组分由样品内部向萃取溶液界面的扩散速率，缩短萃取组分的分子由样品内部扩散到萃取溶剂界面的时间，从而提高萃取速率。

（三）超声波萃取分离法

超声波在传递过程中存在着正负压强交变周期，在正相位时，对介质分子产生挤压，增加介质原来的密度；在负相位时，介质分子稀散，介质密度减小。超声波并不能使样品内的分子产生极化，而是在溶剂和样品之间产生声波空化作用，导致溶液内气泡的形成、增长和爆破压缩，从而使固体样品分散，增大样品与萃取溶剂之间的接触面积，提高目标物从固相转移到液相的传质速率。

（四）超临界流体萃取分离法

超临界流体萃取分离法采用超临界压力，以二氧化碳流体代替有机溶剂，并发挥其在临界、超临界状态下，对弱极性物质（动植物挥发油、脂）有特殊的溶解能力的特性，在常温下对动植物的有效组分和精华进行萃取和分离，使生物活性不被破坏，产品中无溶剂残留等污染。萃取用 CO_2 气体可以回收和重复利用，成本比较低，组分或生理活性物质极少损失或被破坏，没有溶剂残留，产品质量高。

（五）气浮分离法

表面活性剂在水溶液中易被吸附到气泡的气—液界面上。表面活性剂极性的一端向着水相，非极性的一端向着气相，含有待分离的离子、分子的水溶液中的表面活性剂的极性端与水相中的离子或其极性分子通过物理（如静电引力）或化学（如配位反应）作用连接在一起。当通入气泡时，表面活性剂就将这些物质连在一起定向排列在气—液界面，被气泡带到液面，形成泡沫层，从而达到分离的目的。

常用的气浮分离法有离子气浮分离法、沉淀气浮分离法、溶液气浮分离法。

第三节　分析方法的选择

一、食品分析的方法

（一）感官分析法

感官分析法又称感官检验或感官评价，主要依靠检验者的感觉器官（眼、耳、鼻、舌、皮肤）的功能：如视觉、嗅觉、味觉和触觉等的感觉，结合平时积累的实践经验，并借助一定的器具对食品的色泽、气味、滋味、质地、口感、形状和组织结构等质量特性和卫生状况进行判定和客观评价的方法。

感官检验具有简便易行、快速灵敏、不需要特殊器材等特点，特别适用于目前还不能用仪器定量评价的某些食品特性的检验，如水果滋味的检验、食品风味的检验以及酒、茶的气味检验。

（二）物理分析法

根据食品的某些物理指标，如密度、折光率、旋亮度等与食品的组成成分及其含量之间的关系进行检测，进而判断被检食品纯度、组成的方法。密度法可测定酒精的含量；检验牛奶是否掺水；折光法可测定果汁、西红柿制品中固形物的含量；旋光法可测定谷类食品中淀粉的含量等。

（三）化学分析法

化学分析法是以物质的化学反应为基础，对食品中某组分的性质和数量进行测定的一种方法。包括定性分析和定量分析，定性分析主要是确定某种物质在食品中是否存在；定量分析是确定某种物质在食品中的准确含量，主要包括重量法和滴定法。化学分析法使用仪器简单，在常量分析范围内结果较准确，有完整的分析理论，计算方便，所以是常规分析的主要方法。

（四）仪器分析法

是在物理、化学分析的基础上发展起来的一种快速、准确的分析方法。这种方法灵敏、快速、准确，尤其对微量成分分析所表现的优势是理学分析无法比拟的，但必须借助特殊的仪器，如分光亮度计、气相色谱仪、液相色谱仪、原子吸收分光亮度计、电化学分析仪等，一般都比较昂贵。

（五）微生物检验法、酶分析法和免疫学分析法

应用微生物学的理论与方法，研究外界环境和食品中微生物的种类、数量、质量、活动规律及其对人和动物健康的影响，如细菌总数、大肠菌群数、致病菌等。

二、食品理化分析技术的发展方向

随着科学技术的迅猛发展，特别是在 21 世纪，食品理化分析采用的各种分离、分析技术和方法得到了不断完善和更新，许多高灵敏度、高分辨率的分析仪器已经被越来越多地应用于食品理化分析中。目前，在保证检测结果的精密度和准确度的前提下，食品理化分析技术正朝着快速、自动化的方向发展。

（一）食品理化分析技术的仪器化、快速化

现在许多先进的仪器分析方法，如气相色谱法、高效液相色谱法、原子吸收光谱法、毛细管电泳法、紫外可见分光亮度法、荧光分光亮度法以及电化学方法等已经在食品理化分析中得到了广泛应用，在我国的食品卫生标准检验方法中，仪器分析方法所占的比例也越来越大。样品的前处理方面也采用了许多新颖的分离技术，如固相萃取、固相微萃取、加压溶剂萃取、超临界萃取以及微波消化等，较常规的前处理方法省时省事，分离效率高。以上种种技术和方法的使用，为提高食品理化分析的精度和准确度奠定了坚实的基础，并大大地节省了分析时间。

（二）食品理化分析技术的自动化、智能化

自动分析技术的开发研究始于 20 世纪 50 年代末期，由程序分析器的应用发展至连续流动分析检验方法。近年来，发展起来的多学科交叉技术——微全分析系统可以实现化学反应、分离检测的整体微型化、高通量和自动化。过去需要在实验室中花费大量样品、试剂和较长时间才能完成的分析检验，在小小的芯片上仅用微升或纳升级的样品和试剂，以很短的时间（数秒或数分钟）即可完成大量的检测工作。目前，DNA 芯片技术已经用于转基因食品的检测，以激光诱导荧光检测——毛细管电泳分离为核心的微流控芯片技术也将在食品理化检验中逐步得到应用，将会大大缩短分析时间和减少试剂用量，成为低消耗、低污染、低成本的绿色检验方法。我国目前正在逐步开展以上各种分析方法的研究工作，相信在不久的将来，这些技术和方法将广泛应用于我国的食品分析检验之中。

　　此外，传统离线的、破坏性的或侵入式的分析测试方法将逐步被淘汰，而在线的、非破坏性的、非侵入式的、可以进行原位和实时测量的方法将备受青睐。提供多维特别是三维以上的化学信息（如各种成像技术，特别是化学成像技术），不仅可以测试被检验对象在整体上发生了什么变化，而且可以观测到这种变化发生的具体部位、具体化学成分及其随时间的改变。这不仅对于生命过程的研究极其重要，对于生产和生活也具有重要意义。可以预见，计算机视觉技术和光谱分析方法的应用，如近红外光谱法、超光谱成像、正电子成像等实时在线、非侵入、非破坏的食品检测技术，将是现代食品检测技术发展的主要趋势。

　　总之，随着科学技术的进步和食品工业的发展，食品理化分析技术的发展十分迅速，国际上有关食品分析技术方面的研究开发工作至今方兴未艾，许多学科的先进技术不断渗透到食品理化分析中来，分析检验方法和分析仪器设备日益增多。许多自动化分析检验技术在食品理化分析中已得到普遍的应用，这些技术不仅缩短了分析时间，减少了人为的误差，而且大大提高了测定的灵敏度和准确度。同时，随着人们生活和消费水平的不断提高，人们对食品的品种、质量等要求越来越高，要求分析的项目也越来越多，食品理化分析正由单组分的分析检验发展为多组分的分析检验，食品纯感官项目的评定正发展为与仪器分析结果相结合的综合评定。

第四节　检验结果的误差分析与数据处理

　　食品分析是一门实践性很强的学科，分析检验后要对大量的实验数据进行科学的处理，去伪存真，最后得到符合客观实际的正确结论。然而，在分析过程中许多因素都会影响到分析结果，如仪器的性能、玻璃量器的准确性、试剂的质量、分析测定的环境和条件、分析人员的素质和技术熟练程度、采样的代表性及选用分析方法的灵敏度等。即使是同一样品，用同样的方法、同一操作人员，在不改变任何条件的情况下进行平行实验，也难以获得相同的数据。因此，误差的存在是客观的。如何减少分析过程产生的误差，提高分析结果的准确度和精密度，是保证分析数据准确性的关键措施。

一、检验结果的表示方法

　　检验结果常用被测组分的相对量，如质量分数（w）、体积分数（Φ）、质量浓度（ρ）表示。质量单位可以用 g，也可以用 mg、μg 等；体积单位可以用 L，也可以用 mL、L 等。

　　对微量或痕量组分的含量，分别表示为 mg/kg 或 mg/L 以及 g/kg 或 g/L。

二、数据处理方法

　　建立有效数字的概念并掌握它的计算规则，应用有效数字的概念在实验中正确做好原始记录，正确处理原始数据，正确表示分析与检验的结果，具有十分重要的意义。以下根据实验室的具体情况，介绍有效数字的记录和计算的一般规则，以及分析结果的正确表示方法。

（一）有效数字

食品理化检验中直接或间接测定的量，一般都用数字表示，但它与数学中的数不同，而仅仅表示量度的近似值，在测定值中常保留一位可疑数字。把测定值中能够反映被测量大小的带有一位可疑数字的全部数字叫有效数，如 0.012 3 与 1.23 都有 3 位有效数字。

（二）数字的修约规则

运算过程中，弃去多余数字（称为"修约"）的原则是"四舍六入五成双"，即当测量值中被修约的那个数字等于或小于 4 时舍去；等于或大于 6 时进位；等于 5 时，如进位后，测量值末位数为偶数，则进位，如舍去后末位数为偶数，则舍去。

例如，将 0.374 2、4.586、13.35 和 0.476 5 四个测量值修约为 3 位有效数字时，结果分别为 0.374、4.59、13.4 和 0.476。

（三）有效数字的运算规则

（1）在加减法的运算中，以绝对误差最大的数为准来确定有效数字的位数。例如，求"0.012 1+25.64+1.057 82=？"三个数据中，25.64 中的 4 有 0.01 的误差，绝对误差以它为最大，因此所有数据只能保留至小数点后第 2 位，得到：0.01+25.64+1.06=26.71。

（2）乘除法的运算中，以有效数字位数最少的数，即相对误差最大的数为准，确定有效数字位数。例如，求"0.012 1×25.64×1.057 82=？"其中，以 0.012 1 的有效数字位数最少，EP 相对误差最大，因此所有的数据只能保留 3 位有效数字。得到：0.012 1×25.6×1.06=0.328。

（3）对数的有效数字位数取决于尾数部分的位数，例如，1 g=10.34，为两位有效数字，pH=2.08，也是两位有效数字。

（4）计算式中的系数（倍数或分数）或常数（如 e 等）的有效数字位数，可以认为是无限制的。

（5）如果要改换单位，则要注意不能改变有效数字的位数。例如，"5.6 g"只有两位有效数字，若改用 mg 表示，正确表示应为"5.6×10^3 mg"。若写为"5 600 mg"，则有 4 位有效数字，就不合理了。

分析结果通常以平均值来表示。在实际测定中，对质量分数大于 10% 的分析结果，一般要求有 4 位有效数字；对质量分数为 1% ~ 10% 的分析结果，则一般要求有 3 位有效数字；对质量分数小于 1% 的微量组分，一般只要求有两位有效数字。有关化学平衡的计算中，一般保留 2 ~ 3 位有效数字，pH 酸碱度的有效数字一般保留 1 ~ 2 位。有关误差的计算，一般也只保留 1 ~ 2 位有效数字，通常要使其值变得更大一些，即只进不舍。

（四）可疑测定值的取舍

在分析得到的数据中，常有个别数据特大或特小，偏离其他数值较远的情况。处理这类数据应慎重，不可为单纯追求分析结果的一致性而随便舍弃，应遵循 Q 检验法。

当测定次数 n=3 ~ 10 时，根据所要求的置信度（如取 90%），按以下步骤检验可疑数据是否应舍弃：

（1）将各数按递增顺序排列：x_1，x_2，…，x_n；

（2）求出最大值与最小值之差：$x_n - x_1$；

（3）求出可疑数据与邻近数据之差：$x_n - x_{n-1}$ 或 $x_2 - x_1$；

（4）求出 $Q = (x_n - x_{n-1})(x_n - x_1)$ 或 $Q = (x_2 - x_1)/(x_n - x_1)$；

（5）根据测定次数 N 和要求的置信度（如 90%），查表 2-1 得 Q0.90。；

（6）比较 Q 与 $Q_{0.90}$，若 $Q \geq Q_{0.90}$ 则弃去可疑值；若 $Q < Q_{0.90}$ 则予以保留。

三、分析结果的评价

在研究一个分析结果时，通常用精密度、准确度和灵敏度这 3 项指标评价。

表2-1　不同置信度下舍弃可疑数据的值表

测定次数 n	置信度			测定次数 n	置信度		
	90%	96%	99%		90%	96%	99%
3	0.94	0.98	0.99	7	0.51	0.59	0.68
4	0.76	0.85	0.93	8	0.47	0.54	0.63
5	0.64	0.73	0.82	9	0.44	0.51	0.60
6	0.56	0.64	0.74	10	0.41	0.48	0.57

（一）精密度

精密度是指多次平行测定结果相互接近的程度。这些测试结果的差异是由偶然误差造成的，它代表着测定方法的稳定性和重现性。

精密度的高低可用偏差来衡量。偏差是指个别测定结果与几次测定结果的平均值之间的差别。测定值越集中，偏差越小，精密度越高；反之，测定值越分散，偏差越大，精密度越低。偏差有绝对偏差和相对偏差之分。测定结果与测定平均值之差为绝对偏差，绝对偏差占平均值的百分比为相对偏差。精密度的高低可用相对偏差、相对平均偏差、标准偏差（标准差）、变异系数来表示：

$$相对偏差 = \frac{x_i - \bar{x}}{\bar{x}} \times 100\%$$

$$相对平均偏差 = \frac{\sum |x_i - \bar{x}|}{n\bar{x}} \times 100\%$$

$$标准偏差(s) = \sqrt{\frac{\sum_{i=1}^{n}(x_i - \bar{x})^2}{n-1}}$$

$$变异系数(CV) = \frac{s}{\bar{x}} \times 100\%$$

式中：

x_i——各次测定值，$i=1，2，\cdots，n$；

$\bar{x}$——多次测得的算术平均值；

n——测定次数。

标准偏差较平均偏差有更多的统计意义，因为单次测定的偏差平方后，较大的偏差更显著地反映出来，能更好地说明数据的分散程度。因此，在考虑一种分析方法的精密度时，常用标准偏差和变异系数来表示。

（二）准确度

准确度是指测定值与真实值的接近程度。测定值与真实值越接近，则准确度越高。准确度主要是由系统误差决定的，它反映测定结果的可靠性。准确度高的方法精密度必然高，而精密度高的方法准确度不一定高。

准确度高低可用误差来表示。误差越小，准确度越高。误差是分析结果与真实值之差。误差有两种表示方法，即绝对误差和相对误差。绝对误差是指测定结果（通常用平均值代表）与真实值之差；相对误差是绝对误差占真实值的百分率。选择分析方法时，为了便于比较，通常用相对误差表示准确度。

对单次测定值：

$$绝对误差 = x - x_t$$

$$相对误差 = \frac{x - x_t}{x_t} \times 100\%$$

对一组测定值：

$$绝对误差 = \bar{x} - x_t$$

$$相对误差 = \frac{\bar{x} - x_t}{x_t} \times 100\%$$

其中：

$$\bar{x} = \frac{1}{n} \sum_{i=1}^{n} x_i$$

式中：

x——测定值；

x_t——真实值；

$\bar{x}$——多次测得的算术平均值；

n——测定次数；

x_i——各次测定值 $i=1，2，\cdots，n$。

某一分析方法的准确度，可通过测定标准试样的误差或做回收试验计算回收率，以误差或回收率来判断。

在回收试验中，加入已知量的标准物的样品，称为加标样品，未加标准物质的样品称为未知样品。在相同条件下，用同种方法对加标样品和未知样品进行预处理和测定，按下列公式计算出加入标准物质的回收率：

$$P = \frac{x_1 - x_0}{m} \times 100\%$$

式中：

    P —— 加入标准物质的回收率；

    m —— 加入标准物质的量；

    x_1 —— 加标样品的测定值；

    x_0 —— 未知样品的测定值。

（三）灵敏度

灵敏度是指分析方法所能检测到的最低限量，不同的分析方法有不同的灵敏度。一般而言，仪器分析法具有较高的灵敏度，而化学分析法（重量分析法和滴定分析法）的灵敏度相对较低。在选择分析方法时，要根据待测成分的含量范围选择适宜的方法。一般来说，待测成分含量低时，需选用灵敏度高的方法；待测成分含量高时，宜选用灵敏度低的方法，以减少由于稀释倍数太大所引起的误差。由此可见，灵敏度的高低并不是评价分析方法好坏的绝对标准。一味追求选用高灵敏度的方法是不合理的，如重量分析法和滴定分析法，灵敏度虽不高，但对于高含量的组分的测定能获得满意的结果，相对误差一般为千分之几。相反，对于低含量组分的测定，重量分析法和滴定分析法的灵敏度一般达不到要求，这时应采用灵敏度较高的仪器分析法。而灵敏度较高的方法相对误差较大，但对低含量组分允许有较大的相对误差。

（四）检出限

检出限是指产生一个能可靠地被检出的分析信号所需要的某元素的最小浓度或含量，而测定限则是指定量分析实际可以达到的极限。因为当元素在试样中的含量相当于方法的检出限时，虽然能可靠地检测其分析信号，证明该元素在试样中确实存在，但定量测定的误差可能非常大，测量的结果仅具有定性分析的价值。测定限在数值上应总高于检出限。

四、分析误差的来源及控制

（一）误差及其产生原因

误差或测量误差是指测量值与真实值之间的差异，根据误差的性质，可将其分为系统误差、偶然误差和过失误差 3 大类。

1. 系统误差

系统误差是由分析过程中某些固定因素造成的，使测定结果系统地偏高或偏低。系统误差的大小基本恒定不变，并可检定，故又称之为可测误差。系统误差的原因可以发现，其数值大小可以测定，因此系统误差是可校正的。常见的系统误差根据其性质和产生的原因，可分为方法误差、仪器误差、试剂误差、操作误差（或主观误差）等几种。

2. 偶然误差

偶然误差又称随机误差。它是由某些难以控制、无法避免的偶然因素造成的，其大小与正负值都不固定。偶然误差的产生难以找到确定的原因，似乎没有规律性，但如果进行很多次测量，就会发现其服从正态分布规律。偶然误差在分析操作中是不可避免的。

3. 过失误差

分析工作中除上述两类误差外，还有一类"过失误差"。它是由于分析人员粗心大意或未按规程操作所造成的误差。在分析工作中，当出现的误差值很大时，应分析其原因，如是过失误差引起的，则应舍去该结果。

（二）控制和消除误差的方法

误差的大小，直接关系到分析结果的精密度与准确度。误差虽然不能完全消除，但是通过选择适当的方法，采取必要的处理措施，可以降低和减少误差的出现，使分析结果达到相应的准确度。为此，在分析实验中应注意以下几个方面：

1. 选择合适的分析方法

样品中待测成分的分析方法往往有多种，但各种分析方法的准确度和灵敏度是不同的，如质量分析及容量分析，虽然灵敏度不高，但对常量组分的测定，一般能得到比较满意的分析结果，相对误差在千分之几；相反，质量分析及容量分析对微量成分的检测却达不到要求。仪器分析方法灵敏度较高、绝对误差小，但相对误差较大，不过微量或痕量组分的测定常允许有较大的相对误差，所以这时采用仪器分析是比较合适的。在选择分析方法时，需要了解不同方法的特点及适宜范围，要根据分析结果的要求、被测组分含量以及伴随物质等因素来选择适宜的分析方法。

2. 正确选取样品量

样品中待测组分含量的多少，决定了测定时所取样品的量，取样量多少会影响分析结果的准确度，同时也受测定方法灵敏度的影响。例如，比色分析中，样品中某待测组分与吸亮度在某一范围内呈直线关系。所以，应正确选取样品的量，使其待测组分含量在此直线关系范围内，并尽可能在仪器读数较灵敏的范围内，以提高准确度，这可以通过增减取样量或改变稀释倍数等来实现。

3. 计量器具、试剂、仪器的检定、标定或校正

定期将分析用器具等送计量管理部门鉴定，以保证仪器的灵敏度和准确性。用作标准容量的容器或移液管等，最好经过标定，按校正值使用。各种标准溶液应按规定进行定期标定。

4. 增加平行测定次数

测定次数越多，其平均值就越接近真实值，并且会降低偶然误差。一般每个样品应平行测定两次，结果取平均值，如误差较大，则应增加平行测定1次或2次。

5. 做对照试验

在测定样品的同时，可用已知结果的标准样品与测定样品对照，测定样品和标准样品在完全相同的条件下进行测定，最后将结果进行比较。这样可检查发现系统误差的来源，并可消除系统误差的影响。

6. 做空白试验

在测定样品的同时进行空白试验，即在不加试样的情况下，按与测定样品相同的条件（相同的方法、相同的操作条件、相同的试剂加入量）进行试验，获得空白值，在样品测定值中扣除空白值，可消除或减少系统误差。

7. 做回收试验

在样品中加入已知量的标准物质，然后进行对照试验，看加入的标准物质是否定量地回收，根据回收率的高低可检验分析方法的准确度，并判断分析过程是否存在系统误差。

8. 标准曲线的回归

在用比色法、荧光剂色谱法等进行分析时，常配制一套具有一定梯度的标准样品溶液，测定其参数（吸亮度、荧光强度、峰高等），绘制参数与浓度之间的关系曲线，称为标准曲线。在正常情况下，标准曲线应是一条穿过原点的直线。但在实际测定中，常出现偏离直线的情况，此时可用最小二乘法求出该直线的方程，代表最合理的标准曲线。

五、分析结果的报告

（一）检验记录的填写

填写检验记录的注意事项如下：

（1）填写内容要真实、完全、正确，记录方式简单明了。

（2）记录内容包括样品来源、名称、编号，采样地点，样品处理方式，包装与保管等情况，检验分析项目，采用的分析方法，检验依据（标准）。

（3）操作记录要记录操作要点，操作条件，试剂名称、纯度、浓度、用量，意外问题及处理。

（4）要求字迹清楚整齐，用钢笔填写，不允许随意涂改，只能修改，但一般不能超过3处。更正方法是：在需更正部分画两条平行线后，在其上方写上正确的数字和文字，更改人签字或加盖印章。

（5）数据记录要根据仪器准确度要求记录。如果操作过程错误，得到的数据必须舍去。

（二）检验报告的格式

检验报告的格式没有统一要求，以一种检验报告的格式为例（表2-2），简要说明检验报告包括的主要内容及需填写的项目。

表2-2　食品理化检验报告单

编号：　　　　　　　　　　　　　　　　第 x 页 共 x 页

样品名称		检验类别	
型号规格		样品等级	

续　表

商标		样品批号	
委托单位		委托单位地址	
生产单位		生产日期	
样本基数		送样地点	
样品数量		送样人员	
样品特性和状态		送样日期	
检验环境	温度：	检验日期	
	相对湿度（Rh）：		
检验 / 检测依据			
检验项目			
检验结论	（检验报告专用章） 签发日期：　　　年　　月　　　日		
备注	本报告仅对委托检样负责，不得用做广告宣传和企业产品质量证明。		

批准人：　　　　　审核人：　　　　　　　检验人：

第三章 食品的物理检验

第一节 食品密度的测定

一、密度和相对密度

密度是指在一定温度下，单位体积物质的质量。密度的单位为 g/cm³ 或 g/mL，以符号 ρ 表示。

$$\rho = \frac{m}{V} \tag{3-1}$$

式中：

m ——物质的质量，g；

V ——物质的体积，cm³ 或 mL。

一般情况下，物质都具有热胀冷缩的性质（水在 4 ℃以下是反常的），所以密度值会随着温度的改变而改变，故密度应标出测定时物质的温度，在 ρ 的右下角注明温度 t（℃），即用 ρ_t 表示（物质在 20 ℃时的密度可省略 t，以 ρ 来表示）。

相对密度是指某一温度下物质的质量与同体积某一温度下水的质量之比，以符号 $d_{t_2}^{t_1}$ 表示。其中，右上角 t_1 表示被测物的温度，右下角 t_2 表示水的温度。相对密度是物质重要的物理常数，其无量纲。

为方便起见，工业上常用液体在 20 ℃时的质量与同体积水在 4 ℃时的质量之比来表示物质的相对密度，以符号 d_4^{20} 表示。

但在普通的密度瓶或密度计法测定中，以测定溶液对同温度水的相对密度比较方便。通常测定液体在 20 ℃时对水在 20 ℃时的相对密度，以 d_{20}^{20} 表示。d_{20}^{20} 和 d_4^{20} 之间可以用下式换算：

$$d_4^{20} = d_{20}^{20} \times 0.998\,23 \tag{3-2}$$

式中：

0.998 23——水在 20 ℃时的密度，g/cm³。

同理，若要将 $d_{t_2}^{t_1}$ 换算为 $d_4^{t_1}$，可按下式计算：

$$d_4^{t_1} = d_{t_2}^{t_1} \times \rho_{t_2} \tag{3-3}$$

式中 ρ_{t_2} ——温度为 t_2 时水的密度，g/cm³。

表 3-1 列出了不同温度下水的相对密度。

表3-1 水的相对密度与温度的关系

t（℃）	相对密度	t（℃）	相对密度	t（℃）	相对密度
0	0.999 868	11	0.999 623	22	0.997 797
1	0.999 927	12	0.999 525	23	0.997 565
2	0.999 968	13	0.999 404	24	0.997 323
3	0.999 992	14	0.999 271	25	0.997 071
4	1.000 000	15	0.999 126	26	0.996 810
5	0.999 992	16	0.998 970	27	0.996 539
6	0.999 968	17	0.998 801	28	0.996 259
7	0.999 929	18	0.998 622	29	0.995 971
8	0.999 876	19	0.998 432	30	0.995 673
9	0.999 808	20	0.998 230	31	0.995 367
10	0.999 727	21	0.998 019	32	0.995 052

温度升高，体积增大，相对密度减小。温度降低，体积缩小，相对密度增大。在精密测量相对密度时，需同时测量温度。若测量时被测液体的温度高于或低于仪器的规定温度（如密度计刻制时的温度），测得的相对密度数值应进行温度校正。为减小测定误差，最好使被测液休温度与仪器的规定温度相同。

二、测定相对密度的意义

相对密度是物质重要的物理常数之一。各种液态食品都具有一定的相对密度，当其组成成分及浓度发生改变时，其相对密度往往也随之改变。通过测定液态食品的相对密度，可以检验食品的纯度、浓度，进而判断食品的质量。

正常的液态食品，其相对密度都在一定的范围内，如全脂牛乳为 1.028 ~ 1.032，植物油（压榨法）为 0.909 0 ~ 0.929 5。当因掺杂、变质等原因引起这些液体食品的组成成分发生变化时，均可出现相对密度的变化，如牛乳的相对密度与其脂肪含量、总乳固体含量有关，脱脂乳的相对密度要比生牛乳高，掺水乳的相对密度比生牛乳低，故测定牛乳的相对密度可检查牛乳是否脱脂，是否掺水。油脂的相对密度与其脂肪酸的组成有关，不饱和脂肪酸含量越高，脂肪酸不饱和程度越高，脂肪的相对密度越高；游离脂肪酸含量越高，相对密度越低；酸败的油脂相对密度升高。因此，测定相对密度可初步判断食品是否正常及其纯净程度。同理，从酒精溶液的相对密度可查出酒精的体积分数，从蔗糖溶液的相对密度可查出蔗糖的质量分数。需要注意的是，当食品的相对密度异常时，可以肯定食品的质量有问题；但当相对密度正常时，并不能肯定食品质量无问题，必须配合其他理化分析，才能确定食品的质量。总之，相对密度是食品生产过程中常用的工艺控制指标和质量控制指标，测定食品的相对密度是食品分析中常用的、十分简便的一种检验方法。

三、液态食品相对密度的测定方法

根据《食品安全国家标准 食品相对密度的测定》（GB 5009.2-2016），测定液态食品相对密度的方法有3种：密度瓶法、天平法和比重计法。

（一）密度瓶法

1. 原理

在一定温度下，用同一密度瓶分别称量等体积的样品溶液和蒸馏水的质量，两者之比即为该样品溶液的相对密度。

2. 仪器

密度瓶是测定液体相对密度的专用精密仪器，它是容积固定的玻璃称量瓶，其种类和规格有多种。常用的有带毛细管的普通密度瓶和带温度计的精密密度瓶，如图3-1所示。容器有20 mL、25 mL、50 mL、100 mL4种规格，但常用的是25 mL和50 mL两种。

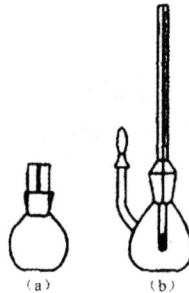

图3-1　密度瓶

（a）带毛细管的普通密度瓶；（b）带温度计的精密密度瓶

3. 步骤

用密度瓶法测液体的相对密度。

（二）天平法

1. 原理

20 ℃时，分别测定玻锤在水及试样中的浮力，由于玻锤所排开的水的体积与排开的试样的体积相同，玻锤在水中与试样中的浮力可计算试样的密度，试样密度与水密度比值为试样的相对密度。

2. 仪器和设备

（1）韦氏相对密度天平：如图3-2所示。

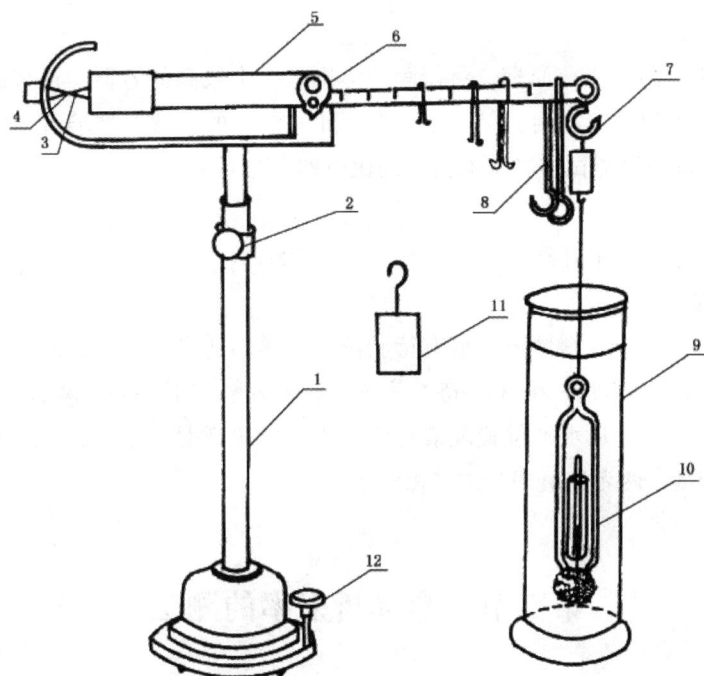

1—支架；2—升降调节旋钮3、4—指针；5—横梁；6—刀口；7—挂钩；8—游码；9—玻璃圆筒；10—玻锤；11—砝码；12—调零旋钮。

（2）分析天平：感量 1 mg。

（3）恒温水浴锅。

3. 分析步骤

测定时将支架置于平面桌上，横梁架于刀口处，挂钩处挂上砝码，调节升降旋钮至适宜高度，旋转调零旋钮，使两指针吻合。取下砝码，挂上玻锤，将玻璃圆筒内加水至4/5 处，使玻锤沉于玻璃圆筒内，调节水温至 20 ℃（即玻锤内温度计指示温度），试放 4 种游码，主横梁上两指针吻合，读数为 P_1，然后将玻锤取出擦干，加欲测试样于干净圆筒中，使玻锤浸入至以前相同的深度，保持试样温度在 20 ℃，试放 4 种游码，至横梁上两指针吻合，记录读数为 P_2。玻锤放入圆筒内时，勿使碰及圆筒四周及底部。

4. 分析结果的表述

试样的相对密度按下式计算：

$$d = \frac{P_2}{P_1} \qquad (3\text{-}4)$$

式中：

d——试样的相对密度；

P_1——浮锤浸入水中时游码的读数，单位为克 (g)；

P_2——浮锤浸入试样中时游码的读数，单位为克 (g)。

（三）比重计法

1. 原理

比重计利用了阿基米德原理，将待测液体倒入一个较高的容器，再将比重计放入液体中。比重计下沉到一定高度后呈漂浮状态，此时液面的位置在玻璃管上所对应的刻度就是该液体的密度。测得试样和水的密度的比值即为相对密度。

2. 仪器和设备

比重计：上部细管中有刻度标签，表示密度读数。

3. 分析步骤

将比重计洗净擦干，缓缓放入盛有待测液体试样的适当量筒中，勿使其碰及容器四周及底部，保持试样温度在 20 ℃，待其静置后，再轻轻按下少许，然后待其自然上升，静置至无气泡冒出后，从水平位置观察与液面相交处的刻度，即为试样的密度。分别测试试样和水的密度，两者比值即为试样相对密度。

第二节　食品折射率的测定

一、折射率

光线从一种透明介质射到另一种透明介质时，除了一部分光线反射回第一种介质外，另一部分光线进入第二种介质中并改变了传播方向，这种现象叫光的折射，如图 3-3 所示。

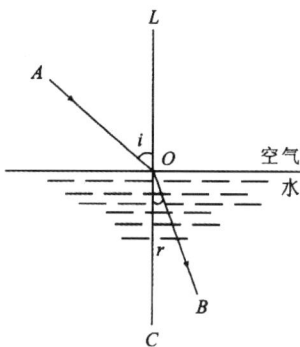

图 3-3　光折射示意图

光线自空气中通过待测介质时的入射角正弦与折射角正弦之比等于光线在空气中的速度与在待测介质中的速度之比，此值为一恒定值，称为待测介质折射率或折光率。

物质的折射率与入射光的波长、温度有关，随温度的升高，物质的折射率降低。入射光的波长越长，其折射率越小。国家标准规定以 20 ℃为标准测定温度，用钠光谱 D 线（λ =589.3 nm）为标准光源测定物质的折射率，用符号 n_D^{20} 表示。n 的右上角标注温度。

$$n_D^{20} = \frac{\sin i}{\sin r} = \frac{v_1}{v_2} \qquad (3\text{-}4)$$

式中：

n_D^{20}——介质的折射率；

i——光的入射角；

r——光的折射角；

v_1——光在空气中的速度；

v_2——光在介质中的速度。

光在真空中的速度 c 和在介质中的速度 v 之比叫作介质的绝对折射率（简称折射率、折光率、折射指数）。真空的绝对折射率为 1，实际上是难以测定的；空气的绝对折射率是 1.000 294，几乎等于 1，故在实际应用中可将光线从空气中射入某物质的折射率称为绝对折射率。

折射率以 n 表示：

$$n = \frac{c}{v}$$

显然 $n_1 = \dfrac{c}{v_1}$，$n_2 = \dfrac{c}{v_2}$，故：

$$\frac{\sin \alpha_1}{\sin \alpha_2} = \frac{n_2}{n_1}$$

式中：

n_1——第一介质的绝对折射率；

n_2——第二介质的绝对折射率。

二、测定折射率的意义

每一种均一的物质都具有固有的折射率，对于同一物质的溶液来说，其折射率的大小与其浓度成正比，因此测定物质的折射率就可以判断物质的纯度及浓度。

正常情况下，某些液态食品的折射率有一定的范围，如正常牛乳乳清的折射率为 1.341 99 ～ 1.342 75。当这些液态食品因掺杂别的物质、浓度改变或品种改变等原因而引起品质发生变化时，折射率常常会发生变化。所以，测定折射率可以初步判断某些食品是否正常。若牛乳掺水，其乳清折射率必然降低，故测定牛乳乳清的折射率即可了解乳糖的含量，判断牛乳是否掺水。

各种油脂具有其一定的脂肪酸构成，每种脂肪酸均有其特定的折射率，故不同的油脂其折射率不同。含碳原子数目相同时，不饱和脂肪酸的折射率比饱和脂肪酸的折射率大得多；不饱和脂肪酸的相对分子质量越大，折射率也越大，当油脂酸度增高时，其折射率降低。因此，测定折射率可以鉴别油脂的组成和品质。

必须指出的是：折光法测得的只是可溶性固形物的含量，因为固体粒子不能在折光仪上反映出它的折射率，所以含有不溶性固形物的样品，不能用折光法直接测出总固形物。但对于西红柿酱、果酱等个别食品，已通过实验编制了总固形物与可溶性固形物的关系表，先用折光法测定可溶性固形物含量，即可查出总固形物的含量。

三、常用的折光仪

折光仪是利用临界角原理测定物质折射率的仪器，其种类很多，食品工业中最常用的是阿贝折光仪和手持折光仪。

（一）阿贝折光仪

1. 结构

阿贝折光仪的结构如图 3-4 所示，其光学系统由观测系统和读数系统两部分组成。

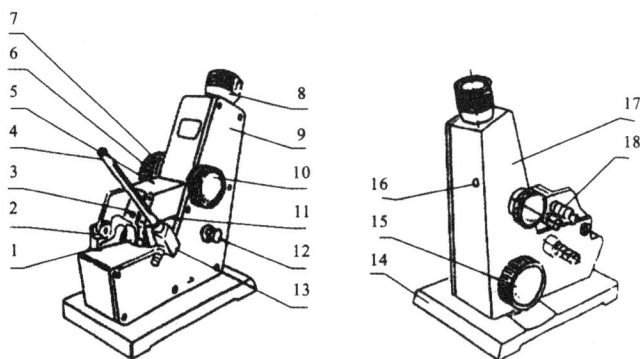

图 3-4　阿贝折光仪

1—反光镜；2—转轴；3—遮光板；4—温度计；5—进光棱镜座；6—色散调节手轮；7—色散值刻度圈；8—目镜；9—盖板；10—锁紧手轮；11—折射棱镜座；12—照明刻度盘聚光镜；13—温度计座；14—底座；15—棱镜调节手轮；16—分界线调节螺丝；17—壳体；18—恒温器接头

（1）观测系统光线由反光镜反射，经进光棱镜进入样液薄层，再进入折射棱镜，经折射后的光线，用消散棱镜（阿米西棱镜）消除折射棱镜及样液所产生的色散，然后由物镜产生的明暗分界线成像于分划板上，通过目镜放大后，成像于观测者眼中。

（2）读数系统光线由反光镜反射，经毛玻璃射到刻度盘上，经转向棱镜及物镜将刻度成像于分划板上，通过目镜放大后成像于观测者眼中。当旋动棱镜调节手轮，棱镜摆动，视野内明暗分界线通过＋字交叉点时，表示光线从棱镜射入样液的入射角达到了临界角。此时即可从读数镜筒中读取折射率或质量分数。

由于样液的浓度不同，折射率不同，故临界角的数值也不同。在读数镜筒中即可读取折射率 n_D^{20}，或糖液浓度（％），或固形物含量（％）的读数。

2. 阿贝折光仪的使用

（1）仪器校正。对于高刻度值部分，通常是用特制的具有一定折射率的玻璃板来校准。校准时，先把进光棱镜打开，在标准玻璃抛光板面上滴加1～2滴溴代萘，然后将标准玻璃抛光板粘在折光棱镜表面上，并使抛光的一端向下，以便接收光线，测得的折光率应与标准玻璃板的折光率一致。

阿贝折光仪的低刻度值部分可用一定温度的蒸馏水校准，蒸馏水的折射率见表3-2。

表3-2　10℃～30℃蒸馏水的折射率

温度（℃）	折射率	温度（℃）	折射率	温度（℃）	折射率
10	1.333 71	17	1.333 24	24	1.332 63
11	1.333 63	18	1.333 16	25	1.332 53
12	1.333 59	19	1.333 07	26	1.332 42
13	1.333 53	20	1.332 99	27	1.332 31
14	1.333 46	21	1.332 90	28	1.332 20
15	1.333 39	22	1.332 81	29	1.332 08
16	1.333 32	23	1.332 72	30	1.331 96

校准时，当读数视场指示于蒸馏水或标准玻璃板的折射率值时，观察明暗分界线是否在＋字线中间。若有偏离，则用螺丝刀轻微旋转调节螺丝，使明暗分界线恰好通过＋字线交叉点。校正完毕，在以后的测量过程中不允许随意再动此部位。

（2）将折射棱镜表面擦干，用滴管滴样液1～2滴于进光棱镜的磨砂面上，将进光棱镜闭合，调整反射镜，使光线射入棱镜中。

（3）旋转棱镜旋钮，使视野形成明暗两部分。

（4）旋转补偿器旋钮，使视野中除黑白两色外，无其他颜色。

（5）旋转棱镜旋钮，使明暗分界线在＋字交叉点上，由读数镜筒内读取读数。

（6）测定后必须将进光棱镜的毛面、折射棱镜的抛光面拭净，并使之干洁。测定水溶性样品后，用脱脂棉吸水轻擦干净；若为油类样品，需用乙醇或乙醚、苯等拭净。

阿贝折光仪的折射率刻度范围为1.300 0～1.700 0，测量精确度可达±0.000 3，可测量糖溶液浓度或固形物含量范围为0%～95%（相当于折光率1.333～1.531），测定温度为10℃～50℃。

（二）手持折光仪

1.结构

手持折光仪由棱镜、棱镜盖板、橡胶握把、接目镜护罩等组成，如图3-5所示。其光学原理与阿贝折光仪在反射光中使用时的相同。该仪器操作简单，便于携带，常用于生产现场检验及田间检验。

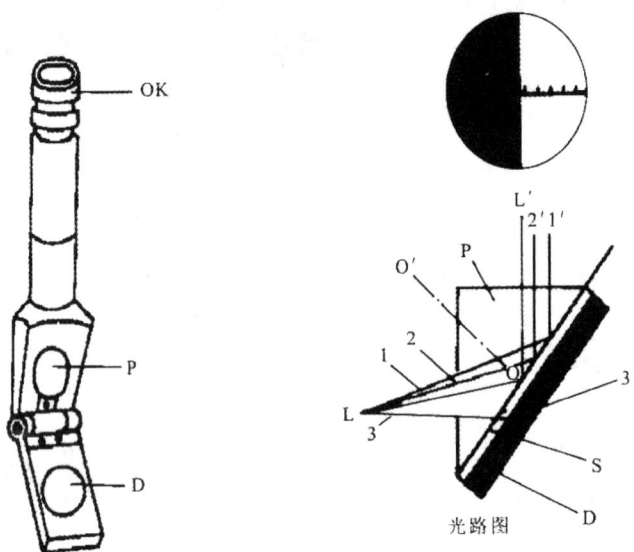

图 3-5　手持折光仪

OK—目镜视度圈；P—棱镜；D—棱镜盖板；s—糖液；L，1，2，3—入射光；L'，1'，2'—反射光；3'—折射光；O'O—法线

2.测定范围

手持折光仪的测定范围为 0 ~ 90%，分左右刻度。

当被测糖液浓度低于 50% 时，旋转换挡旋钮，使目镜半圆视场中的"0 ~ 50"可见，即可观测读数；若被测糖液浓度高于 50%，旋转换挡旋钮，使目镜半圆视场中的"50 ~ 80"可见，即可观测读数。

测量时若温度不是 20 ℃，应进行数值修正。修正的情况分为以下两种：

（1）仪器在 20 ℃调零而在其他温度下进行测量时，应进行校正。校正的方法是：温度高于 20 ℃时，加上相应校正值，即为糖液的准确浓度数值；温度低于 20 ℃时，减去相应校正值，即为糖液的准确浓度数值。

（2）仪器在测定温度下调零则不需要校正。操作方法是：测试纯蒸馏水的折光率，看视场中的明暗分界线是否对正刻线 0。若偏离，则可用小螺丝刀旋动校正螺钉，使分界线正确指示 0 处，然后对糖液进行测定，读取的数值即为正确数值。

第三节　食品旋亮度的测定

自然光的光波在一切可能的平面上振动，当它通过尼可尔棱镜时，透过棱镜的光线只限制在一个平面上振动，这种光叫偏振光（偏光），偏光的振动平面叫偏振面。

具有光学活性的物质，其分子和镜像不能叠合。当偏光通过这类物质时，偏振面就会旋转一个角度。利用专门的仪器测量偏振面向右或向左的旋转角度数，即可求出光学活性物质的含量，这种测定方法称为旋光法。在食品分析中，旋光法主要用于糖分和淀粉的测定。

一、旋光现象、旋光度和比旋光度

分子结构中有不对称碳原子，能把偏振光的偏振面旋转一定角度的物质称为光学活性物质。许多食品成分都具有光学活性，如单糖、低聚糖、淀粉以及大多数的氨基酸和羟酸等。

当偏振光经过光学活性物质时，其偏振光的平面将被旋转，产生旋光现象。偏振光通过光学活性物质的溶液时，其振动平面所旋转的角度叫该物质溶液的旋光度，以 α 表示。其中，能把偏振光的振动平面向右旋转的称为"具有右旋性"，以"+"号表示；反之，称为"具有左旋性"，以"-"号表示。

旋光度的大小主要取决于旋旋光性物质的分子结构，也与溶液的浓度、液层厚度、入射偏振光的波长、测定时的温度等因素有关。同一旋旋光性物质，在不同的溶剂中有不同的旋光度和旋光方向。由于旋光度的大小受诸多因素的影响，所以缺乏可比性。一般规定：以黄色钠光 D 线为光源，在 20 ℃时，偏振光透过浓度为 1 g/mL、液层厚度为 1 dm（即 10cm）旋旋光性物质的溶液时的旋光度，称作比旋光度（或称旋光率、旋光系数），用符号 $[\alpha]_D^{20}$（s）表示。

纯液体的比旋光度：

$$[\alpha]_D^{20} = \frac{\alpha}{l \times \rho} \qquad (3-5)$$

溶液的比旋光度：

$$[\alpha]_D^{20}（s）= \frac{\alpha}{l \times c} \qquad (3-6)$$

式中：

α ——测得的旋光度，° ；

ρ ——液体在 20 ℃时的密度，g/mL ；

c ——每毫升溶液含旋旋光性物质的质量，g/mL ；

l ——旋光管的长度（液层厚度），dm ；

20——测定的温度，℃ ；

s ——所用的溶剂（如溶液的比旋光度无标注，即表明溶剂为水）。

由此可见，比旋光度是旋旋光性物质在一定条件下的特征物理常数。在一定条件下比旋光度 $[\alpha]_D^{20}$ 已知。主要糖类的比旋光度见表 3-3。由于 l 一定，故测得旋光度后可计算出溶液的浓度 c。

表3-3　糖类的比旋亮度

糖　类	比旋亮度	糖　类	比旋亮度
葡萄糖	+52.3	乳糖	+53.3
果糖	−92.5	麦芽糖	+138.3
转化糖	−20.0	糊糖	+194.8
蔗糖	+66.5	淀粉	+196.4

二、变旋光作用

应当指出，旋光性物质在不同溶剂中制成的溶液，其旋亮度和旋转方向是不同的。

具有光学活性的葡萄糖、果糖、麦芽糖等还原糖溶解后，其旋亮度起初迅速变化，后变化缓慢，最后达到恒定值，这个现象称作变旋光作用。这是由于有的糖存在两种异构体，即 α 型和 β 型，它们的比旋亮度不同。这两种环形结构和中间的开链结构在构成一个平衡体系的过程中，即可显示变旋光作用。蜂蜜、葡萄糖之类的产品，在通常的条件下会发生变旋光作用。应用旋光法测定时，样品配成溶液后，宜放置过夜再读数。如需立即测定，可将中性溶液加热至沸后再稀释定容。若溶液已经稀释定容，则可加入 Na_2CO_3 直至对石蕊试纸恰呈明显的碱性（但微碱性溶液不可放置过久，温度也不可太高，以免破坏果糖）。在碱性溶液中变旋光作用迅速，很快达到平衡。为了解变旋光作用是否完成，应每隔 15 ~ 30 min 进行一次旋亮度测读，直至读数恒定为止。

三、旋光仪的结构和工作原理

测定物质旋亮度的仪器称作旋光仪。旋光仪的型号很多，其构造如图 3-6 所示。

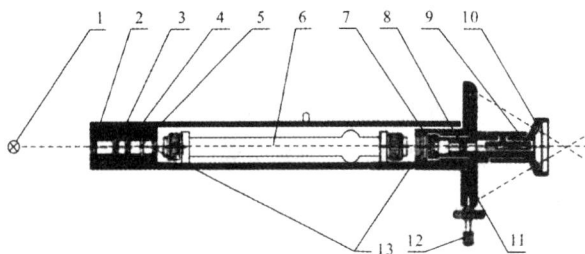

图3-6　旋光仪的基本结构

1—钠光源；2—聚光镜；3—滤色片；4—起偏镜；5—半荫片；6—旋光管；7—检偏镜；8—物镜；9—目镜；10—放大镜；11—刻度盘；12—刻度盘转动手轮；13—保护片

光线从光源 1 投射到聚光镜 2、滤色片 3、起偏镜 4 后，变成平面直线偏振光，再经半荫片 5，视场中出现了三分视场。旋光物质盛入旋光管 6 中的放大镜筒测定，由于溶液具有旋旋光性，故把平面偏振光旋转了一个角度，通过检偏镜7，从目镜9中观察，就能看到中间亮（或暗）、左右暗（或亮）的照度不等的三分视场，如图3-7（a）、图3-7（b）所示。转动刻度盘转动手轮12，带动刻度盘11和检偏镜7觅得视场亮度一致时为止，见图3-7（c），然后，从放大镜中读出刻度盘旋转的角度，即为试样的旋亮度。

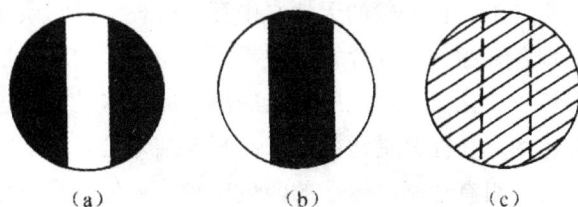

（a）　　　　　　（b）　　　　　　（c）

图3-7　旋光仪三分视场变化图

旋光仪采用双游标读数，以消除刻度盘偏心差。刻度盘分360格，每格1°，游标分20格，等于刻度盘19格，用游标直接读数到0.05°（图3-8）。读数时，应调整检偏镜刻度盘，使视场变成明暗相等的单一视场[图3-7（c）]，然后读取刻度盘上所示的刻度值。刻度盘分为两个半圆，读数时，应先读游标的0落在刻度盘上的位置（整数值），再用游标尺的刻度盘画线重合的方法，读出游标尺上的数值（可读出两位小数），如图3-8所示。

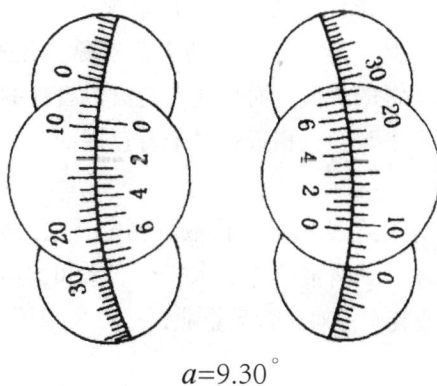

$a=9.30°$

图3-8　旋光仪刻度盘读数示意图

第四节　食品物性分析

食品物性分析又称为食品物理分析，主要包括对食品颜色、黏度、质构等的测定。

一、食品颜色的测定

食品的颜色影响到食品的品质，因此有关食品的着色、保色、发色、褪色等研究也成为食品科学的重要课题。啤酒的琥珀色、蛋白饮料的乳白色、火腿香肠的肉红色等都是食品加工厂家提高商品品质的重要指标。为了追求利润,一些厂商对食品色彩的追求走入误区,如对面粉进行不适当的漂白处理,对一些食品使用过量的色素进行染色等,这已成为食品安全关注的问题。

(一)水质色度的测定

纯洁的水是无色透明的,但一般的天然水中存在各种溶解物质或不溶于水的黏土类细小悬浮物,使水呈现各种颜色,如含腐殖质或高价铁较多的水常呈黄色;含低价铁化合物较多的水呈淡绿色;硫化氢被氧化所析出的硫,能使水呈浅蓝色。水的颜色深浅反映了水质的好坏。有色的水往往是受污染的水,测定结果是以色度来表示的。色度是指被测水样与特别制备的一组有色标准溶液的颜色比较值。色度是不包括亮度在内的颜色的性质,是水质的外观指标,它反映的是颜色的色调和饱和度,即颜色强度。色度的标准单位为度,每升溶液中含有 2 mg 六水合氯化钴(Ⅳ)和 1 mg 铂 [以六氯铂(Ⅳ)酸的形式] 时产生的颜色为 1 度。洁净的天然水的色度一般为 15 ~ 25 度,自来水的色度多为 5 ~ 10 度。

水的颜色有真实颜色和表观颜色之分。水的真实颜色是仅由溶解物质产生的颜色,用经 0.45 pm 滤膜过滤器过滤的样品测定。水的表观颜色是由溶解物质及不溶解性悬浮物产生的颜色,用未经过滤或离心分离的原始样品测定。纯水无色透明,天然水中含有泥土、有机质、无机矿物质、浮游生物等,往往呈现一定的颜色。工业废水含有染料、生物色素、有色悬浮物等,是环境水体着色的主要来源。有颜色的水减弱水的透光性,影响水生生物的生长及其观赏的价值,而且还含有有危害性的化学物质。对于清洁的或浊度很低的水,真实颜色和表观颜色相近;对于着色深的工业废水和污水,真实颜色和表观颜色差别较大。

水质色度常用铂钴标准比色法和稀释倍数法测定。铂钴标准比色法适用于清洁水、轻度污染并略带黄色调的水,如清洁的地面水、地下水和饮用水等。稀释倍数法适用于污染较严重的地面水和工业废水。对于食品企业,一般采用铂钴比色法,具体方法如下:

1. 原理

用氯铂酸钾和氯化钴配制颜色标准溶液,与被测样品进行目视比较,以测定样品的颜色强度,即色度。

2. 试剂

(1)光学纯水将 0.2 m 的滤膜浸泡在蒸馏水或去离子水中 1 h,再用此滤膜过滤蒸馏水或去离子水,弃去最初的 250 mL 滤液,接取之后的滤液。以后用这种水配制全部标准溶液并作为稀释水。

(2)铂钴色度标准贮备液(500 度)将(1.245 ± 0.001)g K_2PtCl_6 及(1.000 ± 0.001)g $CoCl_2 \cdot 6 h_2O$ 溶于 500 mL 水中,加(100 ± 1)mL 浓盐酸,并在 1 000 mL 容量瓶内用水稀释至标线。

将溶液放在密封的玻璃瓶中,存放于暗处,温度不能超过 30 ℃,至少能稳定 6 个月。

（3）铂钴色度标准系列溶液在一组 250 mL 容量瓶中，用移液管分别加入 2.50,5.00, 7.50, 10.00, 12.50, 15.00, 17.50, 20.00, 25.00, 30.00 及 35.00（mL）铂钴贮备液，并用水稀释至刻度，溶液色度分别为 5，10，15，20，25，30，35，40，50，60 和 70（度）。

将溶液放在严密盖好的玻璃瓶中，存放于暗处，温度不能超过 30 ℃，至少可稳定 1 个月。

3. 仪器

具塞比色管 50 mL，容量瓶 250 mL，pH 计。

4. 采样和样品

所有与样品接触的玻璃器皿都要用盐酸或表面活性剂溶液加以清洗，最后用蒸馏水或去离子水洗净、沥干。

将样品采集在容积至少为 1 L 的具塞玻璃瓶内，采样后尽早进行测定。如果必须贮存，则将样品贮存于暗处。在有些情况下还要避免样品与空气接触，同时要避免温度的变化。

5. 步骤

将样品倒入 250 mL（或更大）量筒中，静置 15 min，倾取上层液体作为试料进行测定。

将一组 50 mL 具塞比色管用色度标准溶液充至标线，将另一组具塞比色管用试料充至标线。

将具塞比色管放在白色表面下，比色管与该表面应呈合适的角度，使光线被反射，自具塞比色管底部向上通过液柱，垂直向下观察液柱，找出与试料色度最接近的标准溶液，如色度 ≥ 70 度，用光学纯水将试料适当稀释后，使色度落入标准溶液范围之内再行测定。

另取试料测定 pH 酸碱度。

6. 结果的表示

稀释过的样品色度（A_0）以"度"计，用下式计算：

$$A_0 = V_1 / V_2 \times A_1 \tag{3-7}$$

式中：

V_1——样品稀释后的体积，mL；

V_2——样品稀释前的体积，mL；

A_1——稀释样品色度的观测值，度。

（二）颜色的测定

随着更加科学、合理、方便的表色系统的建立，对颜色的品质管理和测定也更方便和准确。测定时需要掌握正确的方法。

1. 测定食品颜色的注意事项

（1）液体食品或有透明感的食品，当光照射时，不仅有反射光，还有一部分为透射光。因此，仪器的测定值与眼睛的判断产生差异。

（2）固体食品的颜色往往不均匀，而眼睛的观察往往是总体印象。在用仪器测定时，总是局限于被测点的较小面积，所以要注意仪器测定值与目测颜色印象的差异。

（3）测定颜色的方法不同或使用仪器不同，都可能造成颜色值的差异。

2.试样的制作

（1）测定固体食品时，表面应尽量平整。

（2）对于糊状食品，测定时尽量使食品中各成分混合均匀，这样眼睛观察值和仪器测定值就比较一致，如果蔬酱、汤汁、调味汁类食品，可在不使用其变质的前提下进行适当的均质处理。

（3）颗粒食品可通过破碎或过筛的方法处理，使颗粒大小一致，这样可减少测定值的偏差。测定粉末食品时，需把测定表面压平。

（4）测定透明果汁类液体颜色时，应使试样面积大于光照射面积，否则光会散失出去。

（5）测定透过光时，可采用过滤或离心分离的方式将试样中的悬浮颗粒除去。

（6）对颜色不均匀的平面或混有颜色不同颗粒的食品，测定时可通过试样旋转达到混色的效果。

3.颜色的目测方法

颜色的目测方法主要分为标准色卡对照法和标准液比较法等。测定时要注意观察的位置、光源及试样的摆放位置。

（1）标准色卡对照法。国际上出版的标准色卡一般根据色彩图制定。常见的有孟塞尔色圈、522匀色空间色卡、麦里与鲍尔色典和日本标准色卡等。

用标准色卡与试样比较颜色时，光线非常重要。一般要求采用国际照明协会规定的标准光源，光线的照射角度应为45°。在比较时，若色卡与试样的观察面积不同，将影响判断的正确性，所以要求对试样进行适当的遮挡。如果没有合适的标准光源，可以在晴天10：00～14：00，利用北窗射进的自然光线作为光源。总之，要避免在阳光直接照射下进行比较。即使光线达到了以上要求，对有光泽的食品表面或凹凸不平的食品（如果酱、辣酱之类）表面进行颜色比较也很困难。

（2）标准液测定法。标准液测定法主要用来比较液体食品的颜色，如测定酱油、果汁等液体食品的颜色。标准液多用化学药品溶液制成，如测定橘子汁颜色是采用重铬酸钾溶液做标准色液。

目测法常用于谷物、淀粉、水果、蔬菜等食品规格等级的检验。

4.颜色的仪器测定法

除目测法外，在比较标准液时，也可使用比色计，可提高比较的准确性。

（1）光电管比色法。光电管比色法是采用光电比色计，用光电管代替目测，以减少误差的一种仪器测定方法。这种仪器是由彩色滤光片、透过光接收光电管、与光电管连接的电流计组成，主要用来测定液体试样色的浓度，常以无色标准液为基准。

（2）分光亮度法。分光亮度法主要用来测定各种波长光线的透过率。其原理是由棱镜或衍射光栅将白光滤成一定波长的单色光，然后测定这种单色光透过液体试样时被吸收的情况。由测得的光谱吸收曲线可获得以下信息：①了解液体中吸收特定波长的化学物成分；②测定液体浓度；③作为颜色的一种尺度，测定某种呈色物质的含量。

二、食品黏度的测定

黏度，即液体的黏稠程度，它是液体在外力作用下发生流动时，分子间所产生的内摩擦力。黏度的大小是判断液态食品品质的一项重要物理常数。

黏度有绝对黏度、运动黏度、条件黏度和相对黏度之分。绝对黏度也叫动力黏度，它是液体以 1 cm/ s 的流速流动时，在 1 cm² 液面上所需切向力的大小，单位为“Pa·s”。

运动黏度也叫动态黏度，它是在相同温度下液体的绝对黏度与其密度的比值，单位为“m²/ s”。

条件黏度是在规定温度下，在指定的黏度计中，一定量液体流出的时间（s），或此时间与规定温度下同体积水流出时间之比。

相对黏度是在一定温度时液体的绝对黏度与另一液体的绝对黏度之比，用以比较的液体通常是水或适当的液体。

黏度的大小随温度的变化而变化。温度愈高，黏度愈小。纯水在 20 ℃时的绝对黏度为 10^{-3} Pa·s。测定液体黏度可以了解样品的稳定性，亦可揭示干物质的量与其相应的浓度；黏度的数值有助于解释生产、科研的结果。

测定液体食品的黏度时，要根据测定目的和待测对象的性质选择测定仪器。食品中常见的测定方法有毛细管测定法、圆筒回转式黏度计测定法和锥板回转式黏度计测定法等。这里仅介绍食品物性分析中转子旋转黏度计法和毛细管黏度计法。

（一）旋转黏度计法

1. 原理

旋转黏度计上的同步电机以稳定的速度带动刻度盘旋转，再通过游丝和转轴带动转子旋转。当转子未受到液体的阻力时，游丝、指针与刻度圆盘同速旋转，指针在刻度盘上指出的读数为“0”。反之，如果转子受到液体的黏滞阻力，则游丝产生扭矩，与黏滞阻力抗衡最后达到平衡，这时与游丝连接的指针在刻度圆盘上指示一定的读数（即游丝的扭转角）。根据这一读数，结合所用的转子号数及转速对照换算系数表，计算出待测样品的绝对黏度。

2. 仪器

NDJ-1 旋转黏度计如图 3-9 所示。

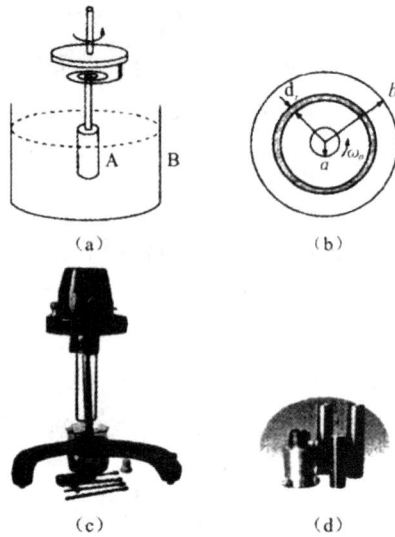

图 3-9　旋转黏度计及其构造原理

（a）结构示意侧面图；（b）结构示意俯视图；（c）黏度计实物图；（d）转子

3. 样品

脱脂牛乳、全脂牛乳、甜炼乳等。

4. 实验步骤

（1）仪器水平调节。调节仪器的水平调节螺丝，使仪器处于水平状态。根据检测容器的高低，转动仪器的升降夹头旋钮，使仪器升降至合适的高度，然后用六角螺纹扳手紧固升降夹头。

（2）安装转子。估计被测样的最大黏度值，结合量程表选择合适的转子表 3-4，并小心安装上仪器的连接螺杆。

（3）样品测定。把样品倾入直径不小于 70 mm 的烧杯或试筒（仪器自备）中，使转子尽量置于容器中心部位并浸入样液直至液面达到转子的标志刻度为止。选择合适的转速，接通电源开始检测。

表3-4　不同转子在不同转速下可测的最大黏度值单位：Pa

转子号	转速（r/min）			
	60	30	12	6
0	0.01	0.02	0.05	0.1
1	0.1	0.2	0.5	1

转子号	转速（r/min）			
	60	30	12	6
2	0.5	1	2.5	5
3	2	4	10	20
4	10	20	50	100

（4）读取黏度数据待。转子在样液中转动一定时间，指针趋于稳定时，压下操作杆，同时中断电源，使指针停留在刻度盘上，读取刻度盘中指针所指示的数值。当读数过高或过低时，可通过调整测定转速或转子型号，使刻度读数值落在 30 ~ 90 刻度量程之间。

5. 结果计算

$$\eta = K \times S \qquad (3-8)$$

式中：

η ——样品的绝对黏度，mPa·s；

K ——转换系数（表3-5）；

S ——圆盘中指针所指读数。

表3-5　不同转子在不同转速时的换算系数

转子号	转速（r/min）			
	60	30	12	6
0	0.1	0.2	0.5	1.0
1	1	2	5	10
2	5	10	25	50
3	20	40	100	200
4	100	200	500	1000

（二）毛细管黏度计法

毛细管黏度计的种类很多，下面介绍常用的两种毛细管黏度计，即奥氏黏度计 [图 3-10（a）] 和乌氏黏度计 [图 3-10（b）、图 3-10（c）]。

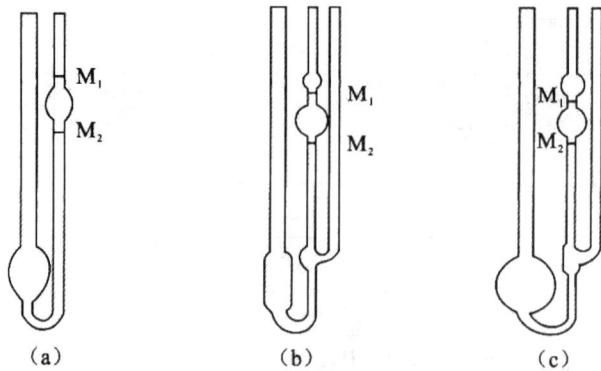

图 3-10　毛细管黏度计

（a）奥氏黏度计；（b）非稀释型乌氏黏度计；（c）稀释型乌氏黏度计

1. 奥氏黏度计

奥氏黏度计由导管、毛细管和球泡组成。毛细管的孔径和长度有一定的规格和精度要求。球泡两端导管上都有刻度线（如 M_1、M_2 等），刻度线之间导管和球泡的容积也有一定规格和较高的精度。测定时，先把一定量（或一定体积）的液体注入左边导管，然后将乳胶管与右边导管的上部开口处连接，把注入的液体抽吸到右管，直到上液面超过刻度线 M_1。这时，使黏度计垂直竖立，再去掉上部乳胶管，使液体因自重向下向左管回流。注意测定液面通过 M_1 至 M_2 之间所需的时间，即一定量液体通过毛细管的时间。测定多次，取平均值。根据对标准液和试样液通过时间的测定，就可求出液体黏度。为了提高测定效率，奥氏黏度计右面也有双球形的。

2. 乌氏黏度计

乌氏黏度计的结构与奥氏黏度计的不同之处是它由三根竖管组成，其中右边的管与中间球泡管的下部旁通，即在球泡管下部有一个小球泡与右管连通。这一结构可以在测量时使流经毛细管的液体形成一个气悬液柱，减少了因左边导管液面升高对毛细管中液流压力差带来的影响。测定方法是，首先向左管注入液体，然后堵住右管，由中间管吸上液体，直至充满上面的球泡。这时，同时打开中间管和右管，使液体自由流下，测定液面由 M_1 到 M_2 的时间。

3. 其他形式的毛细管黏度计

与奥氏黏度计相似的黏度计还有很多，如双球形奥氏黏度计 [图 3-11（a）]、凯芬式黏度计 [图 3-11（b）]、倒流式黏度计 [图 3-11（c）]、品氏黏度计、伏氏黏度计等。

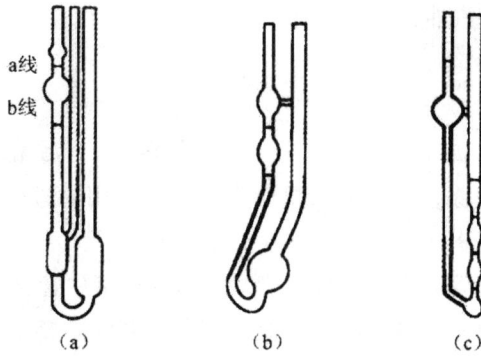

图 3-11　其他常见的毛细管黏度计

（a）双球形奥氏黏度计；（b）凯芬式黏度计；（c）倒流式黏度计

4.毛细管黏度计测定黄原胶的特性黏度

（1）原理溶液的黏度与溶液的浓度有关，为了消除黏度对浓度的依赖性，定义了一种 [η]，即

$$[\eta]= \lim_{c \to 0}\frac{\eta_{sp}}{c} = \lim_{c \to 0}\frac{\eta_r}{c}$$

式中：

η_{sp} ——增比黏度；

η_r ——相对黏度；

c ——浓度。

特性黏度为极限黏度值，与浓度无关，其量纲也是浓度的倒数。特性黏度与聚合物的相对分子质量和结构、溶液的温度和溶剂的特性有关。当温度和溶剂一定时，对于同种聚合物而言，其特性黏度与其相对分子质量有关。只要测定一系列不同浓度下的黏度后，对浓度作图，并外推到浓度为 0 时，得到的黏度属于特性黏度。

（2）仪器：毛细管黏度计（图 3-12）。

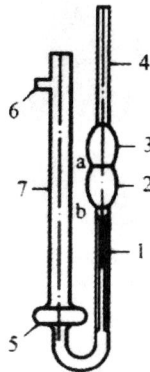

图 3-12　毛细管黏度计

1—毛细管；2，3，5—扩张部分；4.7—管身；6—支管；a，b—标线

（3）试剂：石油醚或汽油，乙醚、铬酸溶液。

（4）样品：黄原胶。

（5）步骤

①将选用的黏度计用石油醚或汽油洗净。若黏度计粘有污垢，就用铬酸溶液、自来水、蒸馏水和乙醇依次洗涤，然后放入烘箱中烘干，或用通过棉花滤过的热空气吹干，备用。

②在毛细管黏度计支管 6 上套上橡皮管，并用手指堵住管身 7 的管口，同时倒置黏度计，将管身插入样液中，用吸耳球从支管的橡皮管中将样液吸到标线 a 处，注意不要使管身扩张部分 3 中的样液出现气泡或裂隙（如出现气泡或裂隙需重新吸入样液），迅速提起黏度计并使其恢复至正常状态，同时擦掉管身的管端外壁所黏附的多余样液，并从支管 6 取下橡皮管套在管身 4 的管端上。

③把盛有样液的黏度计浸入预先准备好的（20±0.1）℃恒温水浴中，使其扩张部分 2 和扩展部分 3 完全浸没在水浴中，将其垂直固定在支架上。

④恒温 10 min 后，用吸耳球从管身 4 的橡皮管中将样液吸起、吹下以搅拌样液，然后吸起样液使充满扩张部分 3，使下液面稍高于标线 a。

⑤取下吸耳球，观察样液的流动情况。当液面正好到达上标线 a 时，立即按下秒表计时，待样液继续流下至下标线 b 时，再按下秒表停止计时。

⑥重复操作 4～6 次，记录每次样液流经上、下标线所需的时间。

（6）计算

$$v_{20} = Kt_{20} \tag{3-9}$$

式中：

v_{20}——20 ℃时样液的运动黏度，cm^2/s；

K——黏度计常数，cm^2/s^2；

t_{20}——样液平均流出时间，s。

第四章 食品中一般成分的检验

第一节 食品中水分的测定

水分是食品的天然成分,虽然不作为营养素,但它是动植物体内不可缺少的重要成分,具有十分重要的生理意义。食品中水分的多少,直接影响食品的感官性状,影响胶体状态的形成和稳定。控制食品水分的含量,可防止食品的腐败变质和营养成分的水解。

一、测定水分含量的意义

水分是食品分析的重要项目之一。不同种类的食品,水分含量差别很大。控制食品的水分含量,对于保持食品良好的感官性状、维持食品中其他组分的平衡关系、保证食品具有一定的保存期等均起着重要的作用。此外,各种生产原料中水分含量的高低,除了对它们的品质和保存有影响外,对成本核算、提高工厂的经济效益等均具有重大意义。因此,食品中水分含量的测定被认为是食品分析的重要项目之一。

二、食品中水分的存在形式

根据水分在食品中所处的状态不同以及与非水组分结合强弱的不同,可以把水分分为以下三类。

(一)自由水

自由水是以溶液状态存在的水分,保持着水分的物理性质,在被截留的区域内可以自由流动。自由水在低温下容易结冰,可以作为胶体的分散剂和盐的溶剂。同时,一些能使食品品质发生质变的反应以及微生物活动可在这部分水中进行。在高水分含量的食品中,自由水的含量可以达到总含水量的90%以上。

(二)亲和水

亲和水可存在于细胞壁或原生质中,是强极性基团单分子外的几个水分子层所包含的水,以及与非水组分中的弱极性基团及氢键结合的水。它向外蒸发的能力较弱,与自由水相比,蒸发时需要吸收较多的能量。

(三)结合水

结合水又称束缚水,是食品中与非水组分结合最牢固的水,如葡萄糖、麦芽糖、乳糖的结晶水以及蛋白质、淀粉、纤维素、果胶物质中的羧基、氨基、羟基和巯基等通过氢键结合的水。结合水的冰点为 -40 ℃,它与非水组分之间配位键的结合能力比亲和水与非水组分间的结合力大得多，很难用蒸发的方法排除。结合水在食品内部不能作为溶剂，微生物也不能利用它们进行繁殖。

在食品中以自由水形态存在的水分在加热时容易蒸发；以另外两种状态存在的水分，加热也能蒸发，但不如自由水容易蒸发，若长时间对食品进行加热，非但不能去除水分，反而会使食品发生质变，影响分析结果。因此，水分测定要严格控制温度、时间等规定的操作条件，方能得到满意的结果。

三、食品中水分含量的测定方法

测定食品中水分含量的方法有多种，通常可以分为两大类：直接测定法和间接测定法。直接测定法是利用水分本身的物理性质和化学性质去掉样品中的水分，再对其进行定量的方法，如干燥法、蒸馏法和卡尔·费休法；间接测定法是利用食品的密度、折射率、电导率、介电常数等物理性质测定水分的方法，间接测定法不需要除去样品中的水分。

相比而言，直接测定法精确度高、重复性好，但花费时间较长，而且主要靠人工操作，广泛应用于实验室中；间接测定法所得结果的准确度一般比直接测定法低，而且往往需要进行校正，但间接测定法速度快，能自动连续测量，可应用于食品工业生产过程中水分含量的自动控制。在实际应用时，水分测定的方法要根据食品的性质和测定目的而选定。

需要注意的是，在测定水分含量时，必须预防操作过程中所产生的水分得失误差，或尽量将其控制在最低范围内。因此，任何样品都需要尽量缩短其暴露在空气中的时间，并尽量减少样品在破碎过程中产生的摩擦热，否则会影响样品的水分含量测定结果，造成不必要的误差。

（一）干燥法

在一定的温度和压力条件下，将样品加热干燥、蒸发，以排除其中水分并根据样品前后失重计算水分含量的方法，称为干燥法。它包括直接干燥法和减压干燥法。水分含量测定值的大小与所用烘箱的类型、箱内状况、干燥温度和干燥时间密切相关。这种测定方法费时较长，但操作简便，应用范围较广。

1. 直接干燥法

（1）原　理

利用食品中水分的物理性质，在101.3 kPa（一个大气压），温度101 ℃ ~ 105 ℃下，采用挥发方法测定样品中干燥减失的重量，包括吸湿水、部分结晶水和该条件下能挥发的物质，再通过干燥前后的称量数值计算出水分的含量。

（2）适用范围

直接干燥法适用于在101 ℃ ~ 105 ℃下，蔬菜、谷物及其制品、水产品、豆制品、乳制品、肉制品、卤菜制品、粮食（水分含量低于18%）、油料（水分含量低于13%）、淀粉及茶叶类等食品中水分的测定，不适用于水分含量小于0.5 g/100 g的样品。

（3）样品的制备、测定及结果计算

固体试样：取洁净铝制或玻璃制的扁形称量瓶，置于 101 ℃ ~ 105 ℃ 干燥箱中，瓶盖斜支于瓶边，加热 1.0 h，取出盖好，置干燥器内冷却 0.5 h，称量，并重复干燥至前后两次质量差不超过 2 mg，即为恒重。将混合均匀的试样迅速磨细至颗粒小于 2 mm，不易研磨的样品应尽可能切碎，称取 2 g ~ 10 g 试样（精确至 0.000 1 g），放入此称量瓶中，试样厚度不超过 5 mm，如为疏松试样，厚度不超过 10 mm，加盖，精密称量后，置于 101 ℃ ~ 105 ℃ 干燥箱中，瓶盖斜支于瓶边，干燥 2 h ~ 4 h 后，盖好取出，放入干燥器内冷却 0.5 h 后称量。然后再放入 101 ℃ ~ 105 ℃ 干燥箱中干燥 1 h 左右，取出，放入干燥器内冷却 0.5 h 后再称量。并重复以上操作至前后两次质量差不超过 2 mg，即为恒重。

半固体或液体试样：取洁净的称量瓶，内加 10 g 海砂（实验过程中可根据需要适当增加海砂的质量）及一根小玻棒，置于 101 ℃ ~ 105 ℃ 干燥箱中，干燥 1.0 h 后取出，放入干燥器内冷却 0.5 h 后称量，并重复干燥至恒重。然后称取 5 g ~ 10 g 试样（精确至 0.000 1 g），置于称量瓶中，用小玻棒搅匀放在沸水浴上蒸干，并随时搅拌，擦去瓶底的水滴，置于 101 ℃ ~ 105 ℃ 干燥箱中干燥 4 h 后盖好取出，放入干燥器内冷却 0.5 h 后称量。然后再放入 101 ℃ ~ 105 ℃ 干燥箱中干燥 1 h 左右，取出，放入干燥器内冷却 0.5 h 后再称量。并重复以上操作至前后两次质量差不超过 2 mg，即为恒重。

试样中的水分含量，按式 (4-1) 进行计算：

$$X = \frac{m_1 - m_2}{m_1 - m_3} \times 100 \qquad (4\text{-}1)$$

式中：

X——试样中水分的含量，单位为克每百克 (g/ 100g)；

m_1——称量瓶（加海砂、玻棒）和试样的质量，单位为克 (g)；

m_2——称量瓶（加海砂、玻棒）和试样干燥后的质量，单位为克 (g)；

m_3——称量瓶（加海砂、玻棒）的质量，单位为克 (g)；

100 ——单位换算系数。

2. 减压干燥法

（1）原　理

利用食品中水分的物理性质，在达到 40 kPa ~ 53 kPa 压力后加热至（60±5）℃，采用减压烘干方法去除试样中的水分，再通过烘干前后的称量数值计算出水分的含量。

（2）适用范围

减压干燥法适用于高温易分解的样品及水分较多的样品（如糖、味精等食品）中水分的测定，不适用于添加了其他原料的糖果（如奶糖、软糖等食品）中水分的测定，不适用于水分含量小于 0.5 g/ 100 g 的样品（糖和味精除外）。

（3）样品的测定方法

取已恒重的称量瓶称取 2 g ~ 10 g（精确至 0.000 1 g）试样（粉末和结晶试样直接称取；较大块硬糖经研钵粉碎混匀），放入真空干燥箱内，将真空干燥箱连接真空泵，抽出真空干燥箱内空气（所需压力一般为 40 kPa ~ 53 kPa），并同时加热至所需温度 60 ℃ ±5 ℃ 。关闭真空泵上的活塞，停止抽气，使真空干燥箱内保持一定的温度和压力，经 4 h 后，打开活塞，使空气经干燥装置缓缓通入至真空干燥箱内，待压力恢复正常后再打开。取出称量瓶，放入干燥器中 0.5 h 后称量，并重复以上操作至前后两次质量差不超过 2 mg ，即为恒重。

（4）结果计算

结果计算与直接干燥法相同。

（二）蒸馏法

1. 原　理

利用食品中水分的物理化学性质，使用水分测定器将食品中的水分与甲苯或二甲苯共同蒸出，根据接收的水的体积计算出试样中水分的含量。

2. 适用范围

蒸馏法适用于含较多其他挥发性物质的食品，如香辛料等。

3. 仪器与试剂

（1）仪器：蒸馏式水分测定仪（图 4-1）。

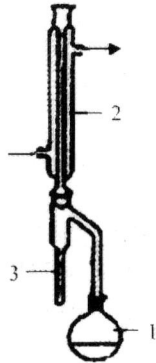

图 4-1　蒸馏式水分测定仪

1—烧瓶；2—冷凝管；3—刻度管

（2）试剂：甲苯或二甲苯。取甲苯或二甲苯，先以水饱和后，分去水层，进行蒸馏，收集馏出液备用。

4. 操作步骤

准确称取适量试样（应使最终蒸出的水在 2 mL ~ 5 mL ，但最多取样量不得超过蒸馏瓶的 2/3 ），放入 250 mL 蒸馏瓶中，加入新蒸馏的甲苯（或二甲苯）75 mL ，连接冷凝管与水分接收管，从冷凝管顶端注入甲苯，装满水分接收管。同时做甲苯（或二甲苯）的试剂空白。

加热慢慢蒸馏，使每秒钟的馏出液为 2 滴，待大部分水分蒸出后，加速蒸馏约每秒钟 4 滴，当水分全部蒸出后，接收管内的水分体积不再增加时，从冷凝管顶端加入甲苯冲洗。如冷凝管壁附有水滴，可用附有小橡皮头的铜丝擦下，再蒸馏片刻至接收管上部及冷凝管壁无水滴附着，接收管水平面保持 10 min 不变为蒸馏终点，读取接收管水层的容积。

5. 结果计算，见式（4-2）

$$X = \frac{V - V_0}{m} \times 100 \qquad （4-2）$$

式中：

X——试样中水分的含量，单位为毫升每百克 (mL/100 g)(或按水在 20 ℃的相对密度 0.998，20 g/mL 计算质量)；

V——接收管内水的体积，单位为毫升 (mL)；

V_0——做试剂空白时，接收管内水的体积，单位为毫升 (mL)；

m——试样的质量，单位为克 (g)；

100——单位换算系数。

（三）卡尔·费休（Karl-Fischer）法

卡尔·费休法简称费休法或 K-F 法，是一种迅速而又准确的水分含量测定方法。它属于碘量法，被广泛应用于各种固体、液体及一些气体样品的水分含量的测定。该方法不需加热。在很多场合，该法常被作为水分特别是痕量水分的标准分析方法，用于校正其他分析方法。

1. 原　理

根据碘能与水和二氧化硫发生化学反应，在有吡啶和甲醇共存时，1 mol 碘只与 1 mol 水作用，反应式如下：

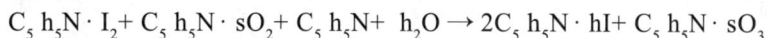

$$C_5h_5N \cdot I_2 + C_5h_5N \cdot sO_2 + C_5h_5N + h_2O \rightarrow 2C_5h_5N \cdot hI + C_5h_5N \cdot sO_3$$

卡尔·费休水分测定法又分为库仑法和容量法。其中容量法测定的碘是作为滴定剂加入的，滴定剂中碘的浓度是已知的，根据消耗滴定剂的体积，计算消耗碘的量，从而计量出被测物质水的含量。

2. 仪器与试剂

（1）仪器：①卡尔·费休水分测定仪；②天平：感量为 0.1 mg 。

（2）试剂：①无水甲醇：优级纯；②卡尔·费休试剂。

3. 操作步骤

（1）卡尔·费休试剂的标定 (容量法)

在反应瓶中加一定体积 (浸没铂电极) 的甲醇，在搅拌下用卡尔·费休试剂滴定至终点。加入 10 mg 水 (精确至 0.000 1 g)，滴定至终点并记录卡尔·费休试剂的用量 (V)。卡尔·费休试剂的滴定度按式 (4-3) 计算：

$$T = m/V \qquad (4-3)$$

式中：

T——卡尔·费休试剂的滴定度，单位为毫克每毫升 (mg/mL)；

m ——水的质量，单位为毫克（mg）；

V ——滴定水消耗的卡尔·费休试剂的用量，单位为毫升（mL）。

（2）试样前处理

可粉碎的固体试样要尽量粉碎，使之均匀。不易粉碎的试样可切碎。

（3）试样中水分的测定

于反应瓶中加一定体积的甲醇或卡尔·费休测定仪中规定的溶剂浸没铂电极，在搅拌下用卡尔·费休试剂滴定至终点。迅速将易溶于甲醇或卡尔·费休测定仪中规定的溶剂的试样直接加入滴定杯中；对于不易溶解的试样，应采用对滴定杯进行加热或加入已测定水分的其他溶剂辅助溶解后用卡尔·费休试剂滴定至终点。建议采用容量法测定试样中的含水量应大于 100 μg。对于滴定时，平衡时间较长且引起漂移的试样，需要扣除其漂移量。

（4）漂移量的测定

在滴定杯中加入与测定样品一致的溶剂，并滴定至终点，放置不少于 10 min 后再滴定至终点，两次滴定之间的单位时间内的体积变化即为漂移量(D)。

4.结果计算

固体试样中水分的含量按式 (4-4)，液体试样中水分的含量按式 (4-5) 进行计算：

$$X = \frac{(V_1 - D \times t) \times T}{m} \times 100 \qquad （4\text{-}4）$$

$$X = \frac{(V_1 - D \times t) \times T}{V_2 \rho} \times 100 \qquad （4\text{-}5）$$

式中：

X ——试样中水分的含量，单位为克每百克 (g/100g)；

V_1 ——滴定样品时卡尔·费休试剂体积，单位为毫升 (mL)；

D ——漂移量，单位为毫升每分钟（mL/min）；

t ——滴定时所消耗的时间，单位为分钟（min）；

T ——卡尔·费休试剂的滴定度，单位为克每毫升（g/mL）；

m ——样品质量，单位为克 (g)；

100——单位换算系数；

V_2 ——液体样品体积，单位为毫升（mL）；

ρ ——液体样品的密度，单位为克每毫升（g/mL）。

第二节　食品中脂肪的测定

一、脂类的定义与分类

脂类指存在于生物体中或食品中微溶于水，能溶于有机溶剂的一类化合物的总称。

油脂的分类按物理状态分为脂肪（常温下为固态）和油（常温下为液态）。

按化学结构分为简单脂，如酰基脂、蜡；复合脂，如鞘脂类（鞘氨酸、脂肪酸、磷酸盐、胆碱组成）、脑苷脂类（鞘氨酸、脂肪酸、糖类组成）、神经节苷脂类（鞘氨酸、脂肪酸、复合的碳水化合物）；还有衍生脂，如类胡萝卜素、类固醇、脂溶性纤维素等。

按照来源分可分为乳脂类、植物脂、动物脂、海产品动物油、微生物油脂。

按不饱和程度分为干性油（碘值大于130，如桐油、亚麻籽油、红花油等）；半干性油（碘值介于100~130，如棉籽油、大豆油等）；不干性油（碘值小于100，如花生油、蓖麻油等）。

按构成的脂肪酸分为游离脂（如脂肪酸甘油酯）和结合脂（由脂肪酸、醇和其他基团组成的酯，如天然存在的磷脂、糖脂、硫脂和蛋白脂等）。

二、测定脂肪含量的意义

脂肪是食品中重要的营养成分之一，可为人体提供必需脂肪酸；脂肪是一种富含热能的营养素，是人体热能的主要来源，每克脂肪在体内可提供37.62 kJ的热能，比碳水化合物和蛋白质高1倍以上；脂肪还是脂溶性维生素的良好溶剂，有助于脂溶性维生素的吸收；脂肪与蛋白质结合生成的脂蛋白，在调节人体生理机能和完成体内生化反应方面起着十分重要的作用。但是，过量摄入脂肪对人体健康是不利的。

在食品加工生产过程中，原料、半成品、成品的脂肪含量对产品的风味、组织结构、品质、外观、口感等都有直接的影响。蔬菜本身的脂肪含量较低，在生产蔬菜罐头时，添加适量的脂肪可以改善产品的风味；对于面包之类的焙烤食品，脂肪含量特别是卵磷脂等组分，对面包心的柔软度、面包的体积及其结构都有影响。因此，在含脂肪的食品中，其脂肪含量都有一定的规定，是食品质量管理中一项重要的指标。测定食品的脂肪含量，可以评价食品的品质、衡量食品的营养价值，而且对实行工艺监督、生产过程的质量管理、研究食品的储藏方式是否恰当等方面都有重要的意义。

三、脂肪含量的测定方法

食品的种类不同，其脂肪的含量及存在形式不同，因此测定脂肪含量的方法也就不同。食品中总脂测定的方法可以分为三类：第一类为直接萃取法：利用有机溶剂（或混合溶剂）直接从天然或干燥过的食品中萃取出脂肪；第二类为经过化学处理后再萃取：

利用有机溶剂从经过酸或碱处理的食品中萃取出脂肪；第三类为减法测定法：对于脂肪含量超过 80% 的食品，通常通过减去其他物质的含量测定脂肪的含量。下面以前两类方法为例介绍脂肪含量的测定。

（一）直接萃取法

直接萃取法就是利用有机溶剂直接从食品中萃取出脂类。通常这类方法测得的脂肪含量称为"游离脂肪含量"。选择不同的有机溶剂往往会得到不同的结果。例如，分析油饼中的脂肪含量时，正己烷只能萃取出油脂，而含有氧化酸的甘油酯则萃取不出；当使用乙醚作为溶剂时，不但能将这类甘油酯萃取出，还能萃取出很多不溶于正己烷的氨基酸和色素，因此以乙醚为溶剂时测得的总脂含量远远大于使用正己烷所测得的总脂含量。直接萃取法包括索氏提取法、氯仿 - 甲醇提取法。下面以直接萃取法中的索氏提取法为例介绍脂肪含量的测定。

索式提取法测得脂肪含量是普遍采用的经典方法，是国标的方法之一。随着科学技术的发展，该法也在不断改进和完善，如目前已有改进的直滴式抽提法和脂肪自动测定仪法。

1. 原　理

脂肪易溶于有机溶剂。试样直接用无水乙醚或石油醚等溶剂抽提后，蒸发除去溶剂，干燥，得到游离态脂肪的含量

2. 适用范围

水果、蔬菜及其制品、粮食及粮食制品、肉及肉制品、蛋及蛋制品、水产及其制品、焙烤食品、糖果等食品中游离态脂肪含量的测定。

3. 仪器和试剂

（1）仪器：①索氏提取器；②电热鼓风干燥箱；③分析天平：感量 0.1 mg；④电热恒温水浴锅；⑤干燥器：内装有效干燥剂，如硅胶；⑥滤纸筒；⑦蒸发皿．

（2）试剂：①无水乙醚；②石油醚（沸程 30 ℃ ~ 60 ℃）。

4. 操作方法

（1）样品处理

固体样品：称取充分混匀后的试样 2 g ~ 5 g，准确至 0.001 g，全部移入滤纸筒内。

液体或半固体试样：称取混匀后的试样 5 g ~ 10 g，准确至 0.001 g，置于蒸发皿中，加入约 20 g 石英砂，于沸水浴上蒸干后，在电热鼓风干燥箱中于 100 ℃ ±5 ℃ 干燥 30 min 后，取出，研细，全部移入滤纸筒内。蒸发皿及粘有试样的玻璃棒，均用沾有乙醚的脱脂棉擦净，并将棉花放入滤纸筒内。

（2）抽　提

将滤纸筒放入索氏抽提器的抽提筒内，连接已干燥至恒重的接收瓶，由抽提器冷凝管上端加入无水乙醚或石油醚至瓶内容积的三分之二处，于水浴上加热，使无水乙醚或石油醚不断回流抽提每小时 6 次 ~ 8 次，一般抽提 6 h ~ 10 h。提取结束时，用磨砂玻璃棒接取 1 滴提取液，磨砂玻璃棒上无油斑表明提取完毕。

（3）称　量

取下接收瓶，回收无水乙醚或石油醚，待接收瓶内溶剂剩余 1 mL ~ 2 mL 时在水浴上蒸干，再于 100 ℃ ±5 ℃干燥 1 h，放干燥器内冷却 0.5 h 后称量。重复以上操作直至恒重（直至两次称量的差不超过 2 mg）。

5. 结果计算

试样中脂肪的含量按照式（4-6）进行计算：

$$X = \frac{m_1 - m_0}{m_2} \times 100 \qquad (4-6)$$

式中：

X——试样中脂肪的含量，单位为克每百克 (g/100g)；

m_1——恒重后接收瓶和脂肪的含量，单位为克 (g)；

m_0——接收瓶的质量，单位为克 (g)；

m_2——试样的质量，单位为克 (g)；

100——换算系数。

6. 精密度

在重复性条件下获得的两次独立测定结果的绝对差值不得超过算术平均值的 10% 。

（二）经过化学处理后再萃取

通过这类方法所测得的脂类含量通常称为"总脂"，根据化学处理方法的不同可以分为酸水解法、罗兹—哥特里法和盖勃氏法。

1. 酸水解法

（1）原　理

食品中的结合态脂肪必须用强酸使其游离出来，游离出的脂肪易溶于有机溶剂。试样经盐酸水解后用无水乙醚或石油醚提取，除去溶剂即得游离态和结合态脂肪的总含量。

（2）适用范围

水果、蔬菜及其制品、粮食及粮食制品、肉及肉制品、蛋及蛋制品、水产及其制品、焙烤食品、糖果等食品中游离态脂肪及结合态脂肪总量的测定。

（3）仪器与试剂

①仪器：a. 恒温水浴锅；b. 电热板：满足 200 ℃ 高温；c. 锥形瓶；d. 分析天平：感量为 0.1g 和 0.001g；e. 电热鼓风干燥箱。

②试剂：a. 盐酸；b. 乙醇；c. 无水乙醚；d. 石油醚（沸程为 30 ~ 60 ℃）；e. 碘；f. 碘化钾。

（4）操作步骤

①试样酸水解：a. 肉制品：称取混匀后的试样 3 g ~ 5 g，准确至 0.001 g，置于锥形瓶 (250 mL) 中，加入 50 mL 2 mol/L 盐酸溶液和数粒玻璃细珠，盖上表面皿，于电热板上加热至微沸，保持 1 h，每 10 min 旋转摇动 1 次。取下锥形瓶，加入 150 mL 热水，混匀，过滤。锥形瓶和表面皿用热水洗净，热水一并过滤。沉淀用热水洗至中性（用蓝色石蕊试纸检验，中性时试纸不变色）。将沉淀和滤纸置于大表面皿上，于（100±5）℃

干燥箱内干燥 1 h，冷却。

b.淀粉：根据总脂肪含量的估计值，称取混匀后的试样 25 g ～ 50 g，准确至 0.1 g，倒入烧杯并加入 100 mL 水。将 100 mL 盐酸缓慢加到 200 mL 水中，并将该溶液在电热板上煮沸后加入样品液中，加热此混合液至沸腾并维持 5 min，停止加热后，取几滴混合液于试管中，待冷却后加入 1 滴碘液，若无蓝色出现，可进行下一步操作。若出现蓝色，应继续煮沸混合液，并用上述方法不断地进行检查，直至确定混合液中不含淀粉为止，再进行下一步操作。

将盛有混合液的烧杯置于水浴锅 (70 ℃ ～ 80 ℃) 中 30 min，不停地搅拌，以确保温度均匀，使脂肪析出。用滤纸过滤冷却后的混合液，并用干滤纸片取出黏附于烧杯内壁的脂肪。为确保定量的准确性，应将冲洗烧杯的水进行过滤。在室温下用水冲洗沉淀和干滤纸片，直至滤液用蓝色石蕊试纸检验不变色。将含有沉淀的滤纸和干滤纸片折叠后，放置于大表面皿上，在（100±5）℃ 的电热恒温干燥箱内干燥 1 h。

c.其他食品：固体试样：称取约 2 g ～ 5 g，准确至 0.001 g，置于 50 mL 试管内，加入 8 mL 水，混匀后再加 10 mL 盐酸。将试管放入 70 ℃ ～ 80 ℃ 水浴中，每隔 5 min ～ 10 min 以玻璃棒搅拌 1 次，至试样消化完全为止，约 40 min ～ 50 min。

液体试样：称取约 10 g，准确至 0.001 g，置于 50 mL 试管内，加 10 mL 盐酸。其余操作和固体试样相同。

②抽提：a.肉制品、淀粉：将干燥后的试样装入滤纸筒内，其余抽提步骤与索氏抽提法相同。

b.其他食品：取出试管，加入 10 mL 乙醇，混合。冷却后将混合物移入 100 mL 具塞量筒中，以 25 mL 无水乙醚分数次洗试管，一并倒入量筒中。待无水乙醚全部倒入量筒后，加塞振摇 1 min，小心开塞，放出气体，再塞好，静置 12 min，小心开塞，并用乙醚冲洗塞及量筒口附着的脂肪。静置 10 min ～ 20 min，待上部液体清晰，吸出上清液于已恒重的锥形瓶内，再加 5 mL 无水乙醚于具塞量筒内，振摇，静置后，仍将上层乙醚吸出，放入原锥形瓶内。

（5）结果计算

结果计算与索氏抽提法相同。

2.罗兹—哥特里法

（1）原理

利用氨—乙醇溶液破坏乳的胶体性状及脂肪球膜，使非脂成分溶解于氨 - 乙醇溶液中，而脂肪游离出来，再用乙醚—石油醚提取出脂肪，蒸馏去除溶剂后，残留物即为乳脂肪。

（2）适用范围

本法适用于各种液状乳（生乳、加工乳、部分脱脂乳等），各种炼乳、奶粉、奶油及冰淇淋等能在碱性溶液中溶解的乳制品，也适用于豆乳或加水呈乳状的食品。本法为国际标准化组织（ISO）、联合国粮农组织 / 世界卫生组织（FAO/WHO）等所采用，是乳及乳制品脂类定量的国际标准法。

（3）仪器与试剂

①仪器：抽脂瓶（图4-2）。

②试剂：a)25%氨水（相对密度为0.91）；b.95%乙醇；c.乙醚（无过氧化物）；d) 石油醚（沸程为30～60℃）。

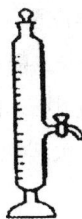

图4-2 抽脂瓶

（4）操作步骤取一定量样品（牛奶吸取10.00 mL乳粉精密称取约1 g，用10 mL 60℃水，分数次溶解）于抽脂瓶中，加入1.25 mL氨水，充分混匀，置于60℃水浴中加热5 min，再振摇2 min，加入10 mL乙醇，充分摇匀，于冷水中冷却后，加入25 mL乙醚，振摇0.5 min，加入25 mL石油醚，再振摇0.5 min，静置30 min，待上层液澄清时，读取醚层体积，放出一定体积醚层于一已恒重的烧瓶中，蒸馏回收乙醚和石油醚，挥干残余醚后，放入100～105℃烘箱中干燥1.5 h，取出放入干燥器中冷却至室温后称重，重复操作直至恒重。

（5）结果计算见式（4-7）

$$X = \frac{m_2 - m_1}{m \times \dfrac{V_1}{V}} \times 100\% \qquad (4\text{-}7)$$

式中：

X——样品中的脂肪含量，%；

m_2——烧瓶和脂肪的质量，g；

m_1——空烧瓶的质量，g；

m——样品的质量，g；

V——读取醚层总体积，mL；

V_1——放出醚层体积，mL。

3. 盖勃法

（1）原　理

在乳中加入硫酸破坏乳胶质性和覆盖在脂肪球上的蛋白质外膜，离心分离脂肪后测量其体积。

（2）适用范围

盖勃法适用于乳及乳制品、婴幼儿配方食品中脂肪的测定。

（3）仪器和试剂

①仪器：a.乳脂离心机；b.盖勃氏乳脂计：最小刻度值为0.1%；c.10.75 mL单标乳吸管。

②试剂：a.硫酸；b.异戊醇。

（4）操作步骤

于盖勃氏乳脂计中先加入10 mL硫酸，再沿着管壁小心准确加入10.75 mL试样，使试样与硫酸不要混合，然后加1 mL异戊醇，塞上橡皮塞，使瓶口向下，同时用布包裹以防冲出，用力振摇使呈均匀棕色液体，静置数分钟（瓶口向下），置65 ℃～70 ℃水浴中5 min，取出后置于乳脂离心机中以1 100 r/min的转速离心5 min，再置于65 ℃～70 ℃水浴水中保温5 min（注意水浴水面应高于乳脂计脂肪层）。取出，立即读数，即为脂肪的百分数。

第三节　食品中灰分的测定

一、食品中的灰分

食品的组成十分复杂，除含有大量有机物质外，还有丰富的无机成分。这些无机成分包括人体必需的无机盐（或称矿物质），其中含量较多的有钙、镁、钾、钠、硫、磷、氯等元素。此外还含有少量的微量元素，如铁、铜、锌、锰、碘、氟、硒等。当这些组分经高温灼烧后，将发生一系列物理和化学变化，最后有机成分挥发逸散，而无机成分（主要是无机盐和氧化物）则残留下来，这些残留物称为灰分。灰分是表示食品中无机成分总量的一项指标。

食品组成不同，灼烧条件不同，残留物亦各不同。食品的灰分与食品中原来存在的无机成分在数量和组成上并不完全相同，因此，严格说，应该把灼烧后的残留物称为粗灰分。这是因为食品在灰化时，一方面，某些易挥发的元素，如氯、碘、铅等，会挥发散失，磷、硫等也能以含氧酸的形式挥发散失，使部分无机成分减少；另一方面，某些金属氧化物会吸收有机物分解产生的二氧化碳而形成碳酸盐，又使无机成分增加了。

二、灰分的测定内容

食品的灰分常称为总灰分（粗灰分）。在总灰分中，按其溶解性还可分为水溶性灰分、水不溶性灰分和酸不溶性灰分。

（一）总灰分

总灰分主要是金属氧化物和无机盐类，以及一些杂质。对于有些食品，总灰分是一项重要指标。

（二）水溶性灰分

水溶性灰分反映的是可溶性的钾、钠、钙、镁等氧化物和盐类含量。

（三）水不溶性灰分

水不溶性灰分反映的是污染的泥沙和铁、铝等氧化物及碱土金属的碱式磷酸盐含量。

（四）酸不溶性灰分

酸不溶性灰分反映的是环境污染混入产品中的泥沙及样品组织中的微量氧化硅含量。

三、测定灰分的意义

测定灰分具有十分重要的意义，具体表现在如下两个方面。

（一）判断食品受污染的程度

不同食品，因所用原料、加工方法和测定条件不同，各种灰分的组成和含量也不相同。当这些条件确定后，某种食品的灰分常在一定范围内，如果灰分超过了正常范围，说明食品在生产过程中使用了不合乎卫生标准的原料或食品添加剂，或食品在生产、加工、贮藏过程中受到了污染。因此，测定灰分可以判断食品受污染的程度。

（二）评价食品的加工精度和食品的品质

灰分可以作为评价食品质量的指标。例如，在面粉加工中，常以总灰分含量评定面粉等级，富强粉为 0.3% ~ 0.5%；标准粉为 0.6% ~ 0.9%；加工精度越细，总灰分越少，这是由于小麦麸皮中的灰分比胚乳的高 20 倍左右。无机盐是食品的 6 大营养要素之一，是人类生命活动不可缺少的物质，要正确评价某食品的营养价值，其无机盐含量是一个评价指标。

四、灰分的测定方法

（一）总灰分的测定——直接灰化法

1. 原　理

把一定量的样品经炭化后放入高温炉内灼烧，使有机物质被氧化分解，以二氧化碳、氮的氧化物及水的形式逸出，而无机物质以硫酸盐、磷酸盐、碳酸盐、氯化物等无机盐和金属氧化物的形式残留下来，这些残留物即为灰分，称量残留物的质量即可计算出样品中的总灰分。

2. 仪器与试剂

（1）仪器：①高温炉；②坩埚（石英坩埚或瓷坩埚）；③坩埚钳；④干燥器；⑤分析天平。

（2）试剂：① 1 ：4 盐酸溶液；② 0.5% 三氯化铁溶液和等量蓝墨水的混合液；③ 6 mol/L 硝酸；④ 36% 过氧化氢；⑤辛醇或纯植物油。

3. 测定步骤

（1）瓷坩埚的准备

将瓷坩埚用 1 ：4 的盐酸煮 1 h ~ 2 h，洗净晾干后，用三氯化铁与蓝墨水的等体积混合液在坩埚外壁及盖上标号，置于 500 ℃ ~ 550 ℃的高温炉中灼烧 0.5 h ~ 1 h，移至炉口，冷却至 200 ℃以下，取出坩埚，置于干燥器中冷却至室温，称重，再放入高温炉内灼烧 0.5 h，取出冷却称量，直至恒重（2 次称重之差不超过 0.2 mg）。

（2）样品的处理

①浓稠的液体样品（牛奶、果汁）：准确称取适量试样于已知质量的瓷坩埚中，置于水浴上蒸发至近干，再进行炭化。这类样品若直接炭化，样品沸腾会飞溅，使样品损失。

②水分含量多的样品（果蔬）：应先制成均匀的试样，再准确称取适量试样于已知质量的瓷坩埚中，置于烘箱内干燥，再进行炭化。也可取测定水分含量后的干燥试样直接进行炭化。

③富含脂肪的样品：先制成均匀试样，准确称取适量试样，先提取脂肪后，再将残留物移入已知质量的瓷坩埚中进行炭化。

④水分含量较少的固体样品（谷类、豆类）：先粉碎成均匀的试样，取适量试样于已知质量的坩埚中再进行炭化。

（3）炭化

试样经预处理后，在灼烧前要先进行炭化，即先用小火加热样品，使样品炭化，之后再进行灰化，否则在灼烧时，因温度高，试样中的水分急剧蒸发，使试样飞溅；糖、蛋白质、淀粉等易发泡膨胀的物质在高温下发泡膨胀而溢出坩埚；直接灼烧，炭粒易被包住，使灰化不完全。

将坩埚置于电炉或煤气灯上，半盖坩埚盖，小心加热使试样在通气状态下逐渐炭化，直至无烟产生。易膨胀发泡的样品，在炭化前，可在试样上酌情加数滴纯植物油或辛醇后再进行炭化。

（4）灰化

将炭化后的样品移入马弗炉中，在 500 ℃～550 ℃灼烧灰化，直至炭粒全部消失，待温度降至 200 ℃左右，取出坩埚，放入干燥器内冷却至室温，准确称量。再灼烧、冷却、称量，直至达到恒重。若后一次质量增加，则取前一次质量计算结果。

4. 结果计算见式（4-8）

$$X = \frac{m_3 - m_1}{m_2 - m_1} \qquad\qquad (4-8)$$

式中：

X——样品中总灰分的含量，g/100 g；

m_1——空坩埚的质量，g；

m_2——坩埚和样品的质量，g；

m_3——坩埚和灰分的质量，g。

（二）水溶性灰分和水不溶性灰分的测定

1. 仪器与试剂

仪器、试剂等同总灰分的测定。

2. 操作方法

将测定所得的总灰分残留物中，加入热无离子水 25 mL，以无灰滤纸过滤，再用

25 mL 热无离子水多次洗涤坩埚、滤纸及残渣。将残渣及滤纸一起移回坩埚中，再进行干燥、炭化、灼烧、冷却、称量，直至恒重。

3. 结果计算见式（4-9）

$$水不溶性灰分 = \frac{m_4 - m_1}{m_2 - m_1} \times 100 \qquad （4-9）$$

式中：

　m_1——空坩埚的质量，g；

　m_2——坩埚和样品的质量，g；

　m_4——坩埚和水不溶性灰分的质量，g。

水溶性灰分 = 总灰分（%）– 水不溶性灰分（%）

（三）酸不溶性灰分和酸溶性灰分的测定

1. 仪器、试剂

仪器、试剂等同总灰分的测定。

2. 操作方法

取水不溶性灰分或总灰分残留物，加入 25 mL 0.1 mol/L 的 hCl，放在小火上轻微煮沸，用无灰滤纸过滤后，再用热无离子水洗涤至不显酸性为止，将残留物连同滤纸置于坩埚中进行干燥、炭化、灰化，直至恒重。

3. 结果计算见式（4-10）

$$酸不溶性灰分 = \frac{m_5 - m_1}{m_2 - m_1} \times 100 \qquad （4-10）$$

式中：

　m_1——空坩埚的质量，g；

　m_2——坩埚和样品的质量，g；

　m_5——坩埚和酸不溶性灰分的质量，g。

酸溶性灰分 = 总灰分（%）– 酸不溶性灰分（%）

第四节　食品中酸度的测定

一、测定食品酸度的意义

食品中的酸不仅作为酸味成分，而且在食品的加工、贮藏及品质管理等方面被认为是重要的成分，测定食品中的酸度具有十分重要的意义。

（一）有机酸影响食品的色、香、味及稳定性

果蔬中所含色素的色调与其酸度密切相关，在一些变色反应中，酸是起重要作用的成分。例如，叶绿素在酸性条件下变成黄褐色的脱镁叶绿素；花青素子不同酸度下，颜色亦不相同。果实及其制品的口感取决于糖、酸的种类、含量及比例，酸度降低则甜味

增加，同时，水果中适量的挥发酸含量也会带给其特定的香气。另外，食品中有机酸含量高，则其 pH 酸碱度低，而 pH 酸碱度的高低对食品稳定性有一定影响，降低 pH 酸碱度，能减弱微生物的抗热性和抑制其生长，因此 pH 酸碱度是果蔬罐头杀菌的主要依据。在水果加工中，控制介质 pH 酸碱度可以抑制水果褐变，有机酸能与铁、锡等金属反应，加快设备和容器的腐蚀作用，影响制品的风味与色泽，有机酸可以提高维生素 C 的稳定性，防止其氧化。

（二）食品中有机酸的种类和含量是判断其质量好坏的一个重要指标

挥发酸的种类是判断某些制品腐败的标准，如某些发酵制品中有甲酸积累，则说明已发生细菌性腐败。挥发酸的含量也是判断某些制品质量好坏的指标，如水果发酵制品中含 0.10% 以上的醋酸，则说明制品腐败；牛乳及乳制品中乳酸过高时，亦说明已由乳酸菌发酵而产生腐败。新鲜的油脂常常是中性的，不含游离脂肪酸。但油脂在存放过程中，本身含的解脂酶会分解油脂而产生游离脂肪酸，使油脂酸败，故测定油脂酸度（以酸价表示）可判别其新鲜程度。有效酸度（pH 酸碱度）也是判别食品质量的指标，如新鲜肉的 pH 酸碱度为 5.7 ~ 6.2，若 pH 酸碱度大于 6.7，说明肉已变质。

（三）利用食品中有机酸的含量和糖含量之比，可判断某些果蔬的成熟度

有机酸在果蔬中的含量，因其成熟度及生长条件不同而异，一般随着成熟度提高，有机酸含量下降，而糖含量增加，糖酸比增大。故测定酸度可判断某些果蔬的成熟度，对于确定果蔬收获及加工工艺条件很有意义。

二、食品酸度的分类

酸度可分为总酸度、有效酸度和挥发酸度。

1. 总酸度：总酸度是指食品中所有酸性成分的总量。它包括离解的和未离解的酸的总和，常用标准碱溶液进行滴定，并以样品中主要代表酸的质量分数来表示，故总酸度又称可滴定酸度。

2. 有效酸度：有效酸度是指样品中呈游离状态的氢离子的浓度（准确地说应该是活度），常用 pH 酸碱度表示。用 pH 计（酸度计）测定有效酸度。

3. 挥发酸度：挥发酸度是指易挥发的有机酸，如醋酸、甲酸及丁酸等。可通过蒸馏法分离，再用标准碱溶液进行滴定。

三、酸度的测定方法

（一）总酸度的测定——中和滴定法

1. 原　理

食品中的有机弱酸用标准碱液进行滴定时，被中和生成盐类，用酚酞做指示剂，滴定至溶液显淡红色且 30 s 不褪色为终点。根据所消耗的标准碱液的浓度和体积，计算出样品中总酸的含量。其反应式如下：

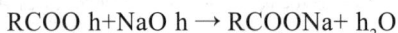

$$RCOOh + NaOh \rightarrow RCOONa + H_2O$$

2. 试　剂

（1）0.1 mol/L 氢氧化钠标准溶液

①配制：称取 6 g 氢氧化钠，用约 10 mL 水迅速洗涤表面，弃去溶液，随即将剩余的氢氧化钠（约 4 g）用新煮沸并经冷却的蒸馏水溶解，并稀释至 1 000 mL，摇匀待标定。

②标定：精确称取 0.4 g ~ 0.6 g（准确至 0.000 1 g）在 110 ℃ ~ 120 ℃干燥至恒重的基准物邻苯二甲酸氢钾，于 250 mL 锥形瓶中，加 50 mL 新煮沸过的冷蒸馏水，振摇溶解，加 2 滴酚酞指示剂，用配制的氢氧化钠标准溶液滴定至溶液显微红色且 30 s 不褪色；同时做空白试验。

③计算公式（4-11）

$$c = \frac{m \times 1000}{(V_1 - V_2) \times 204.2}$$　　　　（4-11）

式中：

c——氢氧化钠标准溶液的浓度，mol/L；

m——基准物邻苯二甲酸氢钾的质量，g；

V_1——标定时所耗用氢氧化钠标准溶液的体积，mL；

V_2——空白试验所耗用氢氧化钠标准溶液的体积，mL；

204.2——邻苯二甲酸氢钾的摩尔质量，g/mol。

（2）10 g/L 酚酞指示剂

称取酚酞 1 g 溶解于 100 mL95% 乙醇中。

3. 操作方法

（1）样品处理

①固体样品。若是果蔬及其制品，需去皮、去柄、去核后，切成块状，置于组织捣碎机中捣碎并混合均匀。取适量样品（视其总酸含量而定），用 150 mL 无 CO_2 蒸馏水（果蔬干品须加入 8 ~ 9 倍无 CO_2 蒸馏水），将其移入 250 mL 容量瓶中，在 75 ℃ ~ 80 ℃水浴上加热 0.5 h（果脯类在沸水浴上加热 1 h），冷却定容，干燥过滤，弃去初滤液 25 mL，收集滤液备用。

②含 CO_2 的饮料、酒类。将样品置于 40 ℃水浴上加热 30 min，以除去 CO_2，冷却后备用。

③不含 CO_2 的饮料、酒类或调味品。混匀样品，直接取样，必要时加适量的水稀释（若样品浑浊，则须过滤）。

④咖啡样品。取 10 g 经粉碎并通过 40 目筛的样品，置于锥形瓶中，加入 75 mL　80% 的乙醇，加塞放置 16 h，并不时摇动，过滤。

⑤固体饮料。称取 5 g ~ 10 g 样品于研钵中，加入少量无 CO_2 蒸馏水，研磨成糊状，用无 CO_2 蒸馏水移入 250 mL 容量瓶中定容，充分摇匀，过滤。

（2）滴定

准确吸取滤液 50 mL，注入 250 mL 三角瓶中，加入酚酞指示剂 3 ~ 4 滴。用 0.1 mol/L

氢氧化钠标准溶液滴定至微红色且 30 s 不褪色。记录消耗的 0.1 mol/L 氢氧化钠标准溶液的体积（mL）。

4. 结果计算

$$x = \frac{cVK}{m} \times \frac{V_0}{V_1} \times 100\% \qquad (4\text{-}12)$$

式中：

x ——总酸度，% ；

c ——氢氧化钠标准溶液的浓度，mol/L ；

V ——消耗氢氧化钠标准溶液的体积，mL ；

m ——样品的质量或体积，g 或 mL ；

V_1 ——样品稀释液总体积，mL ；

V_2 ——滴定时吸取样液体积，mL ；

K ——换算成适当酸的系数 [其中：苹果酸为 0.067、醋酸为 0.060、酒石酸为 0.075、乳酸为 0.090、柠檬酸（含 1 分子水）为 0.070]。

（二）挥发酸度的测定

挥发酸是指食品中含低碳链的直链脂肪酸，主要是醋酸和痕量的甲酸、丁酸等，不包括可用水蒸气蒸馏的乳酸、琥珀酸、山梨酸以及 CO_2 和 sO_2 等。正常的果蔬食品中，其挥发酸的含量较稳定，若在生产中使用了不合格的果蔬原料，或违反正常的工艺操作或在装罐前将果蔬成品放置过久，都会由于糖的发酵而使挥发酸增加，降低了食品的品质，因此，挥发酸含量是某些食品的一项质量控制指标。

总挥发酸可用直接法或间接法测定。直接法是通过水蒸气蒸馏或溶剂萃取把挥发酸分离出来，然后用标准碱滴定；间接法是将挥发酸蒸发除去后，滴定不挥发酸，最后从总酸度中减去不挥发酸，即可得出挥发酸含量。前者操作方便，较常用，适合于挥发酸含量较高的样品。若蒸馏液有所损失或被污染，或样品中挥发酸含量较少，宜用间接法。

以下介绍水蒸气蒸馏法测定挥发酸。

1. 原　理

样品经适当处理后，加适量磷酸使结合态挥发酸游离出，用水蒸气蒸馏分离出总挥发酸，经冷凝、收集后，以酚酞作指示剂，用标准碱液滴定至微红色且 30 s 不褪色为终点，根据标准碱液消耗量计算出样品中总挥发酸含量。

2. 适用范围

水蒸气蒸馏法适用于各类饮料、果蔬及制品（如发酵制品、酒类等）中总挥发酸含量的测定。

3. 仪器与试剂

（1）仪器：①水蒸气蒸馏装置（图 4-7）；②电磁力搅拌器。

（2）试剂：① 0.1 mol/L 氢氧化钠标准溶液同总酸度的测定中 0.1 mol/L 氢氧化钠标准溶液的配制与标定；② 10 g/L 酚酞指示剂同总酸度的测定中 10 g/L 酚酞指示剂的配制；

③ 100 g/L 磷酸溶液称取 10.0 g 磷酸，用少许无 CO_2 蒸馏水溶解，并稀释至 100 mL。

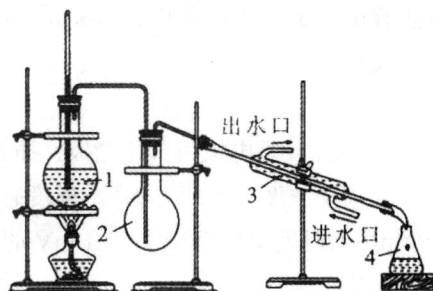

图 4-7　水蒸气蒸馏装置

1—蒸汽发生器；2—样品瓶；3—冷凝管；4—接收瓶

4. 样品处理方法

（1）一般果蔬及饮料可直接取样。

（2）含 CO_2 的饮料、发酵酒类，需排除 CO_2，具体做法是：取 80 mL ~ 100 mL）样品置于三角瓶中，在用电磁力搅拌器连续搅拌的同时，于低真空下抽气 2 min ~ 4 min，以除去 CO_2。

（3）固体样品（如干鲜果蔬及其制品）及冷冻、黏稠等制品：先取可食部分加入一定量水（冷冻制品先解冻），用高速组织捣碎机捣成浆状，再称取处理样品 10 g，加入无 CO_2 蒸馏水溶解并稀释至 25 mL。

5. 操作方法

（1）样品蒸馏取 25 mL 经上述处理的样品移入蒸馏瓶中，加入 25 mL 无 CO_2 蒸馏水和 1 mL　10% 磷酸溶液。如图 4-7 所示，连接水蒸气蒸馏装置，加热蒸馏至馏出液约为 300 mL 为止。于相同条件下做空白试验。

（2）滴定将馏出液加热至 60 ℃ ~ 65 ℃（不可超过），加入 3 滴酚酞指示剂，用 0.1 mol/L 氢氧化钠标准溶液滴定至溶液呈微红色且 30 s 不褪色，即为终点。

6. 结果计算

$$挥发酸含量（以乙酸计）（g/100 g 或 g/100 mL）= \frac{V_1 - V_2 \times c}{m} \times 0.06 \times 100 \qquad （4-13）$$

式中：

m ——样品质量或体积，g 或 mL；

V_1 ——滴定样液时消耗氢氧化钠标准溶液的体积，mL；

V_2 ——滴定空白时消耗氢氧化钠标准溶液的体积，mL；

c ——氢氧化钠标准溶液的浓度，mol/L；

0.06——换算为醋酸的分数，即 1 mmol 氢氧化钠相当于醋酸的质量。

（三）有效酸度的测定

食品由于原料品种、成熟度及加工方法的不同，有效酸度（pH 酸碱度）的变动范围很大。测定 pH 酸碱度的方法有试纸法、比色法和电位法等，其中电位法（pH 计法）的操作简便且结果准确，是最常使用的方法。

1. 原理

以玻璃电极为指示电极，以饱和甘汞电极为参比电极，插入待测样液中组成原电池，该电池电动势的大小与溶液的氢离子浓度，亦即与 pH 酸碱度有线性关系。

在 25 ℃时，每相差 1 个 pH 酸碱度单位就产生 59.1 mV 的电池电动势，可利用酸度计直接读出样品溶液的 pH 酸碱度。

2. 适用范围

本法适用于各种饮料、果蔬及其制品，以及肉、蛋类等食品中 pH 酸碱度的测定。

3. 仪器和试剂

（1）仪器：①酸度计；②玻璃电极和甘汞电极（或复合电极）；③电磁搅拌器。

（2）试剂

pH 标准缓冲液：目前市面上有各种浓度的标准缓冲液试剂供应，每包试剂按其要求的方法溶解定容即可。也可按照以下方法配制。

① pH=1.68 标准缓冲溶液（20 ℃）：称取 12.71 g 草酸钾（$K_2C_2O_4 \cdot H_2O$）溶于蒸馏水中，并稀释定容至 1 000 mL，混匀备用。

② pH=4.01 标准缓冲溶液（20 ℃）：称取在（115±5）℃下烘干 2 h ~ 3 h，并经冷却的邻苯二甲酸氢钾（$KhC_8h_4O_4$）10.12 g 溶于不含 CO_2 的蒸馏水中，并稀释至 1 000 mL。

③ pH=6.88 标准缓冲溶液（20 ℃）：称取在（115±5）℃下烘干 2 h ~ 3 h，并经冷却的纯磷酸二氢钾（Kh_2PO_4）3.39 g 和纯无水磷酸氢二钠（Na_2hPO_4）3.53 g 溶于不含 CO_2 的蒸馏水中，并稀释至 1000 mL。

④ pH=9.22 标准缓冲溶液（20 ℃）：称取纯硼砂（$Na_2B_4O_7 \cdot 10h_2O$）3.80 g，溶于不含 CO_2 的蒸馏水中，并稀释至 1 000 mL。

上述 4 种标准缓冲溶液通常能稳定 2 个月。

4. 操作步骤

（1）样品制备

①一般液体样品（如牛乳，不含 CO_2 的果汁、酒等）：摇匀后可直接取样测定。

②含 CO_2 的液体样品（如碳酸饮料、啤酒等）：除 CO_2 后再测，CO_2 去除方法同总酸度的测定。

③果蔬样品：将果蔬样品榨汁后，取汁液直接进行 pH 酸碱度测定。对果蔬干制品，可取适量样品，加数倍的无 CO_2 蒸馏水，于水浴上加热 30 min，捣碎，过滤，取滤液测定。

④肉类制品：称取 10 g 已除去油脂并捣碎的样品于 250 mL 锥形瓶中，加入 100 mL 无 CO_2 蒸馏水，浸泡 15 min，随时摇动，过滤后取滤液测定。

⑤鱼类等水产品：称取 10 g 切碎样品，加入 100 mL 无 CO_2 蒸馏水，浸泡 30 min（随时摇动），过滤后取滤液测定。

⑥皮蛋等蛋制品：取皮蛋数个，洗净剥壳，按皮蛋：水为 2：1 的比例加入无 CO_2 蒸馏水，于组织捣碎机中捣成匀浆，再称取 15 g 匀浆（相当于 10 g 样品），加入无 CO_2 蒸馏水至 150 mL，摇匀，纱布过滤后，取滤液测定。

⑦罐头制品（液固混合样品）：先将样品沥汁，取浆汁液测定，或将液固混合物捣碎成浆状后，取浆状物测定。若有油脂，则应先分出油脂。

⑧含油及油浸样品：先分离出油脂，再把固形物放于组织捣碎机中捣成匀浆，必要时加入少量无 CO_2 蒸馏水（20 mL/100 g 样品）搅匀后，进行 pH 酸碱度测定。

（2）酸度计的校正（校正方法因酸度计型号不同而有所不同，下面以 PHS-3C 型酸度计为例）

①开启酸度计电源，预热 30 min，连接玻璃电极及甘汞电极，在读数开关放开的情况下调零。

②选择适当的缓冲液（其 pH 酸碱度与被测样品 pH 酸碱度接近）。

③测量标准缓冲液温度，调节酸度计温度补偿旋钮。

④将二电极浸入缓冲液中，按下读数开关，调节定位旋钮使 pH 指针指在缓冲液的 pH 酸碱度上，按下读数开关，指针回零。如此重复操作 2 次。

（3）样品测定酸度计经预热并用标准缓冲液校正后，用无 CO_2 蒸馏水淋洗电极并用滤纸吸干，再用待测液冲洗电极后，将电极插入待测液中进行测定，测定完毕后清洗电极。

第五节 食品中蛋白质的测定

一、食品中蛋白质含量测定的意义

蛋白质是生命的物质基础，是构成生物体细胞组织的重要成分，是生物体发育及修补组织的原料，一切有生命的活体都含有不同类型的蛋白质。人体内的酸碱平衡、水平衡的维持，遗传信息的传递、物质的代谢及转运都与蛋白质有关。人及动物只能从食品中得到蛋白质及其分解产物构成自身的蛋白质，因此，蛋白质是人体重要的营养物质，也是食品中重要的营养指标。

在各种不同的食品中，蛋白质的含量各不相同。一般来说，动物性食品的蛋白质含量高于植物性食品，如牛肉中蛋白质的含量为 20% 左右，猪肉中的为 5%，大豆中的为 40%，稻米中的为 8.5%。测定食品中蛋白质的含量，对于评价食品的营养价值、合理开发利用食品资源、提高产品质量、优化食品配方、指导经济核算及生产过程控制均具有极其重要的意义。

二、蛋白质含量的测定方法

蛋白质的测定方法分为两大类：一类是利用蛋白质的共性，即含氮量、肽键和折射率等测定蛋白质含量；另一类是利用蛋白质中特定氨基酸残基、酸性和碱性基因以及芳香基团等测定蛋白质含量。最常用的蛋白质测定方法是凯氏定氮法，它是测定总有机氮的最准确和操作较简便的方法之一，在国内外应用普遍。另外，双缩脲分光亮度比色法、染料结合分光亮度比色法、酚试剂法等也常用于蛋白质含量的测定，由于其方法简便快速，多用于生产单位质量控制分析。此外，国家标准中还新增了燃烧法测蛋白质含量。

（一）凯氏定氮法

1. 原　理

食品中的蛋白质在催化加热条件下被分解，产生的氨与硫酸结合生成硫酸铵。碱化蒸馏使氨游离，用硼酸吸收后以硫酸或盐酸标准滴定溶液滴定，根据酸的消耗量乘以换算系数，即为蛋白质的含量。

2. 适用范围

凯氏定氮法可应用于各类食品中蛋白质含量的测定。

3. 仪器和试剂

（1）仪器：①天平：感量为 1 mg；②凯氏定氮蒸馏装置（图 4-8）；③自动凯氏定氮仪。

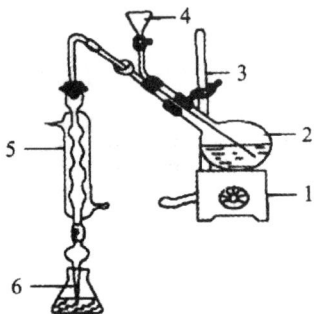

图 4-8　凯氏定氮蒸馏装置

1—电炉；2—蒸馏烧瓶；3—铁架台；4—进样漏斗；5—冷凝管；6—吸收瓶

（2）试剂：①浓硫酸；②硫酸铜；③硫酸钾；④硼酸；⑤甲基红指示剂；⑥溴甲酚绿指示剂；⑦亚甲基蓝指示剂；⑧氢氧化钠；⑨95% 乙醇；⑩硼酸溶液（20 g/L）：称取 20 g 硼酸，加水溶解后并稀释至 1 000 mL；⑪氢氧化钠溶液（400 g/L）：称取 40 g 氢氧化钠加水溶解后，放冷，并稀释至 100 mL；⑫硫酸标准滴定溶液（0.0500 mol/L）或盐酸标准滴定溶液（0.0500 mol/L）；⑬甲基红乙醇溶液（1 g/L）：称取 0.1 g 甲基红，溶于 95% 乙醇，用 95% 乙醇稀释至 100 mL；⑭亚甲基蓝乙醇溶液（1 g/L）：称取 0.1 g 亚甲基蓝，溶于 95% 乙醇，用 95% 乙醇稀释至 100 mL；⑮溴甲酚绿乙醇溶液（1 g/L）：

称取 0.1 g 溴甲酚绿，溶于 95% 乙醇，用 95% 乙醇稀释至 100 mL；⑯混合指示液：2 份甲基红乙醇溶液与 1 份亚甲基蓝乙醇溶液临用时混合。

4. 操作步骤

（1）凯氏定氮法

①试样处理：称取充分混匀的固体试样 0.2 g ~ 2 g、半固体试样 2 g ~ 5 g 或液体试样 10 g ~ 25 g（约相当于 30 mg ~ 40 mg 氮），精确至 0.001 g，移入干燥的 100 mL、250 mL 或 500 mL 定氮瓶中，加入 0.2 g 硫酸铜、6 g 硫酸钾及 20 mL 硫酸，轻摇后于瓶口放一小漏斗，将瓶以 45° 角斜支于有小孔的石棉网上。小心加热，待内容物全部炭化，泡沫完全停止后，加强火力，并保持瓶内液体微沸，至液体呈蓝绿色并澄清透明后，再继续加热 0.5 h ~ 1 h。取下放冷，小心加入 20 mL 水。放冷后，移入 100 mL 容量瓶中，并用少量水洗定氮瓶，洗液并入容量瓶中，再加水至刻度，混匀备用。同时做试剂空白试验。

②测定：按图 4-8 装好定氮蒸馏装置，向水蒸气发生器内装水至 2/3 处，加入数粒玻璃珠，加甲基红乙醇溶液数滴及数毫升硫酸，以保持水呈酸性，加热煮沸水蒸气发生器内的水并保持沸腾。

③向接收瓶内加入 10.0 mL 硼酸溶液及 1 ~ 2 滴混合指示液，并使冷凝管的下端插入液面下，根据试样中氮含量，准确吸取 2.0 mL ~ 10.0 mL 试样处理液由小玻杯注入反应室，以 10 mL 水洗涤小玻杯并使之流入反应室内，随后塞紧棒状玻塞。将 10.0 mL 氢氧化钠溶液倒入小玻杯，提起玻塞使其缓缓流入反应室，立即将玻塞盖紧，并加水于小玻杯以防漏气。夹紧螺旋夹，开始蒸馏。蒸馏 10 min 后移动蒸馏液接收瓶，液面离开冷凝管下端，再蒸馏 1 min。然后用少量水冲洗冷凝管下端外部，取下蒸馏液接收瓶。以硫酸或盐酸标准滴定溶液滴定至终点，其中 2 份甲基红乙醇溶液与 1 份亚甲基蓝乙醇溶液指示剂，颜色由紫红色变成灰色，pH=5.4；1 份甲基红乙醇溶液与 5 份溴甲酚绿乙醇溶液指示剂，颜色由酒红色变成绿色，pH=5.1。同时作试剂空白。

（2）自动凯氏定氮仪法

称取固体试样 0.2 g ~ 2 g、半固体试样 2 g ~ 5 g 或液体试样 10 g ~ 25 g（约相当于 30 mg ~ 40 mg 氮），精确至 0.001 g。按照仪器说明书的要求进行检测。

5. 结果计算

试样中蛋白质的含量按式（4-14）进行计算。

$$X = \frac{V_1 - V_2 \times c \times 0.0140}{m \times V_3 / 100} \times F \times 100\% \tag{4-14}$$

式中：

X——试样中蛋白质的含量，单位为克每百克（g/100 g）；

V_1——试液消耗硫酸或盐酸标准滴定液的体积，单位为毫升（mL）；

V_2——试剂空白消耗硫酸或盐酸标准滴定液的体积，单位为毫升（mL）；

V_3——吸取消化液的体积，单位为毫升（mL）；

c——硫酸或盐酸标准滴定溶液浓度，单位为摩尔每升（mol/L）；

0.0140——1.0 mL 硫酸 $[c\,(1/2\,H_2SO_4) = 1.000\ mol/L]$ 或盐酸 $[c\,(HCl) = 1.000\ mol/L]$ 标准滴定溶液相当的氮的质量，单位为克（g）；

　　m——试样的质量，单位为克（g）；

　　F——氮换算为蛋白质的系数。一般食物为 6.25；纯乳与纯乳制品为 6.38；面粉为 5.70；玉米、高粱为 6.24；花生为 5.46；大米为 5.95；大豆及其粗加工制品为 5.71；大豆蛋白制品为 6.25；肉与肉制品为 6.25；大麦、小米、燕麦、裸麦为 5.83；芝麻、向日葵为 5.30；复合配方食品为 6.25。

（二）分光亮度法

1. 原　理

食品中的蛋白质在催化加热条件下被分解，分解产生的氨与硫酸结合生成硫酸铵，在 pH=4.8 的乙酸钠 - 乙酸缓冲溶液中与乙酰丙酮和甲醛反应生成黄色的 3,5- 二乙酰 -2,6- 二甲基 -1,4- 二氢化吡啶化合物。在波长 400 nm 下测定吸亮度值，与标准系列比较定量，结果乘以换算系数，即为蛋白质含量。

2. 试　剂

（1）硫酸铜（$CuSO_4 \cdot 5H_2O$）；（2）硫酸钾（K_2SO_4）；（3）硫酸（H_2SO_4）：优级纯；（4）氢氧化钠（$NaOH$）；（5）对硝基苯酚（$C_6H_5NO_3$）；（6）乙酸钠（$CH_3COONa \cdot 3H_2O$）；（7）无水乙酸钠（CH_3COONa）；（8）乙酸（CH_3COOH）：优级纯；（9）37% 甲醛（$HCHO$）；（10）乙酰丙酮（$C_5H_8O_2$）。

3. 仪器和设备

（1）分光光度计；（2）电热恒温水浴锅：100 ℃ ±0.5 ℃；（3）10 mL 具塞玻璃比色管；（4）天平：感量为 1 mg。

4. 分析步骤

（1）试样消解

称取充分混匀的固体试样 0.1 g ～ 0.5 g(精确至 0.001 g)、半固体试样 0.2 g ～ 1 g(精确至 0.001 g) 或液体试样 1 g ～ 5 g(精确至 0.001 g)，移入干燥的 100 mL 或 250 mL 定氮瓶中，加入 0.1 g 硫酸铜、1 g 硫酸钾及 5 mL 硫酸，摇匀后于瓶口放一小漏斗，将定氮瓶以 45° 角斜支于有小孔的石棉网上。缓慢加热，待内容物全部炭化，泡沫完全停止后，加强火力，并保持瓶内液体微沸，至液体呈蓝绿色澄清透明后，再继续加热 0.5 h。取下放冷，慢慢加入 20 mL 水，放冷后移入 50 mL 或 100 mL 容量瓶中，并用少量水洗定氮瓶，洗液并入容量瓶中，再加水至刻度，混匀备用。按同一方法做试剂空白试验。

（2）试样溶液的制备

吸取 2.00 mL ～ 5.00 mL 试样或试剂空白消化液于 50 mL 或 100 mL 容量瓶内，加 1 ～ 2 滴对硝基苯酚指示剂溶液，摇匀后滴加氢氧化钠溶液中和至黄色，再滴加乙酸溶液至溶液无色，用水稀释至刻度，混匀。

（3）标准曲线的绘制

吸取 0.00 mL、0.05 mL、0.10 mL、0.20 mL、0.40 mL、0.60 mL、0.80 mL 和 1.00 mL 氨

氮标准使用溶液 (相当于 0.00 μg、5.00 μg、10.0 μg、20.0 μg、40.0 μg、60.0 μg、80.0 μg 和 100.0 μg 氮)，分别置于 10 mL 比色管中。加 4.0 mL 乙酸钠 - 乙酸缓冲溶液及 4.0 mL 显色剂，加水稀释至刻度，混匀。置于 100 ℃水浴中加热 15 min。取出用水冷却至室温后，移入 1 cm 比色杯内，以零管为参比，于波长 400 nm 处测量吸亮度值，根据标准各点吸亮度值绘制标准曲线或计算线性回归方程。

（4）试样测定

吸取 0.50 mL ~ 2.00 mL(约相当于氮 <100 μg) 试样溶液和同量的试剂空白溶液，分别于 10 mL 比色管中。加 4.0 mL 乙酸钠 - 乙酸缓冲溶液及 4.0 mL 显色剂，加水稀释至刻度，混匀。置于 100 ℃水浴中加热 15 min。取出用水冷却至室温后，移入 1 cm 比色杯内，以零管为参比，于波长 400 nm 处测量吸亮度值，试样吸亮度值与标准曲线比较定量或代入线性回归方程求出含量。

5. 分析结果的表述

试样中蛋白质的含量按式（4-15）计算：

$$X = \frac{(C - C0) \times V_1 \times V_3}{m \times V_2 \times V_4 \times 1000 \times 1000 \times 100} \times 100 \times F \qquad （4-15）$$

式中：

X——试样中蛋白质的含量，单位为克每百克 (g/100g)；

C——试样测定液中氮的含量，单位为微克 (μg)；

C_0——试剂空白测定液中氮的含量，单位为微克 (μg)；

V_1——试样消化液定容体积，单位为毫升 (mL)；

V_3——试样溶液总体积，单位为毫升 (mL)；

m——试样质量，单位为克 (g)；

V_2——制备试样溶液的消化液体积，单位为毫升 (mL)；

V_4——测定用试样溶液体积，单位为毫升 (mL)；

1 000——换算系数；

100——换算系数；

F——氮换算为蛋白质的系数。

（三）燃烧法

1. 原理

试样在 900 ℃ ~ 1200 ℃高温下燃烧，燃烧过程中产生混合气体，其中的碳、硫等干扰气体和盐类被吸收管吸收，氮氧化物被全部还原成氮气，形成的氮气气流通过热导检测器 (TCD) 进行检测。

2. 仪器和设备

（1）蛋白质分析仪；（2）天平：感量为 0.1 mg。

3. 分析步骤

按照仪器说明书要求称取 0.1 g ~ 1.0 g 充分混匀的试样 (精确至 0.000 1 g)，用锡箔包裹后置于样品盘上。试样进入燃烧反应炉(900 ℃ ~ 1 200 ℃)后，在高纯氧(≥ 99.99%)中充分燃烧。燃烧炉中的产物(NO$_x$)被载气二氧化碳或氦气运送至还原炉(800 ℃)中，经还原生成氮气后检测其含量。

4.分析结果的表述

试样中蛋白质的含量按下式（4-16）计算：

$$X=C \times F \qquad (4-16)$$

式中：

　　X——试样中蛋白质的含量，单位为克每百克(g/100 g)；

　　C——试样中氮的含量，单位为克每百克(g/100 g)；

　　F——氮换算为蛋白质的系数。

三、氨基酸含量的测定方法

（一）双指示甲醛滴定法

1.原　理

氨基酸具有酸性的 -COO h 和碱性的 -N h$_2$-，它们相互作用而使氨基酸成为中性的内盐。当加入甲醛溶液后，-N h$_2$- 与甲醛结合，从而使碱性消失，这样就可以用强碱标准溶液来滴定 -COO h，并用间接的方法测定氨基酸总量。

2.适用范围

双指示甲醛滴定法适用于测定食品中的游离氨基酸。在发酵工业中，常用此法测定发酵液中氨基氮含量的变化，了解可被微生物利用的氮源的量及利用情况，并以此作为控制发酵生产的指标之一。

3.试　剂

（1）40% 中性甲醛溶液以百里酚酞作指示剂，用氢氧化钠将 40% 甲醛中和至淡蓝色；

（2）1 g/L 百里酚酞乙醇溶液；

（3）1 g/L 中性红 50% 乙醇溶液；

（4）0.1 mol/L 氢氧化钠标准溶液。

4.操作步骤

移取含氨基酸20 mg ~ 30 mg 的样品溶液2份，分别置于250 mL 锥形瓶中，各加50 mL 蒸馏水，其中1份加入3滴中性红指示剂，用 0.1 mol/L 氢氧化钠标准溶液滴定至由红色变为琥珀色为终点；另1份加入3滴百里酚酞指示剂及中性甲醛 20 mL，摇匀，静置 1 min，用 0.1 mol/L 氢氧化钠标准溶液滴定至淡蓝色为终点。分别记录2次所消耗的碱液的体积（ mL）。

5.结果计算见式（4-17）

$$w = \frac{(V_2 - V_1) \times c \times 0.014}{m} \times 100\% \qquad (4-17)$$

式中：

w——氨基酸态氮的质量分数，%；

c——氢氧化钠标准溶液的浓度，mol/L；

V_1——用中性红作指示剂滴定时消耗氢氧化钠标准溶液的体积，mL；

V_2——用百里酚酞作指示剂滴定时消耗氢氧化钠标准溶液的体积，mL；

m——测定用样品溶液相当于样品的质量，g；

0.014——氮的毫摩尔质量，g/mmol。

（二）氨基酸自动分析仪法

1.原　理

食品中的蛋白质经盐酸水解成为游离氨基酸，经离子交换柱分离后，与茚三酮溶液产生颜色反应，再通过可见光分光亮度检测器测定氨基酸含量。

2.仪器

氨基酸自动分析仪。

3.分析步骤

（1）试样制备

固体或半固体试样使用组织粉碎机或研磨机粉碎，液体试样用匀浆机打成匀浆密封冷冻保存，分析用时将其解冻后使用。

（2）试样称量

均匀性好的样品，如奶粉等，准确称取一定量试样（精确至 0.000 1 g），使试样中蛋白质含量在 10 mg ~ 20 mg 范围内。对于蛋白质含量未知的样品，可先测定样品中蛋白质含量。将称量好的样品置于水解管中。

很难获得高均匀性的试样，如鲜肉等，为减少误差可适当增大称样量，测定前再做稀释。

对于蛋白质含量低的样品，如蔬菜、水果、饮料和淀粉类食品等，固体或半固体试样称样量不大于 2 g，液体试样称样量不大于 5 g。

（3）试样水解

根据试样的蛋白质含量，在水解管内加 10 mL ~ 15 mL　6 mol/L 盐酸溶液。对于含水量高、蛋白质含量低的试样，如饮料、水果、蔬菜等，可先加入约相同体积的盐酸混匀后，再用 6 mol/L 盐酸溶液补充至大约 10 mL。继续向水解管内加入苯酚 3 ~ 4 滴。

将水解管放入冷冻剂中，冷冻 3 min ~ 5 min，接到真空泵的抽气管上，抽真空（接近 0 Pa），然后充入氮气，重复抽真空—充入氮气 3 次后，在充氮气状态下封口或拧紧螺丝盖。

将已封口的水解管放在（110±1）℃的电热鼓风恒温箱或水解炉内，水解 22 h 后，取出，冷却至室温。

打开水解管，将水解液过滤至 50 mL 容量瓶内，用少量水多次冲洗水解管，水洗液移入同一 50 mL 容量瓶内，最后用水定容至刻度，振荡混匀。

准确吸取 1.0 mL 滤液移入到 15 mL 或 25 mL 试管内，用试管浓缩仪或平行蒸发仪在 40 ℃ ~ 50 ℃加热环境下减压干燥，干燥后残留物用 1 mL ~ 2 mL 水溶解，再减压干燥，最后蒸干。

用 1.0 mL ~ 2.0 mL   pH=2.2 柠檬酸钠缓冲溶液加入到干燥后试管内溶解，振荡混匀后，吸取溶液通过 0.22 μm 滤膜后，转移至仪器进样瓶，为样品测定液，供仪器测定用。

（4）试样的测定

混合氨基酸标准工作液和样品测定液分别以相同体积注入氨基酸分析仪，以外标法通过峰面积计算样品测定液中氨基酸的浓度。

4. 结果计算

（1）混合氨基酸标准储备液中各氨基酸浓度的计算

混合氨基酸标准储备液中各氨基酸的含量按式 (4-18) 计算：

$$c_j = \frac{m_j}{M_j \times 250} \times 1000 \tag{4-18}$$

式中：

c_j——混合氨基酸标准储备液中氨基酸 j 的浓度，单位为微摩尔每毫升（μmol/ mL）；

m_j——称取氨基酸标准品 j 的质量，单位为毫克（mg）；

M_j——氨基酸标准品 j 的分子量；

250 ——定容体积，单位为毫升 (mL)；

1000 ——换算系数。

（2）样品中氨基酸含量的计算

样品测定液氨基酸的含量按式 (4-19) 计算：

$$c_i = \frac{c_s}{A_s} \times A_i \tag{4-19}$$

式中：

c_i——样品测定液氨基酸 i 的含量，单位为纳摩尔每毫升（nmol/ mL）；

A_i——试样测定液氨基酸 i 的峰面积；

A_s——氨基酸标准工作液氨基酸 s 的峰面积；

c_s——氨基酸标准工作液氨基酸 s 的含量，单位为纳摩尔每毫升（nmol/ mL）。

试样中各氨基酸的含量按式 (4-20) 计算：

$$X_i = \frac{C^i \times F \times V \times M}{m \times 10^9} \times 100 \tag{4-20}$$

式中：

X_i——试样中氨基酸 i 的含量，单位为克每百克 (g/100g)；

c_i——试样测定液中氨基酸 i 的含量，单位为纳摩尔每毫升（nmol/ mL）；

F——稀释倍数；

V——试样水解液转移定容的体积，单位为毫升 (mL)；

M——氨基酸 i 的摩尔质量，单位为克每摩尔 (g/mol)；

m——称样量，单位为克 (g)；

10^9——将试样含量由纳克 (ng) 折算成克 (g) 的系数；

100——换算系数。

第六节　食品中维生素的测定

一、测定维生素含量的意义

维生素是维持人体正常生理功能所需的一类天然有机化合物，它们的种类很多，目前被认为对维持人体健康和促进发育至关重要的有 20 余种。维生素对人体的主要功能是作为辅酶的成分调节代谢，需要量极少，但绝对不可缺少。维生素在体内一般不能合成或合成数量较少，不能充分满足机体需要，必须由食物提供。

食品中维生素的含量主要取决于食品的品种及该食品的加工工艺与贮存条件。许多维生素对光、热、氧、pH 酸碱度敏感。在正常摄食条件下，没有任何一种食物含有可满足人体所需要的全部维生素，人们必须在日常生活中合理调配饮食结构，获得适量的各种维生素。测定食品中维生素的含量，在评价食品营养价值，开发利用富含维生素的食品资源，指导人们合理调整膳食结构，防止维生素缺乏症，研究维生素在食品加工、贮存等过程中的稳定性，指导人们制定合理的工艺及贮存条件，监督维生素强化食品的强化剂量，防止因摄入过多而引起维生素中毒等方面，具有十分重要的意义和作用。

二、脂溶性维生素含量的测定

（一）维生素 A 的测定——反相高效液相色谱法

1. 原　理

试样中的维生素 A 及维生素 E 经皂化、提取、净化、浓缩后，C_{30} 或 PFP 反相液相色谱柱分离，紫外检测器或荧光检测器检测，外标法定量。

2. 试剂和材料

（1）试剂：①无水乙醇 (C_2H_5OH)：经检查不含醛类物质；②抗坏血酸 ($C_6H_8O_6$)；③氢氧化钾 (KOH)；④乙醚 $[(CH_3CH_2)_2O]$：经检查不含过氧化物；⑤石油醚 ($C_5H_{12}O_2$)：沸程为 30 ℃～ 60 ℃；⑥无水硫酸钠 (Na_2SO_4)；⑦ pH 试纸 (pH 范围 1 ～ 14)；⑧甲醇 (CH_3OH)：色谱纯；⑨淀粉酶：活力单位 ≥ 100 U/mg；⑩ 2，6- 二叔丁基对甲酚 ($C_{15}H_{24}O$)：简称 BHT。

（2）试剂配制

①氢氧化钾溶液 (50 g/100 g)：称取 50 g 氢氧化钾，加入 50 mL 水溶解，冷却后，储存于聚乙烯瓶中。

②石油醚—乙醚溶液 (1+1)：量取 200 mL 石油醚，加入 200 mL 乙醚，混匀。

③有机系过滤头 (孔径为 0.22 μm)。

（3）标准品

①维生素 A 标准品维生素 A ($C_{20}h_{30}O$，CAs 号：68-26-8)，纯度≥95%，或经国家认证并授予标准物质证书的标准物质。

②维生素 E 标准品：a. α - 生育酚 ($C_{29}h_{50}O_2$，CAs 号：10191-41-0)，纯度≥95%，或经国家认证并授予标准物质证书的标准物质；b. β - 生育酚 ($C_{28}h_{48}O_2$，CAs 号：148-03-8)，纯度≥95%，或经国家认证并授予标准物质证书的标准物质；c. γ - 生育酚 ($C_{28}h_{48}O_2$，CAs 号：54-28-4)，纯度≥95%，或经国家认证并授予标准物质证书的标准物质；d) δ - 生育酚 ($C_{27}h_{46}O_2$，CAs 号：119-13-1)，纯度≥95%，或经国家认证并授予标准物质证书的标准物质。

（4）标准溶液配制

①维生素 A 标准储备溶液 (0.500 mg/mL)：准确称取 25.0 mg 维生素 A 标准品，用无水乙醇溶解后，转移入 50 mL 容量瓶中，定容至刻度，此溶液浓度约为 0.500 mg/mL。将溶液转移至棕色试剂瓶中，密封后，在 -20 ℃下避光保存，有效期 1 个月。临用前将溶液回温至 20 ℃，并进行浓度校正。

②维生素 E 标准储备溶液 (1.00 mg/mL)：分别准确称取 α - 生育酚、β - 生育酚、γ - 生育酚和 δ - 生育酚各 50.0 mg，用无水乙醇溶解后，转移入 50 mL 容量瓶中，定容至刻度，此溶液浓度约为 1.00 mg/mL。将溶液转移至棕色试剂瓶中，密封后，在 -20 ℃下避光保存，有效期 6 个月。临用前将溶液回温至 20 ℃，并进行浓度校正。

③维生素 A 和维生素 E 混合标准溶液中间液：准确吸取维生素 A 标准储备溶液 1.00 mL 和维生素 E 标准储备溶液各 5.00 mL 于同一 50 mL 容量瓶中，用甲醇定容至刻度，此溶液中维生素 A 浓度为 10.0 μg/mL，维生素 E 各生育酚浓度为 100 μg/mL。在 -20 ℃下避光保存，有效期半个月。

④维生素 A 和维生素 E 标准系列工作溶液：分别准确吸取维生素 A 和维生素 E 混合标准溶液中间液 0.20 mL、0.50 mL、1.00 mL、2.00 mL、4.00 mL、6.00 mL 于 10 mL 棕色容量瓶中，用甲醇定容至刻度，该标准系列中维生素 A 浓度为 0.20 μg/mL、0.50 μg/mL、1.00 μg/mL、2.00 μg/mL、4.00 μg/mL、6.00 μg/mL，维生素 E 浓度为 2.00 μg/mL、5.00 μg/mL、10.0 μg/mL、20.0 μg/mL、40.0 μg/mL、60.0 μg/mL。临用前配制。

3. 仪器和设备

（1）分析天平：感量为 0.01 mg；（2）恒温水浴振荡器；（3）旋转蒸发仪；（4）氮吹仪；（5）紫外分光光度计；（6）分液漏斗萃取净化振荡器；（7）高效液相色谱仪：带紫外检测器或二极管阵列检测器或荧光检测器。

4. 分析步骤

（1）试样制备

将一定数量的样品按要求经过缩分、粉碎均质后，储存于样品瓶中，避光冷藏，尽快测定。

（2）试样处理

①皂化：a.不含淀粉样品：称取 2 g ~ 5 g(精确至 0.01 g) 经均质处理的固体试样或 50 g(精确至 0.01 g) 液体试样于 150 mL 平底烧瓶中，固体试样需加入约 20 mL 温水，混匀，再加入 1.0 g 抗坏血酸和 0.1 gB hT，混匀，加入 30 mL 无水乙醇，加入 10 mL ~ 20 mL 氢氧化钾溶液，边加边振摇，混匀后于 80 ℃恒温水浴震荡皂化 30 min，皂化后立即用冷水冷却至室温。

b) 含淀粉样品：称取 2 g ~ 5 g(精确至 0.01 g) 经均质处理的固体试样或 50 g(精确至 0.01 g) 液体样品于 150 mL 平底烧瓶中，固体试样需用约 20 mL 温水混匀，加入 0.5 g ~ 1 g 淀粉酶，放入 60 ℃水浴避光恒温振荡 30 min 后，取出，向酶解液中加入 1.0g 抗坏血酸和 0.1gB hT，混匀，加入 30 mL 无水乙醇，10 mL ~ 20 mL 氢氧化钾溶液，边加边振摇，混匀后于 80 ℃恒温水浴振荡皂化 30 min，皂化后立即用冷水冷却至室温。

②提取：将皂化液用 30 mL 水转入 250 mL 的分液漏斗中，加入 50 mL 石油醚 - 乙醚混合液，振荡萃取 5 min，将下层溶液转移至另一 250 mL 的分液漏斗中，加入 50 mL 的混合醚液再次萃取，合并醚层。

③洗涤：用约 100 mL 水洗涤醚层，约需重复 3 次，直至将醚层洗至中性（可用 pH 试纸检测下层溶液 pH 酸碱度），去除下层水相。

④浓缩：将洗洗涤后的醚层经无水硫酸钠（约 3 g）滤入 250 mL 旋转蒸发瓶或氮气浓缩管中，用约 15 mL 石油醚冲洗分液漏斗及无水硫酸钠 2 次，并入蒸发瓶内，并将其接在旋转蒸发仪或气体浓缩仪上，于 40 ℃水浴中减压蒸馏或气流浓缩，待瓶中醚液剩下约 2 mL 时，取下蒸发瓶，立即用氮气吹至近干。用甲醇分次将蒸发瓶中残留物溶解并转移至 10 mL 容量瓶中，定容至刻度。溶液过 0.22 μm 有机系滤膜后供高效液相色谱测定。

（3）色谱参考条件

①色谱柱：C30 柱（柱长 250 mm，内径 4.6 mm，粒径 3 μm)，或相当者；②柱温：20 ℃；③流动相：A：水；B：甲醇，洗脱梯度见表 4-2；④流速：0.8 mL/min；⑤紫外检测波长：维生素 A 为 325 nm；维生素 E 为 294 nm；⑥进样量：10 μL.

表4-2　C30色谱柱—反相高效液相色谱法洗脱梯度参考条件

时间 min	流动相 A%	流动相 B%	流　速 mL/min
0.0	4	96	0.8
13.0	4	96	0.8
20.0	0	100	0.8
24.0	0	100	0.8
24.5	4	96	0.8
30.0	4	96	0.8

（4）标准曲线的制作

本法采用外标法定量。将维生素 A 和维生素 E 标准系列工作溶液分别注入高效液相色谱仪中，测定相应的峰面积，以峰面积为纵坐标，以标准测定液浓度为横坐标绘制标准曲线，计算直线回归方程。

（5）样品测定

试样液经高效液相色谱仪分析，测得峰面积，采用外标法通过上述标准曲线计算其浓度。在测定过程中，建议每测定 10 个样品用同一份标准溶液或标准物质检查仪器的稳定性。

5. 分析结果的表述

试样中维生素 A 或维生素 E 的含量按式（4-21）计算：

$$X = \frac{\rho \times V \times f \times 100}{m} \qquad (4\text{-}21)$$

式中：

X——试样中维生素 A 或维生素 E 的含量，维生素 A 单位为微克每百克（$\mu g/100g$），维生素 E 单位为毫克每百克（$mg/100g$）；

ρ——根据标准曲线计算得到的试样中维生素 A 或维生素 E 的浓度，单位为微克每毫升（$\mu g/mL$）

V——定容体积，单位为毫升（mL）；

f——换算因子（维生素 A：$f=1$；维生素 E：$f=0.001$）；

100——试样中量以每 100 克计算的换算系数；

m——试样的称样量，单位为克（g）。

（二）维生素 D 的测定——液相色谱—串联质谱法

1. 原　理

试样中加入维生素 D_2 和维生素 D_3 的同位素内标后，经氢氧化钾乙醇溶液皂化（含淀粉试样先用淀粉酶酶解）、提取、硅胶固相萃取柱净化、浓缩后，反相高效液相色谱 C18 柱分离，串联质谱法检测，内标法定量。

2. 试剂和材料

（1）试　剂

试剂：①无水乙醇（C_2H_5OH）：色谱纯，经检验不含醛类物质；②抗坏血酸（$C_6H_8O_6$）；③2，6-二叔丁基对甲酚（$C_{15}H_{24}O$）：简称 BHT；④淀粉酶：活力单位 ≥ 100 U/mg；⑤氢氧化钾（KOH）；⑥乙酸乙酯（$C_4H_8O_2$）：色谱纯；⑦正己烷（n-C_6H_{14}）：色谱纯；⑧无水硫酸钠（Na_2SO_4）；⑨ pH 试纸（pH 范围 1 ~ 14）；⑩固相萃取柱（硅胶）：6 mL，500 mg；⑪甲醇（CH_3OH）：色谱纯；⑫甲酸（HCOOH）：色谱纯；⑬甲酸铵（$HCOONH_4$）：色谱纯。

（2）试剂配制

①氢氧化钾溶液（50 g/100 g）：50 g 氢氧化钾，加入 50 mL 水溶解，冷却后储存于聚乙烯瓶中。

②乙酸乙酯 - 正己烷溶液 (5+95)：量取 5 mL 乙酸乙酯加入到 95 mL 正己烷中，混匀。

③乙酸乙酯 - 正己烷溶液 (15+85)：量取 15 mL 乙酸乙酯加入到 85 mL 正己烷中，混匀。

④ 0.05% 甲酸 -5　mmol/L 甲酸铵溶液：称取 0.315g 甲酸铵，加入 0.5 mL 甲酸、1 000 mL 水溶解，超声混匀。

（3）标准品

①维生素 D_2 标准品：钙化醇 ($C_{28}h_{44}O$，CA s 号：50-14-6)，纯度 >98%，或经国家认证并授予标准物质证书的标准物质。

②维生素 D_3 标准品：胆钙化醇 ($C_{27}h_{44}O$，CA s 号：511-28-4)，纯度 >98%，或经国家认证并授予标准物质证书的标准物质。

③维生素 D_2-d_3 内标溶液 ($C_{28}h_{44}O$-d_3)：100 μg/mL。

④维生素 D_3-d_3 内标溶液 ($C_{27}h_{44}O$-d_3)：100 μg/mL。

（4）标准溶液配制

①维生素 D_2 标准储备溶液：准确称取维生素 D2 标准品 10.0 mg，用色谱纯无水乙醇溶解并定容至 100 mL，使其浓度约为 100 μg/mL，转移至棕色试剂瓶中，于 –20 ℃冰箱中密封保存，有效期 3 个月。临用前用紫外分光亮度法校正其浓度。

②维生素 D_3 标准储备溶液：准确称取维生素 D_2 标准品 10.0 mg，用色谱纯无水乙醇溶解并定容至 10 mL，使其浓度约为 100 μg/mL，转移至 100 mL 的棕色试剂瓶中，于 –20 ℃冰箱中密封保存，有效期 3 个月。临用前用紫外分光亮度法校正其浓度。

③维生素 D_2 标准中间使用液：准确吸取维生素 D_2 标准储备溶液 10.00 mL，用流动相稀释并定容至 100 mL，浓度约为 10.0 μg/mL，有效期 1 个月。准确浓度按校正后的浓度折算。

④维生素 D_3 标准中间使用液：准确吸取维生素 D_3 标准储备溶液 10.00 mL，用流动相稀释并定容至 100 mL 棕色容量瓶中，浓度约为 10.0 μg/mL，有效期 1 个月。准确浓度按校正后的浓度折算。

⑤维生素 D_2 和维生素 D_3 混合标准使用液：准确吸取维生素 D_2 和维生素 D_3 标准中间使用液各 10.00 mL，用流动相稀释并定容至 100 mL，浓度为 1.00 μg/mL。有效期 1 个月。

⑥维生素 D_2-d_3 和维生素 D_3-d_3 内标混合溶液：分别量取 100 μL 浓度为 100 μg/mL 的维生素 D_2-d_3 和维生素 D_3-d_3 标准储备液加入 10 mL 容量瓶中，用甲醇定容，配制成 1 μg/mL 混合内标。有效期 1 个月。

（5）标准系列溶液的配制

分别准确吸取维生素 D_2 和 D_3 混合标准使用液 0.10 mL、0.20 mL、0.50 mL、1.00 mL、1.50 mL、2.00 mL 于 10 mL 棕色容量瓶中，各加入维生素 D_2-d_3 和维生素 D_3-d_3 内标混合溶液 1.00 mL，用甲醇定容至刻度，混匀。此标准系列工作液浓度分别为 10.0 μg/L、20.0 μg/L、50.0 μg/L、100 μg/L、150 μg/L、200 μg/L。

3. 仪器和设备

（1）分析天平：感量为 0.1 mg；（2）磁力搅拌器或恒温振荡水浴：带加热和控温功能；（3）旋转蒸发仪；（4）氮吹仪；（5）紫外分光光度计；（6）萃取净化振荡器；（7）多功能涡旋振荡器；（8）高速冷冻离心机：转速 ≥ 6 000 r/min；（9）高效液相色谱 – 串联质谱仪：带电喷雾离子源。

4. 分析步骤

（1）试样制备

将一定数量的样品按要求经过缩分、粉碎、均质后，储存于样品瓶中，避光冷藏，尽快测定。

（2）试样处理

①皂化：a. 不含淀粉样品

称取 2 g(准确至 0.01 g) 经均质处理的试样于 50 mL 具塞离心管中，加入 100 μL 维生素 D_2-d_3 和维生素 D_3-d_3 混合内标溶液和 0.4 g 抗坏血酸，加入 6 mL 约 40 ℃ 温水，涡旋 1 min，加入 12 mL 乙醇，涡旋 30 s，再加入 6 mL 氢氧化钾溶液，涡旋 30 s 后放入恒温振荡器中，80 ℃ 避光恒温水浴振荡 30 min(如样品组织较为紧密，可每隔 5 min ~ 10 min 取出涡旋 0.5 min)，取出放入冷水浴降温。

注：一般皂化时间为 30 min，如皂化液冷却后，液面有浮油，需要加入适量氢氧化钾溶液，并适当延长皂化时间。

b. 含淀粉样品：称取 2 g(准确至 0.01 g) 经均质处理的试样于 50 mL 具塞离心管中，加入 100 μL 维生素 D_2-d_3 和维生素 D_3-d_3 混合内标溶液和 0.4 g 淀粉酶，加入 10 mL 约 40 ℃ 温水，放入恒温振荡器中，60 ℃ 避光恒温振荡 30 min 后，取出放入冷水浴降温，向冷却后的酶解液中加入 0.4 g 抗坏血酸、12 mL 乙醇，涡旋 30 s，再加入 6 mL 氢氧化钾溶液，涡旋 30 s 后放入恒温振荡器中，同 a) 皂化 30 min。

②提取：向冷却后的皂化液中加入 20 mL 正己烷，涡旋提取 3 min，6 000 r/min 条件下离心 3 min。转移上层清液到 50 mL 离心管，加入 25 mL 水，轻微晃动 30 次，在 6 000 r/min 条件下离心 3 min，取上层有机相备用。

③净化：将硅胶固相萃取柱依次用 8 mL 乙酸乙酯活化，8 mL 正己烷平衡，取备用液全部过柱，再用 6 mL 乙酸乙酯—正己烷溶液 (5+95) 淋洗，用 6 mL 乙酸乙酯 - 正己烷溶液 (15+85) 洗脱。洗脱液在 40 ℃ 下氮气吹干，加入 1.00 mL 甲醇，涡旋 30 s，过 0.22 μm 有机系滤膜供仪器测定。

（3）仪器测定条件

①色谱参考条件：色谱参考条件列出如下：a.C18 柱 (柱长 100 mm，柱内径 2.1 mm，填料粒径 1.8 μm)，或相当者；b. 柱温：40 ℃；c. 流动相 A：0.05% 甲酸 -5 mmol/L 甲酸铵溶液；流动相 B：0.05% 甲酸 -5 mmol/L 甲酸铵甲醇溶液；流动相洗脱梯度见表 4-3；D 流速：0.4 mL/min；E 进样量：10 μL。

表4-3　流动相洗脱梯度

时　间 min	流动相 A%	流动相 B%	流　速（mL/min）
0.0	12	88	0.4
1.0	12	88	0.4
4.0	10	90	0.4
5.0	7	93	0.4
5.1	6	94	0.4
5.8	6	94	0.4
6.0	0	100	0.4
17.0	0	100	0.4
17.5	12	88	0.4
20.0	12	88	0.4

②质谱参考条件：质谱参考条件列出如下：a.电离方式：ESI+；b.鞘气温度：375 ℃；c.鞘气流速：12L/ min；d.喷嘴电压：500V；e.雾化器压力：172kPa；f.毛细管电压：4500V；g.干燥气温度：325 ℃；h.干燥气流速：10L/ min；I.多反应监测 (MRM) 模式。锥孔电压和碰撞能量见表4-4。

表4-4　维生素D_2和维生素D_3质谱参考条件

维生素	保留时间 min	母离子 (m/z)	定性子离子 (m/z)	碰撞电压 eV	定量子离子 (m/z)	碰撞电压 eV
维生素 D2	6.04	397	379 147	5 25	107	29
维生素 D_2-d_3	6.03	400	382 271	4 6	110	22
维生素 D_3	6.33	385	367 259	7 8	107	25
维生素 D_3-d_3	6.33	388	370 259	3 6	107	19

（4）标准曲线的制作

分别将维生素 D_2 和维生素 D_3 标准系列工作液由低浓度到高浓度依次进样，以维生素 D_2、维生素 D_3 与相应同位素内标的峰面积比值为纵坐标，以维生素 D_2、维生素 D_3 标准系列工作液浓度为横坐标分别绘制维生素 D_2、维生素 D_3 标准曲线。

（5）样品测定

将待测样液依次进样，得到待测物与内标物的峰面积比值，根据标准曲线得到测定液中维生素 D_2、维生素 D_3 的浓度。待测样液中的响应值应在标准曲线线性范围内，超过线性范围则应减少取样量重新按（2）进行处理后再进样分析。

5. 分析结果的表述

试样中维生素 D_2、维生素 D_3 的含量按式（4-22）计算：

$$X = \frac{\rho \times V \times f \times 100}{m} \tag{4-22}$$

式中：

X——试样中维生素 D_2(或维生素 D_3) 的含量，单位为微克每百克（$\mu g/100g$）；

ρ——根据标准曲线计算得到的试样中维生素 D_2(或维生素 D_3) 的浓度，单位为微克每毫升（$\mu g/mL$）；

V——定容体积，单位为毫升 (mL)；

f——稀释倍数；

100——试样中量以每 100 克计算的换算系数；

m——试样的称样量，单位为克 (g)。

如试样中同时含有维生素 D_2 和维生素 D_3，维生素 D 的测定结果以维生素 D_2 和维生素 D_3 含量之和计算。

三、水溶性维生素含量的测定

（一）硫胺素（维生素 B_1）的测定——荧光分光亮度法

1. 原　理

硫胺素在碱性铁氰化钾溶液中被氧化成硫色素，在紫外光照射下，硫色素发出蓝色荧光。在给定的条件下，以及没有其他荧光物质干扰时，此荧光的强度与硫色素量成正比，即与溶液中硫胺素的含量成正比。

如样品中含杂质过多，应经过离子交换剂处理，使硫胺素与杂质分离，然后测定纯化液中硫胺素的含量。

2. 适用范围

硫色素荧光法适用于各类食物中硫胺素的测定，但不适用于有吸附硫胺素能力的物质和含有影响硫色素荧光物质的样品。

3. 仪器和试剂

（1）仪器：①荧光分光亮度计；② Maizel-Gerson 反应瓶（图 4-9）；③盐基交换管（图 4-10）。

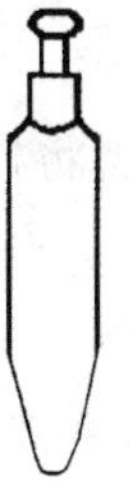

图 4-9　Maizel-Gerson 反应瓶

图 4-10　盐基交换管

（2）试剂：①正丁醇：优级纯或重蒸馏的分析纯；②无水硫酸钠：分析纯；③淀粉酶；④ 0.1 mol/L 盐酸溶液：8.5 mL 浓盐酸用水稀释至 1000 mL；⑤ 0.3 mol/L 盐酸溶液：25.5 mL 浓盐酸用水稀释至 1000 mL；⑥ 2 mol/L 乙酸钠溶液：164g 无水乙酸钠或 272 g 含水乙酸钠溶于水中稀释至 1000 mL；⑦ 25% 氯化钾溶液：250g 氯化钾溶于水中稀释至 1000 mL；⑧ 25% 酸性氯化钾溶液：8.5 mL 浓盐酸用 25% 氯化钾溶液稀释至 1000 mL；⑨ 15% 氢氧化钠溶液：15g 氢氧化钠溶于水中稀释至 1000 mL；⑩ 1% 铁氰化钾溶液：1 g 铁氰化钾溶于水中稀释至 100 mL，放于棕色瓶内保存；⑪碱性铁氰化钾溶液：取 4 mL 1% 铁氰化钾溶液，用 15% 氢氧化钠溶液稀释至 60 mL。用时现配，避光使用；⑫ 3% 乙酸溶液：30 mL 冰乙酸用水稀释至 1000 mL；⑬活性人造浮石：称取 100 g 经 40 目筛的人造浮石，以 10 倍于其容积的 3% 热乙酸搅洗 2 次，每次 10 min；再用 5 倍于其容积的 25% 热氯化钾搅洗 15 min；然后再用 3% 热乙酸搅洗 10 min；最后用热蒸馏水洗至没有氯离子，于蒸馏水中保存；⑭硫胺素标准储备液：准确称取 100 mg 经氯化钙干燥 24 h 的硫胺素，溶于 0.01 mol/L 盐酸中，并稀释至 1000 mL，每毫升此溶液相当于 0.1 mg 硫胺素，于冰箱中避光可保存数月；⑮硫胺素标准中间液：将硫胺素标准储备液用 0.01 mol/L 盐酸稀释 10 倍，每毫升此溶液相当 10 g 硫胺素，于冰箱中避光可保存数月；⑯硫胺素标准使用液：将硫胺素标准中间液用水稀释 100 倍，每毫升此溶液相当于 0.1 g 硫胺素，用时现配；⑰ 0.04% 溴甲酚绿溶液：称取 0.1 g 溴甲酚绿，置于小研钵中，加入 1.4 mL 0.1 mol/L 氢氧化钠溶液研磨片刻，再加入少许水继续研磨至完全溶解，用水稀释至 250 mL。

4. 操作步骤

（1）试样处理

样品采集后用匀浆机打成匀浆（或者将样品尽量粉碎），于低温冰箱中冷冻保存，用时将其解冻后使用。

（2）提取

①精确称取一定量试样（估计其硫胺素含量为 10 g ~ 30 g，一般称取 5 g ~ 20 g 试样）置于 150 mL 三角瓶中，加入 50 ~ 75 mL　0.1 mol/L 或 0.3 mol/L 盐酸使其溶解，瓶口加盖小烧杯后放入高压锅中加热水解 30 min 后取出。

②用 2 mol/L 乙酸钠调其 pH 酸碱度为 4.5（以 0.04% 溴甲酚绿为外指示剂）。

③按每克试样加入 20 mg 淀粉酶的比例加入淀粉酶，于 45 ℃ ~ 50 ℃ 保温箱过夜保温（约 16 h）。

④冷至室温，定容至 100 mL 然后混匀过滤，即为提取液。

（3）净化

①少许脱脂棉铺于盐基交换管的交换柱底部，加水将棉纤维中气泡排出，再加约 1 g 活性人造浮石使之达到交换柱的 1/3 高度。保持盐基交换管中液面始终高于人造浮石。

②用移液管加入提取液 20 mL ~ 80 mL（使通过活性人造浮石的硫胺素总量为 2 g ~ 5 g）。

③加入约 10 mL 热水冲洗交换柱，弃去废液。如此重复 3 次。

④加入 25% 酸性氯化钾（温度为 90 ℃ 左右）20 mL，收集此液于 25 mL 刻度试管内，冷至室温，用 25% 酸性氯化钾定容至 25 mL，即为试样净化液。

⑤重复①~④，将 20 mL 硫胺素标准使用液加入盐基交换管以代替样品提取液，即得到标准净化液。

（4）氧化

①将 5 mL 试样净化液分别加入 A、B 两个 Maizel-Gersori 反应瓶。

②在避光暗环境中将 3 mL15% 氢氧化钠加入反应瓶 A，振摇约 15 s，然后加入 10 mL 正丁醇；将 3 mL 碱性铁氰化钾溶液加入反应瓶 B，振摇 15 s，然后加入 10 mL 正丁醇；将 A、B 两个反应瓶同时用力振摇，准确计时 1.5 min。

③重复①②，用标准净化液代替试样净化液。

④用黑布遮盖 A、B 反应瓶，静置分层后弃去下层碱性溶液，加入 2 g ~ 3 g 无水硫酸钠使溶液脱水。

（5）荧光强度的测定

①荧光测定条件：激发波长 365 mn；发射波长 435 nm；激发波狭缝 5 nm；发射波狭缝 5 nm。

②依次测定下列荧光强度：a. 试样空白荧光强度（试样反应瓶 A）；b. 标准空白荧光强度（标准反应瓶 A）；c. 试样荧光强度（试样反应瓶 B）；d. 标准荧光强度（标准反应瓶 B）。

5. 结果计算

$$x = (U - U_b) \times \frac{c \times V}{S - S_b} \times \frac{V_1}{V_2} \times \frac{V_1}{V_2} \times \frac{1}{m} \times \frac{100}{1000} \tag{4-23}$$

式中：

x——样品中硫胺素的含量，mg/100g（如按国际单位，1 国际单位维生素 B1=3 μ g 维生素 B1）；

U——试样荧光强度；

U_b——试样空白荧光强度；

S——标准荧光强度；

S_b——标准空白荧光强度；

c——硫胺素标准使用液浓度，μ g/mL；

V——用于净化的硫胺素标准使用液的体积，mL；

V_1——试样水解后定容的体积，mL；

V_2——试样用于净化的提取液的体积，mL；

m——样品的质量，g；

$\dfrac{100}{1000}$——样品含量由 μ g/g 换算成 mg/100g 的系数。

（二）维生素 C 的测定——2，6- 二氯靛酚滴定法

1. 原　理

还原性抗坏血酸可以还原染料 2，6- 二氯靛酚。该染料在酸性溶液中是粉红色（在中性或碱性溶液中呈蓝色），被还原后颜色消失；还原性抗坏血酸还原染料后，本身被氧化成脱氢抗坏血酸。在没有杂质干扰时，一定量的样品提取液还原标准染料液的量，与样品中抗坏血酸的含量成正比。

2. 适用范围

2，6- 二氯靛酚滴定法适用于果品、蔬菜及其加工制品中还原性抗坏血酸的测定（不含 Fe^{2+}、Cu^{2+}、sn^{2+}、亚硫酸盐、硫代硫酸盐），不适用于深色样品。

3. 仪器和试剂

（1）仪器：①高速组织捣碎机；②分析天平；③酸式滴定管。

（2）试剂

①1% 草酸溶液（g/L）：稀释 500 mL 2% 草酸溶液至 1000 mL。

②2% 草酸溶液（g/L）：溶解 20 g 草酸（$h_2C_2O_4$）于 700 mL 水中，稀释至 1000 mL。

③抗坏血酸标准溶液：准确称取 20 mg 抗坏血酸，溶于 1% 草酸溶液，并稀释至 100 mL，置于冰箱内保存。用时取出 5 mL，置于 50 mL 容量瓶中，用 1% 草酸溶液定容，配成 0.02 mg/mL 的标准溶液。

标定：吸取标准溶液 5 mL 于三角瓶中，加入 6% 碘化钾溶液 0.5 mL、1% 淀粉溶液 3 滴，以 0.001 mol/L 碘酸钾标准溶液滴定，终点为淡蓝色。

计算：

$$c = \frac{V_1}{V_2} \times 0.088 \qquad (4\text{-}24)$$

式中：

c——抗坏血酸标准溶液的浓度，mg/mL；

V_1——滴定时消耗 0.001 mol/L 碘酸钾标准溶液的体积，mL；

V_2——滴定时所取抗坏血酸的体积，mL；

0.088——1 mL　0.001 mol/L 碘酸钾标准溶液相当于抗坏血酸的量，mg/mL。

④ 2，6- 二氯靛酚溶液：称取 2，6- 二氯靛酚 50 mg，溶于 200 mL 含有 52 mg 碳酸氢钠的热水中，待冷，置于冰箱中过夜，次日过滤于 250 mL 棕色容量瓶中，定容，在冰箱中保存。每周标定 1 次。

标定：取 5 mL 已知浓度的抗坏血酸标准溶液，加入 1% 草酸溶液 5 mL，摇匀，用 2，6- 二氯靛酚溶液滴定至溶液呈粉红色且 15 s 不褪色为终点。

计算：

$$T = \frac{V_1}{V_2} \times 0.088 \qquad (4\text{-}25)$$

式中：

T——1 mL 染料溶液相当于抗坏血酸的毫克数，mg/mL；

c——抗坏血酸的浓度，mg/mL；

V_1——抗坏血酸标准溶液的体积，mL；

V_2——消耗 2，6- 二氯靛酚的体积，mL。

⑤ 0.000 167 mol/L 碘酸钾标准溶液：精确称取干燥的碘酸钾 0.356 7 g，用水稀释至 100 mL，取出 1 mL，用水稀释至 100 mL，1 mL 此溶液相当于抗坏血酸 0.088 mg。

⑥ 1% 淀粉溶液（ g/L）。

⑦ 6% 碘化钾溶液（ g/L）。

4. 操作步骤

（1）样品制备：

①鲜样的制备：称 100 g 鲜样和 100 g 2% 草酸溶液，倒入组织捣碎机中打成匀浆，取 10 g ～ 40 g 匀浆（含 1 mg ～ 2 mg 抗坏血酸）倒入 100 mL 容量瓶中，加入 1% 草酸溶液稀释至刻度，摇匀。

②干样制备：称 1 g ～ 4 g 干样（含 1 mg ～ 2 mg 抗坏血酸）放入乳钵中，加入 1% 草酸溶液磨成匀浆，倒入 100 mL 容量瓶内，用 1% 草酸溶液稀释至刻度，混匀。

③将①、②液过滤，滤液备用。不易过滤的样品可用离心机离心后，倾出上清液，过滤，备用。

（2）滴定吸取 5 mL ～ 10 mL 滤液置于 50 mL 三角瓶中，快速加入 2，6- 二氯靛酚溶液滴定，直到红色不能立即消失，此后要尽快逐滴地加入（样品中可能存在其他还原性杂质，但一般杂质还原染料的速度均比抗坏血酸慢），以呈现的粉红色在 15 s 内不消失为终点。同时做试剂空白试验校正结果。

5.结果计算

$$X = (V - V_0) \times \frac{T}{m} \times 100 \qquad (4\text{-}26)$$

式中：

X ——样品中抗坏血酸的含量，mg/100g；

T ——1 mL 染料溶液相当于抗坏血酸标准溶液的量，mg/mL；

V ——滴定样品溶液时消耗染料的体积，mL；

V_0 ——滴定空白溶液时消耗染料的体积，mL；

m ——滴定时所取滤液中含有样品的质量，g。

第七节　食品中碳水化合物的测定

一、食品中糖类物质含量测定的意义

碳水化合物统称为糖类，是由碳、氢、氧三种元素组成的一大类化合物，是人和动物所需热能的重要来源。一些糖与蛋白质、脂肪等结合生成糖蛋白和糖脂，这些物质都具有重要的生理功能。碳水化合物是食品工业的主要原料和补助材料，是大多数食品的主要成分之一，包括糖、低聚糖和多糖。在食品加工工艺中，糖类对食品的形态、组织结构、理化性质及其色、香、味等感官指标起着十分重要的作用，同时，糖类的含量还是食品营养价值高低的标志，也是某些食品重要的质量指标。因此，碳水化合物的测定是食品的主要分析项目之一，在食品工业中具有十分重要的意义。

二、糖类物质含量的测定方法

（一）还原糖的测定

还原糖是指具有还原性的糖类。在糖类中，分子中含有游离醛基或酮基的单糖和含有游离的半缩醛羟基的双糖都具有还原性。葡萄糖分子中含有游离醛基，果糖分子中含有游离酮基，乳糖和麦芽糖分子中含有游离的半缩醛羟基，因而它们都具有还原性，都是还原糖。其他双糖、三糖、多糖等（常见的蔗糖、糊精、淀粉等都属此类），本身不具有还原性，属于非还原性糖，但可以通过水解而生成具有还原性的单糖，再进行测定，然后换算成样品中相应的糖类的含量。因此，还原糖的测定是糖类测定的基础。

还原糖的测定方法很多，其中最常用的有直接滴定法、高锰酸钾滴定法、葡萄糖氧化酶—比色法。

1.直接滴定法

直接滴定法是国家标准分析方法，是目前最常用的测定还原糖的方法，具有试剂用量少，操作简单、快速，滴定终点明显等特点。

（1）原　理

一定量的碱性酒石酸铜甲、乙液等体积混合后，生成天蓝色的氢氧化铜沉淀，沉淀与酒石酸钾钠反应，生成深蓝色的酒石酸钾钠铜的络合物。在加热的条件下，以亚甲基芦作为指示剂，用样液直接滴定经标定的碱性酒石酸铜溶液，还原糖将二价铜还原为氧化亚铜。待二价铜全部被还原后，稍过量的还原糖将亚甲基蓝还原，溶液由蓝色变为无色，即为终点。根据最终所消耗的样液的体积，即可计算出还原糖的含量。其反应方程式如下：

$$CuSO_4 + 2NaOH \longrightarrow Cu(OH)_2 \downarrow + Na_2SO_4$$

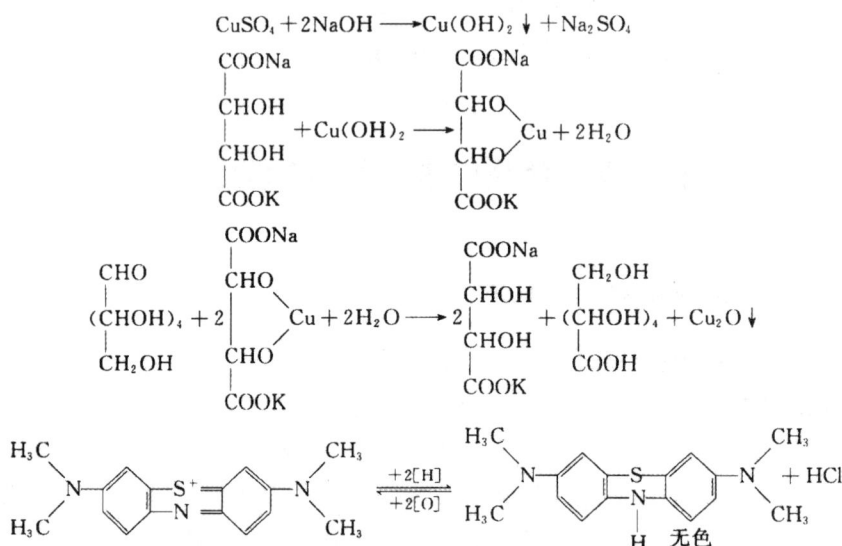

实际上，还原糖在碱性溶液中与硫酸铜的反应并不完全符合以上关系，还原糖在此反应条件下将产生降解，形成多种活性降解产物，其反应过程极为复杂，并非反应方程式中所反映的那么简单。在碱性及加热条件下还原糖将形成某些差向异构体的平衡体系。由上述反应看，1 mol 葡萄糖可以将 6 mol　Cu^{2+} 还原为 Cu$^+$。而实际上，从实验结果表明，1 mol 葡萄糖只能还原 5 mol 多的 Cu^{2+}，且随反应条件的变化而变化。因此，不能根据上述反应直接计算出还原糖的含量，而是要用已知浓度的葡萄糖标准溶液标定的方法，或利用通过实验编制出来的还原糖检索表计算。

（2）适用范围

适用于各类食品中还原糖含量的测定，但对深色样品（如酱油、深色果汁等），因色素干扰而使终点不易判断，从而影响其准确性而不适用。

（3）仪器和试剂

①仪器：a.酸式滴定管；b.可调电炉。

②试剂：a.碱性酒石酸铜甲液：称取 15 g 硫酸铜（CuSO$_4$·5 h$_2$O）及 0.05 g 亚甲基蓝，溶于水中并稀释至 1 000 mL；b.碱性酒石酸铜乙液：称取 50 g 酒石酸钾钠及 75 g 氢氧化钠，溶于水中，再加入 4 g 亚铁氰化钾，完全溶解后，用水稀释至 1 000 mL，储存于橡

皮塞玻璃瓶内；c. 乙酸锌溶液：称取 21.9 g 乙酸锌 [Zn（C h₃COO）₂ · 2 h₂O]，加入 3 mL 冰醋酸，加水溶解并稀释至 1000 mL；d.106 g/ mol 亚铁氰化钾溶液：称取 10.6g 亚铁氰化钾 [K₄Fe（CN）₆ · 3 h₂O] 溶于水中，稀释至 100 mL；e. 盐酸；f.1 g/L 葡萄糖溶液：准确称取 1.000 g 于 98 ℃ ~ 100 ℃ 烘干至恒重的无水葡萄糖，加水溶解后，加入 5 mL 盐酸（防止微生物生长），转移入 1000 mL 容量瓶中，并用水定容。

（4）操作步骤

①样品处理：a. 乳类、乳制品及含蛋白质的饮料（雪糕、冰淇淋、豆乳等）：称取 2.5 g ~ 5 g 固体样品或吸取 25 mL ~ 50 mL 液体样品，置于 250 mL 容量瓶中，加水 50 mL，摇匀后慢慢加入 5 mL 醋酸锌及 5 mL 亚铁氰化钾溶液，并加水至刻度，混匀，静置 30 min；干燥滤纸过滤，弃去初滤液，收集滤液供分析用。

b. 淀粉含量较高的样品：称取 10 g ~ 20 g 样品，置于 250 mL 容量瓶中，加水 200 mL，在 45 ℃ 水浴中加热 1 h，并不断振摇。取出冷却后加水至刻度，混匀，静置；吸取 20 mL 上清液于另一 250 mL 容量瓶中，以下按 a 项操作。

c. 酒精性饮料：吸取 100.0 mL 试样，置于蒸发皿中，用氢氧化钠（40 g/L）溶液中和至中性，在水浴上蒸发至原体积的 1/4 后，移入 250 mL 容量瓶中，加水至刻度。

d. 汽水等含有二氧化碳的饮料：吸取 100.0 mL 试样置于蒸发皿中，在水浴上除去二氧化碳后，移入 250 mL 容量瓶中，并用水洗涤蒸发皿，洗液并入容量瓶中，再加水至刻度，混匀后备用。

②碱性酒石酸铜溶液的标定。准确吸取碱性酒石酸铜甲液和乙液各 5.0 mL 于 150 mL 锥形瓶中。加水 10 mL，加入玻璃珠 3 粒。从滴定管中滴加约 9 mL 葡萄糖标准溶液，加热使其在 2 min 内沸腾，并保持沸腾 1 min，趁沸以每两秒 1 滴的速度继续用葡萄糖标准溶液滴定，直至蓝色刚好褪去为终点，记录消耗葡萄糖标准溶液的体积。平行操作三次，取其平均值。

按式（4-27）计算每 10 mL 碱性酒石酸铜溶液（甲液、乙液各 5 mL）相当于葡萄糖的质量：

$$F = V \times \rho_1 \qquad (4\text{-}27)$$

式中：

ρ_1——葡萄糖标准溶液的浓度，mg/mL；

V——标定时消耗葡萄糖标准溶液的总体积，mL；

F——10 mL 碱性酒石酸铜溶液相当于葡萄糖的质量，mg。

③样液的预测定。准确吸取碱性酒石酸铜甲液和乙液各 5.0 mL 于 150 mL 锥形瓶中。加水 10 mL，加入玻璃珠 3 粒，加热使其在 2 min 内沸腾，并保持沸腾 1 min，趁沸以先快后慢的速度从滴定管中滴加样液，滴定时须始终保持溶液呈微沸状态。待溶液颜色变浅时，以每 2 秒 1 滴的速度继续滴定，直至蓝色刚好褪去为终点，记录消耗样液的总体积。

④样液的测定。准确吸取碱性酒石酸铜甲液和乙液各 5.0 mL 于 150 mL 锥形瓶中。

加水 10 mL，加入玻璃珠 3 粒，从滴定管中加入比预测定时少 1 mL 的样液，加热使其在 2 min 内沸腾，并保持沸腾 1 min，趁沸以每 2 秒滴的速度继续滴定，直至蓝色刚好褪去为终点，记录消耗样液的总体积。同法平行操作三次，取其平均值。

（5）结果计算见式（4-28）

$$\omega = \frac{F}{m \times \dfrac{V}{250} \times 1000} \times 100\% \qquad (4\text{-}28)$$

式中：

ω——样品中还原糖（以葡萄糖计）的质量分数，%；

m——样品质量，g；

V——测定时平均消耗样液的体积，mL；

F——10 mL 碱性酒石酸铜溶液相当于葡萄糖的质量，mg；

250——样液的总体积，mL。

2.高锰酸钾滴定法

（1）原理

将还原糖与一定量过量的碱性酒石酸铜溶液反应，还原糖将 Cu^{2+} 还原为 Cu_2O，经过滤，得到 Cu_2O 沉淀，加入过量的酸性硫酸铁溶液将其氧化溶解，而 Fe^{3+} 被定量地还原为 Fe^{2+}，用高锰酸钾标准溶液滴定所生成的 Fe^{2+}，根据高锰酸钾标准溶液的消耗量可计算出 Cu_2O 的量，再从检索表中查出与 Cu_2O 量相当的还原糖的量，即可计算出样品中还原糖的含量。反应方程式如下：

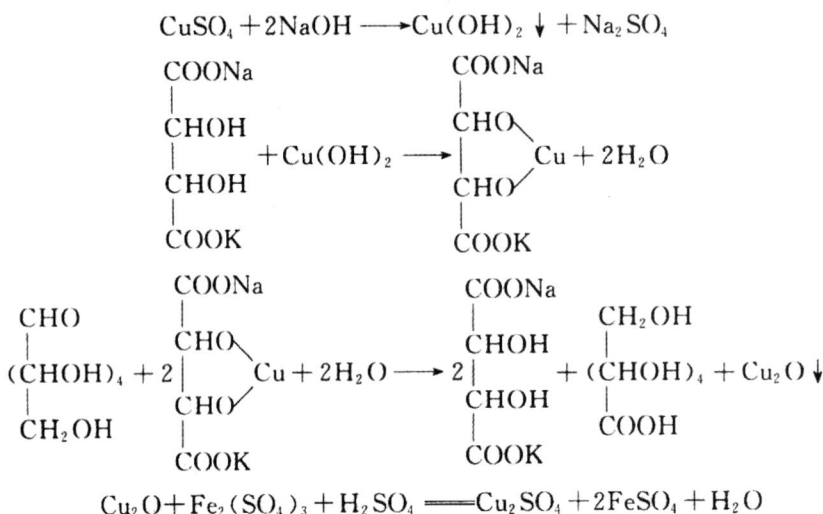

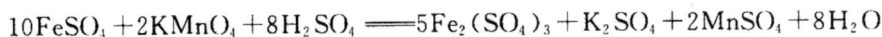

$$Cu_2O + Fe_2(SO_4)_3 + H_2SO_4 \longrightarrow Cu_2SO_4 + 2FeSO_4 + H_2O$$

$$10FeSO_4 + 2KMnO_4 + 8H_2SO_4 \longrightarrow 5Fe_2(SO_4)_3 + K_2SO_4 + 2MnSO_4 + 8H_2O$$

由上述反应可见，5 mol Cu_2O 相当于 2 mol $KMnO_4$，故根据高锰酸钾标准溶液的消耗量可计算出 Cu_2O 的量。再由 Cu_2O 量查表得到相应的还原糖的量。

（2）适用范围

适用于各类食品中还原糖含量的测定，对于深色样液也同样适用。

（3）仪器和试剂

①仪器：25 mL 古式坩埚或 G4 垂熔坩埚；真空泵或水力真空管。

②试剂：a. 碱性酒石酸铜甲液：称取 34.639 g 硫酸铜（$CuSO_4 \cdot 5H_2O$），加适量水溶解，加 0.5 mL 浓硫酸，再加水稀释至 500 mL，用精制石棉过滤。

b. 碱性酒石酸铜乙液：称取 173 g 酒石酸钾钠和 50 g 氢氧化钠，加适量水溶解，并稀释至 500 mL，用精制石棉过滤，储存于具橡皮塞的玻璃瓶内。

c. 精制石棉：取石棉，先用 3 mol/L 盐酸浸泡 2 h～3 h，用水洗净，再用 10 g/L 氢氧化钠溶液浸泡 2 h～3 h，倾去溶液，用碱性酒石酸铜乙液浸泡数小时，用水洗净，再以 3 mol/L 盐酸浸泡数小时，以水洗至不显酸性。然后加水振摇，使之成为微细的浆状纤维，用水浸泡并储存于玻璃瓶中，即可作填充古式坩埚用。

d. 0.02 mol/L 高锰酸钾标准溶液：配制：称取 3.3 g 高锰酸钾溶于 1050 mL 水中，缓缓煮沸 20～30 min，冷却后于暗处密封保存数日，用垂熔漏斗过滤，保存于棕色瓶内。

标定：准确称取于 105～200 ℃干燥 1～1.5 h 的基准草酸钠约 0.2 g，溶于 50 mL 水中，加 8 mL 硫酸，用配制的高锰酸钾标准溶液滴定，接近终点时加热至 70 ℃，继续滴至溶液显粉红色且 30 s 不褪色为止。同时做空白试验。

按式（4-29）计算：

$$c = \frac{m \times \frac{2}{5}}{(V - V_0) \times 134} \times 1000 \tag{4-29}$$

式中：

c——高锰酸钾标准溶液的浓度，mol/L；

m——草酸钠的质量，g；

V——标定时消耗高锰酸钾标准溶液的体积，mL；

V_0——空白时消耗高锰酸钾标准溶液的体积，mL；

134——草酸纳的摩尔质量，g/mol。

e. 1 mol/L 氢氧化钠溶液：称取 4 g 氢氧化钠，加水溶解并稀释至 100 mL。

f. 硫酸铁溶液：称取 50 g 硫酸铁，加入 200 mL 水溶解后，慢慢加入 100 mL 硫酸，冷却加水稀释至 1000 mL。

g. 3 mol/L 盐酸溶液：30 mL 盐酸加水稀释至 120 mL 即可。

（4）操作步骤

①样品处理：a. 乳类、乳制品及含蛋白质的冷食类：称取 2.5 g～5 g 固体样品（液体样品吸取 25 mL～50 mL）置于 250 mL 容量瓶中，加 50 mL 溶液至刻度，摇匀后加入 10 mL 碱性酒石酸铜甲液及 4 mL 1 mol/L 氢氧化钠溶液至刻度，混匀，静置 30 min，干滤，弃去初滤液，滤液供分析用。

b. 酒精类饮料：吸取 100 mL 样品，置于蒸发皿中，用 1 mol/L 氢氧化钠溶液中和至中性，蒸发至原体积的 1/4 后，移入 250 mL 容量瓶中。加 50 mL 水，混匀。以下自"加 10 mL 碱性酒石酸铜甲液"起，按 a 项操作。

c. 淀粉含量较高的食品：精密称取 10 g ~ 20 g 样品，置于 250 mL 容量瓶中，加入 200 mL 水，于 45 ℃水浴中加热 1 h，并不断振摇，取出冷却后，加水至刻度，混匀静置。吸取 20 mL 上清液于另一个 250 mL 容量瓶中，以下自"加 10 mL 碱性酒石酸铜甲液"起，按 a 项操作。

d. 汽水等含二氧化碳的饮料：吸取样品 100 mL 于蒸发皿中，在水浴上蒸发除去二氧化碳后，转移入 250 mL 容量瓶中，加水至刻度，混匀备用。

②测定。准确吸取经处理后的样液 50 mL 于 400 mL 烧杯中，加入碱性酒石酸铜甲液、乙液各 25 mL，盖上蒸发皿，置于电炉上加热，使之在 4 min 内沸腾，再准确煮沸 2 min，趁热用 G4 垂熔坩埚或用铺好石棉的古式坩埚抽滤，并用 60 ℃的热水洗涤烧杯及沉淀，至洗液不显碱性为止。将垂熔坩埚或古式坩埚放回 400 mL 烧杯中，加硫酸铁溶液 25 mL 和水 25 mL，用玻璃棒搅拌，使氧化亚铜全部溶解，用 0.02 mol/L 高锰酸钾标准溶液滴定至微红色为终点。记录高锰酸钾标准溶液的消耗量。

另取水 50 mL 代替样液，按上述方法做空白试验。记录空白试验消耗高锰酸钾标准溶液的量。

（5）结果计算

①根据滴定时所消耗的高锰酸钾标准溶液的量，按式（4-30）计算相当于样品中还原糖的氧化亚铜的量：

$$w_1 = (V - V_0) \times c \times \frac{2}{5} \times 143.08 \qquad (4\text{-}30)$$

式中：

w_1——氧化亚铜的质量分数，%；

V——测定样液所消耗高锰酸钾标准溶液的体积，mL；

V_0——试剂空白所消耗高锰酸钾标准溶液的体积，mL；

c——高锰酸钾标准溶液的浓度，mol/L；

143.08——氧化亚铜的摩尔质量，g/mol。

②根据上式计算所得氧化亚铜量查表得出相当于还原糖的量，再按式（4-31）计算样品中还原糖的含量：

$$w_2 = \frac{m_1}{m \times \dfrac{V_2}{V_1} \times 1000} \times 100\% \qquad (4\text{-}31)$$

式中：

w_2——还原糖的质量分数，%；

m_1——由氧化亚铜的量查表得出的还原糖的质量，mg；

m ——样品的质量，g；

V_1 ——样品处理液总体积，mL；

V_2 ——测定用样品处理液的体积，mL。

3. 葡萄糖氧化酶—比色法

（1）原　理

葡萄糖氧化酶（GOD）在有氧条件下，催化 -D- 葡萄糖（葡萄糖水溶液状态）氧化，生成 D- 葡萄糖酸 - 内酯和过氧化氢。受过氧化物酶（POD）催化，过氧化氢与 4- 氨基安替吡啉和苯酚生成红色醌亚胺。在波长 505 nm 处测定醌亚胺的吸亮度，可计算出食品中葡萄糖的含量。

（2）仪器

①恒温水浴锅。②可见分光亮度计。

（3）试　剂

①组合试剂盒：1 号瓶：内含 0.2 mol/L 磷酸盐缓冲溶液（pH=7）100 mL，其中 4-氨基安替吡啉为 0.00154 mol/L；2 号瓶：内含 0.022 mol/L 苯酚溶液 100 mL；3 号瓶：内含葡萄糖氧化酶 400U（活力单位）、过氧化酶 1000U（活力单位）。1 ~ 3 号瓶须在 4 ℃左右保存。

②酶试剂溶液：将 1 号瓶和 2 号瓶的物质充分混合均匀，再将 3 号瓶的物质溶解其中，轻轻摇动（勿剧烈摇动），使葡糖糖氧化酶和过氧化物酶完全溶解。此溶液须在 4 ℃左右保存，有效期为 1 个月。

③ 0.085 mol/L 亚铁氰化钾溶液：称取 3.7 g 亚铁氰化钾 [$K_4Fe(CN)_6 \cdot 3h_2O$]，溶于100 mL 重蒸馏水中，摇匀。

④ 0.25 mol/L 硫酸锌溶液：称取 7.7 g 硫酸锌（$ZnsO_4 \cdot 7h_2O$），溶入 100 mL 重蒸馏水中，摇匀。

⑤ 0.1 mol/L 氢氧化钠溶液：称取 4 g 氢氧化钠，溶于 1 000 mL 重蒸馏水中，摇匀。

⑥葡萄糖标准溶液：称取经（100±2）℃烘烤 2 h 的葡萄糖 1.000 0 g，溶于重蒸馏水中，定容至 100 mL，摇匀。将此溶液用重蒸馏水稀释，即为 20 g/mL 葡萄糖标准溶液。

（4）操作步骤

①试液的制备：a. 不含蛋白质的试样：用 100 mL 烧杯称取试样 1 g ~ 10 g（精确至 0.001g），加少量重蒸馏水，转移到 250 mL 容量瓶中，稀释至刻度。摇匀后用快速滤纸过滤。弃去最初滤液 30 mL 即为试液（试液中葡萄糖含量大于 300 g/mL 时，应适当增加定容体积）。

b. 含蛋白质的试样：用 100 mL 烧杯称取试样 1 ~ 10 g（精确至 0.001 g），加少量重蒸馏水，转移到 250 mL 容量瓶中，加入 0.085 mol/L 亚铁氰化钾溶液 5 mL、0.25 mol/L 硫酸锌溶液 5 mL 和 0.1 mol/L 氢氧化钠溶液 10 mL，用重蒸馏水定容至刻度。摇匀后用快速滤纸过滤。弃去最初滤液 30 mL，即为试液（试液中葡萄糖含量大于 300 g/mL 时，应适当增加定容体积）。

c. 标准曲线的绘制：用微量移液管取 0.00 mL、0.20 mL、0.40 mL、0.60 mL、0.80 mL、1.00 mg 葡萄糖标准溶液，分别置于 10 mL 比色管中，各加入 3 mL 酶试剂溶液，摇匀，在（36±1）℃的水浴锅中恒温保存 40 min。冷却至室温，用重蒸馏水定容至 10 mL 摇匀。用 1 cm 比色皿，以葡萄糖标准溶液含量为 0.00 的试剂溶液调整分光亮度计的零点，在波长 505 nm 处，测定各比色管中溶液的吸亮度。

以葡糖糖含量为纵坐标、吸亮度为横坐标绘制标准曲线。

②试液吸亮度的测定。用微量移液管吸取 0.50 mL ~ 5.00 mL 试液（依试管中葡萄糖的含量而定），置于 10 mL 比色管中。加入 3 mL 酶试剂溶液，摇匀，在（36±1）℃的水浴锅中恒温 40 min。冷却至室温，用重蒸馏水定容至 10 mL，摇匀。用 1cm 比色皿，以等量试液调整分光亮度计的零点，在波长 505 nm 处，测定比色管中溶液的吸亮度。

测出试液吸亮度后，在标准曲线上查出对应的葡萄糖含量。

（5）结果计算见式（4-32）

$$葡萄糖含量 = \frac{c}{m \times \dfrac{V_2}{V_1}} \times \frac{1}{1000 \times 10000} \times 100\% \qquad (4\text{-}32)$$

式中：

c ——标准曲线上查出的试液中葡萄糖的含量，mg；

m ——试样的质量，g；

V_2 ——试液的定容体积，mL；

V_1 ——测定时吸取试液的体积，mL。

（二）蔗糖的测定

在食品生产加工中，为判断原料的成熟度，鉴别白糖、蜂蜜等食品原料的品质，以及控制糖果、果脯、加糖乳制品等产品的质量指标，常常需要测定蔗糖的含量。蔗糖是非还原性双糖，不能用测定还原糖的方法直接进行测定，但蔗糖经酸水解后可生成具有还原性的葡萄糖和果糖，再按测定还原糖的方法进行测定。对于纯度较高的蔗糖溶液，可用相对密度、折射率、比旋亮度等物理检验法进行测定。下面以盐酸水解法为例进行说明。

1. 原　理

样品脱脂后，用水或乙醇提取，提取液经澄清处理以除去蛋白质等杂质后，再用盐酸水解，使蔗糖转化为还原糖。然后按还原糖测定方法，分别测定水解前后样液中还原糖的含量，两者差值即为由蔗糖水解产生的还原糖量，乘以一个换算系数 0.95 即为蔗糖的含量。

2. 仪器和试剂

（1）仪器：同还原糖的测定。

（2）试剂：①1 g/L 甲基红指示剂：称取 0.1 g 甲基红，用体积分数为 60% 的乙醇溶解并定容 100 mL；②6 mol/L 盐酸溶液；③200 g/L 氢氧化钠溶液。其他试剂同还原糖的测定。

3. 测定方法

取一定量的样品，按还原糖测定法中的方法进行处理。吸取经处理后的样品 2 份各 50 mL，分别放入 100 mL 容量瓶中，一份加入 5 mL、6 mol/L 盐酸溶液，置于 68 ~ 70 ℃水浴中加热 15 min，取出迅速冷却至室温，加 2 滴甲基红指示剂，用 200 g/L 氢氧化钠溶液中和至中性，加水至刻度，混匀；另一份直接用水稀释到 100 mL。然后按直接滴定法或高锰酸钾滴定法测定还原糖的含量。

4. 结果计算

（1）直接滴定法按式（4-33）

$$w = \frac{\dfrac{100}{V_2} - \dfrac{100}{V_1} \times F}{m \times \dfrac{50}{250} \times 1000} \times 100\% \times 0.95 \qquad （4\text{-}33）$$

式中：

w——蔗糖的质量分数，%；

m——样品的质量，g；

V_1——测定时消耗未经水解的样品稀释液的体积，mL；

V_2——测定时消耗经过水解的样品稀释液的体积，mL；

F——10 mL 碱性酒石酸铜溶液相当于转化糖的质量，mg；

250——样液的总体积，mL；

0.95——转化糖换算为蔗糖的系数。

（2）高锰酸钾滴定法按式（4-34）

$$w = \frac{m_2 - m_1 \times 0.95}{m \times \dfrac{50}{V_1} \times \dfrac{V_2}{100} \times 1000} \times 100\% \qquad （4\text{-}34）$$

式中：

w——蔗糖的质量分数，%；

m_1——未经水解的样液中还原糖的质量，mg；

m_2——经水解后样液中还原糖的质量，mg；

V_1——样品处理液的总体积，mL；

V_2——测定还原糖用样品处理液的体积，mL；

m——样品的质量，g；

0.95——还原糖还原成蔗糖的系数。

（三）总糖的测定——直接滴定法

食品中的总糖通常是指食品中存在的具有还原性的或在测定条件下能水解为还原性单糖的碳水化合物总量。它反映的是食品中可溶性单糖和低聚糖的总量，其含量高低对产品的色、香、味、组织形态、营养价值、成本等有一定影响；总糖也是许多食品（如麦乳精、果蔬罐头、巧克力、软饮料等）的重要质量指标，因此，在食品分析中总糖的测定具有重要的意义，是食品生产中常规分析项目之一。

总糖的测定通常是以还原糖的测定方法为基础的，常用的方法是直接滴定法，也可以用蒽酮比色法等。下面以直接滴定法为例介绍总糖的测定。

1. 原　理

样品经处理除去蛋白质等杂质后，加入稀盐酸，在加热条件下使蔗糖水解转化为还原糖，再以直接滴定法测定水解后样品中还原糖的总量。

2. 仪器和试剂

（1）仪器：同蔗糖的测定。

（2）试剂：同蔗糖的测定。

3. 操作步骤

（1）样品处理：同直接滴定法测定还原糖。

（2）测定：按测定蔗糖的方法水解样品，再按直接滴定法测定还原糖的含量。

4. 结果计算

$$w = \frac{F}{m \times \frac{50}{V_1} \times \frac{V_2}{100} \times 1000} \times 100\% \qquad (4-35)$$

式中：

w——总糖（以转化糖计）的质量分数，%；

F——10 mL 碱性酒石酸铜溶液相当于转化糖的质量．mg；

m——样品的质量，g；

V_1——样品处理液的总体积，mL；

V_2——测定时消耗样品水解液的体积，mL。

（四）淀粉的测定——酸水解法

淀粉是一种多糖，它广泛存在于植物的根、茎、叶、种子等组织中，是人类食物的重要组成部分，也是供给人体热能的主要来源。淀粉在食品工业中的用途广泛，如制作面包、糕点、饼干用的面粉，通过掺和纯淀粉，调节面筋浓度和胀润度；在糖果生产中不仅使用大量由淀粉制造的糖浆，也使用原淀粉和变性淀粉；在冷饮中作为稳定剂，在肉类罐头中作为增稠剂，在其他食品中还可作为胶体生成剂、保湿剂、乳化剂、黏合剂等。淀粉含量是某些食品主要的质量指标，也是食品生产管理中的一个常规检验项目。

淀粉的测定方法有很多，常用的方法有酸水解法和酶水解法，水解法是将淀粉在酸或酶的作用下水解为葡萄糖后，再按测定还原糖的方法进行定量测定。下面以酸水解法为例介绍淀粉的测定。

1. 原　理

样品经乙醚处理除去脂肪，经乙醇处理除去可溶性糖类后，用酸将淀粉水解为葡萄糖，按还原糖测定方法测定还原糖含量，再折算为淀粉含量。

2. 适用范围

酸水解法适用于淀粉含量较高，而其他能被水解为还原糖的多糖含量较少的样品。淀粉含量较低而半纤维素、多缩戊糖和果胶含量较高的样品不适宜用该法。

3. 仪器和试剂

（1）仪器：沸水浴回流装置。

（2）试剂：①乙醚；② 85% 乙醇溶液；③ 6 mol/L 盐酸溶液；④ 400 g/L 氢氧化钠溶液；⑤ 100 g/L 氢氧化钠溶液；⑥ 0.2% 甲基红乙醇指示剂；⑦ 200 g/L 中性乙酸铅溶液；⑧ 100 g/L 硫酸钠溶液。其他试剂同还原糖的测定。

4. 测定方法

（1）样品处理

①粮食、豆类、糕点、饼干、代乳品等较干燥易磨细的样品：称取 2 g ~ 5 g（含淀粉 0.5 g 左右）磨细、过 40 目筛的试样，置于铺有慢速滤纸的漏斗中，用 30 mL 乙醚分 3 次洗去样品中的脂肪，再用 150 mL 85% 乙醇分次洗涤残渣，以除去可溶性糖类。以 100 mL 水把漏斗中的残渣全部转移入 250 mL 锥形瓶中。

②蔬菜、水果及各种粮豆含水熟食制品：按 1：1 加水在组织捣碎机中捣成匀浆（蔬菜、水果需先洗净、晾干，取可食部分）。称取 5 g ~ 10 g 匀浆于 250 mL 锥形瓶中，加 30 mL 乙醚振摇提取脂肪，用滤纸过滤除去乙醚，再用 30 mL 乙醚淋洗 2 次，弃去乙醚；之后用 150 mL 85% 乙醇分次洗涤残渣。以 100 mL 水把漏斗中的残渣全部转移入 250 mL 锥形瓶中。

（2）水解

将上述 250 mL 锥形瓶中加入 30 mL、6 mol/L 盐酸溶液，装上冷凝管，于沸水浴中回流 2 h。回流完毕，立即置于流动水中冷却，冷却后加入 2 滴甲基红，先用 400 g/L 氢氧化钠调至黄色，再用 6 mol/L 盐酸溶液调到刚好变为红色。再用 100 g/L 氢氧化钠调到红色刚好褪去。若水解液颜色较深，可用精密 pH 试纸测试，使样品水解液的 pH 酸碱度约为 7。之后加入 20 mL 20% 的乙酸铅，摇匀后放置 10 min，再加 20 mL 10% 硫酸钠溶液。摇匀后用水转移至 500 mL 容量瓶中，加水定容。过滤、弃去初滤液，收集滤液备用。

（3）测定按还原糖测定法进行测定，并同时做试剂空白试验。

5. 结果计算

$$w = \frac{(m_1 - m_0) \times 0.9}{m \times \dfrac{V}{500} \times 1000} \times 100\% \qquad (4\text{-}36)$$

式中：

w——淀粉的质量分数，%；

m——试样的质量，g；

m_1——样品水解液中还原糖的质量，mg；

m_0——试剂空白中还原糖的质量，mg；

V——测定用样品水解液的体积，mL；

0.9——还原糖折算为淀粉的系数。

（五）纤维素的测定

纤维素是植物性食品的主要成分之一，尤其在谷类、豆类、水果、蔬菜中含量较高，食品的纤维在化学上不是单一的物质，而是包括纤维素、半纤维素、木质素等多种成分的混合物，其组成十分复杂，且随食品的来源、种类而变化。纤维素是人类膳食中不可缺少的重要物质之一，在维持人体健康、预防疾病方面有着独特的作用，已日益引起人们的重视。人类每天要从食品中摄入一定量（8 g ~ 12 g）纤维素才能维持人体正常的生理代谢功能。在食品生产和食品开发过程中，常需要测定纤维素的含量，它也是食品成分全分析项目之一，对于食品品质管理和营养价值的评定具有重要意义。

1. 植物类食品中粗纤维的测定

（1）原　理

在硫酸作用下，试样中的糖、淀粉、果胶质和半纤维素经水解除去后，再用碱处理，除去蛋白质及脂肪酸，剩余的残渣为粗纤维。如其中含有不溶于酸碱的杂质，可灰化后除去。

（2）范　围

本标准适用于植物类食品中粗纤维含量的测定。

（3）试　剂

① 1.25% 硫酸。② 1.25% 氢氧化钾溶液。③石棉：加 5% 氢氧化钠溶液浸泡石棉，在水浴上回流 8 h 以上，再用热水充分洗涤，然后用 20% 盐酸在沸水浴上回流 8 h 以上，再用热水充分洗涤，干燥，在 600 ℃ ~ 700 ℃中灼烧后，加水使成混悬物，贮存于玻塞瓶中。

（4）分析步骤

①称取 20 g ~ 30 g 捣碎的试样（或 5.0 g 干试样），移入 500 mL 锥形瓶中，加入 200 mL 煮沸的 1.25% 硫酸，加热使微沸，保持体积恒定，维持 30 min，每隔 5 min 摇动锥形瓶一次，以充分混合瓶内的物质。

②取下锥形瓶，立即用亚麻布过滤后，用沸水洗涤至洗液不呈酸性。

③再用 200 mL 煮沸的 1.25% 氢氧化钾溶液，将亚麻布上的存留物洗入原锥形瓶内加热微沸 30 min 后，取下锥形瓶，立即以亚麻布过滤，以沸水洗涤 2 次 ~ 3 次后，移入已干燥称量的 G2 垂融坩埚或同型号的垂融漏斗中，抽滤，用热水充分洗涤后，抽干。再依次用乙醇和乙醚洗涤一次。将坩埚和内容物在 105 ℃烘箱中烘干后称量，重复操作，直至恒量。

如试样中含有较多的不溶性杂质，则可将试样移入石棉坩埚，烘干称量后，再移入 550 ℃高温炉中灰化，使含碳的物质全部灰化，置于干燥器内，冷却至室温称量，所损失的量即为粗纤维量。

④结果按式（4-37）进行计算。

$$X = \frac{G}{m} \times 100\% \tag{4-37}$$

式中：

X——试样中粗纤维的含量；

G——残余物的质量（或经高温炉损失的质量），单位为克(g)；

M——试样的质量，单位为克(g)。

2. 食品中膳食纤维的测定

（1）术语和定义

①膳食纤维（DF）：不能被人体小肠消化吸收但具有健康意义的、植物中天然存在或通过提取/合成的、聚合度DP ≥ 3的碳水化合物聚合物。包括纤维素、半纤维素、果胶及其他单体成分等。

②可溶性膳食纤维（SDF）：能溶于水的膳食纤维部分，包括低聚糖和部分不能消化的多聚糖等。

③不溶性膳食纤维（IDF）：不能溶于水的膳食纤维部分，包括木质素、纤维素、部分半纤维素等。

④总膳食纤维（TDF）：可溶性膳食纤维与不溶性膳食纤维之和。

（2）原理

干燥试样经热稳定 α - 淀粉酶、蛋白酶和葡萄糖苷酶酶解消化去除蛋白质和淀粉后，经乙醇沉淀、抽滤，残渣用乙醇和丙酮洗涤，干燥称量，即为总膳食纤维残渣。另取试样同样酶解，直接抽滤并用热水洗涤，残渣干燥称量，即得不溶性膳食纤维残渣；滤液用4倍体积的乙醇沉淀、抽滤、干燥称量，得可溶性膳食纤维残渣。扣除各类膳食纤维残渣中相应的蛋白质、灰分和试剂空白含量，即可计算出试样中总的、不溶性和可溶性膳食纤维含量。

（3）适用范围

适用于所有植物性食品及其制品中总的、可溶性和不溶性膳食纤维的测定，但不包括低聚果糖、低聚半乳糖、聚葡萄糖、抗性麦芽糊精、抗性淀粉等膳食纤维组分。

（4）试剂和材料

① 试剂：a.95 % 乙醇（CH_3CH_2OH）；b. 丙酮（CH_3COCH_3）；c. 石油醚：沸程 30 ℃ ~ 60 ℃；d. 氢氧化钠（NaOH）；e. 重铬酸钾（$K_2Cr_2O_7$）；f. 三羟甲基氨基甲烷（$C_4H_{11}NO_3$，TRIs）；g.2-(N- 吗啉代）乙烷磺酸（$C_6H_{13}NO_4S \cdot H_2O$，MES）；h. 冰乙酸（$C_2H_4O_2$）；i. 盐酸（HCl）；j) 硫酸（$H_2SO_4$）；k. 热稳定 α - 淀粉酶液：CAs9000-85-5，IUB3.2.1.1，10 000 U/mL ± 1 000 U/mL，不得含丙三醇稳定剂，于 0 ℃ ~ 5 ℃冰箱储存；l. 蛋白酶液：CAs9014-01-1，IUB 3.2.21.14，300U/mL ~ 400U/mL，不得含丙三醇稳定剂，于 0 ℃ ~ 5 ℃冰箱储存；m. 淀粉葡萄糖苷酶液：CAs 9032-08-0，IUB3.2.1.3，2 000U/mL ~ 3 300 U/mL，于 0 ℃ ~ 5 ℃储存；n. 硅藻土：CAs 68855-54-9。

②试剂配制：a.乙醇溶液（85%，体积分数）：取 895 mL95% 乙醇，用水稀释并定容至 1L，混匀。

b.乙醇溶液（78%，体积分数）：取 821 mL95% 乙醇，用水稀释并定容至 1L，混匀。

c. 氢氧化钠溶液（6 mol/L.：称取 24 g 氢氧化钠，用水溶解至 100 mL，混匀。

d. 氢氧化钠溶液（1 mol/L）：称取 4 g 氢氧化钠，用水溶解至 100 mL，混匀。

e. 盐酸溶液（1 mol/L）：取 8.33 mL 盐酸，用水稀释至 100 mL，混匀。

f. 盐酸溶液（2 mol/L）：取 167 mL 盐酸，用水稀释至 1 L，混匀。

g.ME s-TRI s 缓冲液（0.05 mol/L）：称取 19.52g2-(N- 吗啉代）乙烷磺酸和 12.2 g 三羟甲基氨基甲烷，用 1.7L 水溶解，根据室温用 6 mol/L 氢氧化钠溶液调 pH，20 ℃时调 pH 为 8.3，24 ℃时调 pH 为 8.2，28 ℃时调 pH 为 8.1；20 ℃ ~ 28 ℃之间其他室温用插入法校正 pH。加水稀释至 2 L。

h. 蛋白酶溶液：用 0.05 mol/LME s-TRI s 缓冲液配成浓度为 50 mg/mL 的蛋白酶溶液，使用前现配并于 0 ℃ ~ 5 ℃暂存。

i. 酸洗硅藻土：取 200 g 硅藻土于 600 mL 的 2 mol/L 盐酸溶液中，浸泡过夜，过滤，用水洗至滤液为中性，置于（525±5）℃马弗炉中灼烧灰分后备用。

j. 重铬酸钾洗液：称取 100 g 重铬酸钾，用 200 mL 水溶解，加入 1 800 mL 浓硫酸混合。

k）乙酸溶液（3 mol/L）：取 172 mL 乙酸，加入 700 mL 水，混匀后用水定容至 1L。

（5）仪器和设备

①高型无导流口烧杯：400 mL 或 600 mL；②坩埚：具粗面烧结玻璃板，孔径 40 μm ~ 60 μm，清洗后的坩埚在马弗炉中（525±5）℃灰化 6 h，炉温降至 130 ℃以下取出，于重铬酸钾洗液中室温浸泡 2 h，用水冲洗干净，再用 15 mL 丙酮冲洗后风干，用前，加入约 1.0 g 硅藻土，130 ℃烘干，取出坩埚，在干燥器中冷却约 1 h，称量，记录处理后坩埚质量 (mg)，精确到 0.1 mg；③真空抽滤装置：真空泵或有调节装置的抽吸器。备 1 L 抽滤瓶，侧壁有抽滤口，带与抽滤瓶配套的橡胶塞，用于酶解液抽滤；④恒温振荡水浴箱：带自动计时器，控温范围室温 5 ℃ ~ 100 ℃，温度波动 ±1 ℃；⑤分析天平：感量 0.1 mg 和 1 mg；⑥马弗炉：（525±5）℃；⑦烘箱：（130±3）℃；⑧干燥器：二氧化硅或同等的干燥剂；⑨ pH 计：具有温度补偿功能，精度 ±0.1；⑩真空干燥箱：70 ℃ ±1 ℃；⑪筛：筛板孔径 0.3 mm ~ 0.5 mm。

（6）分析步骤

①试样制备：a. 脂肪含量 <10% 的试样：若试样水分含量较低（<10%），取试样直接反复粉碎，至完全过筛。混匀，待用。

若试样水分含量较高（>10%），试样混匀后，称取适量试样 (m_c，不少于 50 g），置于 70 ℃ ±1 ℃真空干燥箱内干燥至恒重。将干燥后试样转至干燥器中，待试样温度降到室温后称量（m_D）。根据干燥前后试样质量，计算试样质量损失因子 (f)。干燥后试样反复粉碎至完全过筛，置于干燥器中待用。

b. 脂肪含量 >10% 的试样：试样需经脱脂处理。称取适量试样（m_c，不少于 50 g) 置于漏斗中，按每克试样 25 mL 的比例加入石油醚进行冲洗，连续 3 次。脱脂后将试样混匀再按上述方法进行干燥、称量 (rn_D)，记录脱脂、干燥后试样质量损失因子 (f)。试样反复粉碎至完全过筛，置于干燥器中待用。

若试样脂肪含量未知，按先脱脂再干燥粉碎方法处理。

c. 糖含量 >5% 的试样：试样需经脱糖处理。称取适量试样（m_c，不少于 50 g) 置于漏斗中，按每克试样 10 mL 的比例用 85% 乙醇溶液冲洗，弃乙醇溶液，连续 3 次。脱糖后将试样置于 40 ℃烘箱内干燥过夜，称量（m_D)，记录脱糖、干燥后试样质量损失因子 (f)。干样反复粉碎至完全过筛，置于干燥器中待用。

②酶解：a. 准确称取双份试样 (m)，约 1 g(精确至 0.1 mg)，双份试样质量差 <0.005 g。将试样转置于 400 mL ~ 600 mL 高脚烧杯中，加入 0.05 mol/LME s-TRI s 缓冲液 40 mL，用磁力搅拌直至试样完全分散在缓冲液中。同时制备两个空白样液与试样液进行同步操作，用于校正试剂对测定的影响。

b. 热稳定 α-淀粉酶酶解：向试样液中分别加入 50 μL 热稳定 α-淀粉酶液缓慢搅拌，加盖铝箱，置于 95 ℃ ~ 100 ℃恒温振荡水浴箱中持续振摇，当温度升至 95 ℃开始计时，通常反应 35 min。将烧杯取出，冷却至 60 ℃，打开铝箱盖，用刮勺轻轻将附着于烧杯内壁的环状物以及烧杯底部的胶状物刮下，用 10 mL 水冲洗烧杯壁和刮勺。

如试样中抗性淀粉含量较高（>40%），可延长热稳定 α-淀粉酶酶解时间至 90 min，如必要也可另加入 10 mL 二甲基亚砜帮助淀粉分散。

c. 蛋白酶酶解：将试样液置于（60±1）℃水浴中，向每个烧杯加入 100 μL 蛋白酶溶液，盖上铝箱，开始计时，持续振摇，反应 30 min。打开铝箱盖，边搅拌边加入 5 mL、3 mol/L 乙酸溶液，控制试样温度保持在（60±1）℃。用 1 mol/L 氢氧化钠溶液或 1 mol/L 盐酸溶液调节试样液 pH 至 4.5±0.2。

应在（60±1）℃时调 pH，因为温度降低会使 pH 升高。同时注意进行空白样液的 pH 测定，保证空白样和试样液的 pH 一致。

d. 淀粉葡糖苷酶酶解：边搅拌边加入 100 μL 淀粉葡萄糖苷酶液，盖上铝箱，继续于（60±1）℃水浴中持续振摇，反应 30 min。

③测定：

a. 总膳食纤维（TDF) 测定。沉淀：向每份试样酶解液中，按乙醇与试样液体积比 4：1 的比例加入预热至（60±1）℃的 95% 乙醇（预热后体积约为 225 mL) 取出烧杯，盖上铝箱，于室温条件下沉淀 1 h。

抽滤：取已加入硅藻土并干燥称量的坩埚，用 15 mL 78% 乙醇润湿硅藻土并展平，接上真空抽滤装置，抽去乙醇使坩埚中硅藻土平铺于滤板上。将试样乙醇沉淀液转移入坩埚中抽滤，用刮勺和 78% 乙醇将高脚烧杯中所有残渣转至坩埚中。

洗涤：分别用 78% 乙醇 15 mL 洗涤残渣 2 次，用 95% 乙醇 15 mL 洗涤残渣 2 次，丙酮 15 mL 洗涤残渣 2 次，抽滤去除洗涤液后，将坩埚连同残渣在 105 ℃烘干过夜。将坩埚置干燥器中冷却 1 h，称量（m_{gR}，包括处理后坩埚质量及残渣质量），精确至 0.1 mg。减去处理后坩埚质量，计算试样残渣质量 (M_R)。

蛋白质和灰分的测定：取 2 份试样残渣中的 1 份按 GB 5009.5 测定氮（N）含量，以

6.25 为换算系数，计算蛋白质质量（M_p）；另 1 份试样测定灰分，即在 525 ℃灰化 5 h，于干燥器中冷却，精确称量坩埚总质量（精确至 0.1 mg），减去处理后坩埚质量，计算灰分质量（m_A）。

b. 不溶性膳食纤维（IDF）测定。

按上述方法称取试样、酶解。

抽滤洗涤：取已处理的坩埚，用 3 mL 水润湿硅藻土并展平，抽去水分使坩埚中的硅藻土平铺于滤板上。将试样酶解液全部转移至坩埚中抽滤，残渣用 70 ℃热水 10 mL 洗涤 2 次，收集并合并滤液，转移至另一 600 mL 高脚烧杯中，备测可溶性膳食纤维。按上述方法记录残渣重量、测定蛋白质和灰分。

c. 可溶性膳食纤维（SDF）测定。

计算滤液体积：收集不溶性膳食纤维抽滤产生的滤液，至已预先称量的 600 mL 高脚烧杯中，通过称量"烧杯 + 滤液"总质重，扣除烧杯质量的方法估算滤液体积。

沉淀：按滤液体积加入 4 倍量预热至 60 ℃的 95% 乙醇，室温下沉淀 1 h。以下测定按总膳食纤维测定步骤进行。

④分析结果的表述：TDF、IDF、sDF 均按下式计算。试剂空白质量按式（4-38）计算。

$$m_B = m_{BR} - m_{BP} - m_{BA}$$
（4-38）

式中：

m_B——试剂空白质量，单位为克（g）；

m_{BR}——双份试剂空白残渣质量均值，单位为克（g）；

m_{BP}——试剂空白残渣中蛋白质质量，单位为克（g）；

m_{BA}——试剂空白残渣中灰分质量，单位为克（g）。

试样中膳食纤维的含量按式（4-39、4-40、4-41）计算：

$$m_R = {}_{mgR} - {}_{mg}$$
（4-39）

$$X = \frac{R - m_P - m_A - m_B}{f}$$
（4-40）

$$F = \frac{m_C}{m_D}$$
（4-41）

式中：

m_R——试样残渣质量，单位为克（g）；

${}_{mgR}$——处理后坩埚质量及残渣质量，单位为克（g）；

${}_{mg}$——处理后坩埚质量，单位为克（g）；

X——试样中膳食纤维的含量，单位为克每百克（g/100 g）；

R——双份试样残渣质量均值，单位为克（g）；

m_P——试样残渣中蛋白质质量，单位为克（g）；

m_A 试样残渣中灰分质量，单位为克（g）；

m_B——试剂空白质量，单位为克（g）；

m——双份试样取样质量均值，单位为克（g）；

f——试样制备时因干燥、脱脂、脱糖导致质量变化的校正因子；

m_c——试样制备前质量，单位为克（g）；

m_D——试样制备后质量，单位为克（g）。

注1：如果试样没有经过干燥、脱脂、脱糖等处理，f=1。

注2：当试样中添加了抗性淀粉、抗性麦芽糊精、低聚果糖、低聚半乳糖、聚葡萄糖等符合膳食纤维定义却无法通过酶重量法检出的成分时，宜采用适宜方法测定相应的单体成分，总膳食纤维可采用如下公式计算：

$$总膳食纤维 =TDF(酶重量法)+ 单体成分$$

（六）果胶物质的测定

果胶物质是复杂的高分子聚合物，基本结构是半乳糖醛酸。果胶物质一般以原果胶、果胶酯酸、果胶酸三种不同的形态存在于果蔬组织中。它的用途很广，在食品工业中可作为增稠剂和胶胨材料，例如制造果冻、糖果，作为果汁稳定剂、果酱增稠剂等。它还具有保健作用，可作为胃肠道、胃溃疡的辅助治疗剂。

果胶物质的测定方法有重量法、咔唑比色法、果胶酸钙滴定法等，比较常用的是重量法。

以下介绍用重量法测定食品中的果胶物质。

1. 原　理

先用 70% 的乙醇溶液处理样品，使果胶沉淀，再用乙醇、乙醚洗涤沉淀，除去可溶性糖类、脂肪、色素等干扰物质，残渣分别提取可溶性果胶和原果胶，皂化以除去甲氧基，生成果胶酸钠，再经酸化，加入钙盐，生成果胶酸钙，烘干后称重。

2. 适用范围

重量法适用于各类食品中果胶物质的测定，方法可靠稳定，但程序较烦琐。

3. 仪器和试剂

（1）仪器：①布氏漏斗；② G2 垂熔坩埚；③抽滤瓶；④真空泵。

（2）试剂：①乙醇；②乙醚；③ 0.05 mol/L 盐酸溶液；④ 0.1 mol/L 氢氧化钠溶液；⑤ 1 mol/L 醋酸溶液：取 58.3 mL 冰醋酸，用水定容至 100 mL；⑥ 1 mol/L 氯化钙溶液：称取 110.99g 无水氯化钙，用水定容至 500 mL。

4. 测定方法

（1）样品处理

①新鲜样品：称取试样 30 g ~ 50 g，用小刀切成薄片，置于预先放有 99% 乙醇的 500 mL 锥形瓶中，装上回流冷凝器，在水浴上沸腾回流 15 min 后冷却，用布氏漏斗过滤，残渣于研钵中一边慢慢研磨，一边滴加 70% 的热乙醇，冷却后再过滤，反复操作至滤液不呈糖的反应（用苯酚—硫酸法检测）为止。残渣用 99% 乙醇洗涤，再用乙醚洗涤，风干乙醚。

②干燥样品：研细，过 60 目筛，称取 5 g ~ 10 g 样品于烧杯中，加入热的 70% 乙醇，

充分搅拌以提取糖类，过滤。反复操作至滤液不呈糖的反应。残渣用 99% 乙醇洗涤，再用乙醚洗涤，风干乙醚。

（2）提取果胶

①水溶性果胶提取：用 150 mL 水将上述漏斗中残渣移入 250 mL 烧杯中，加热至沸，并保持沸腾 1 h，随时补足蒸发的水分，冷却后移入 250 mL 容量瓶中，加水定容，摇匀，过滤，弃去初滤液，收集滤液即得水溶性果胶提取液。

②总果胶的提取：用 150 mL 加热至沸的 0.05 mol/L 盐酸溶液把漏斗中残渣移入 250 mL 锥形瓶中，装上冷凝器，于沸水浴中加热回流 1 h，冷却后移入 250 mL 容量瓶中，加甲基红指示剂 2 滴，加 0.1 mol/L 氢氧化钠中和后，用水定容，摇匀，过滤，收集滤液即得总果胶的提取液。

（3）测定

取 25 mL 提取液（能生成果胶酸钙 25 mg 左右）于 500 mL 烧杯中，加入 0.1 molL 氢氧化钠溶液 100 mL，充分搅拌，静置 0.5 h，加入 1 mol/L 醋酸 50 mL，静置 5 min，边搅拌边缓缓加入 1 mol/L 氯化钙溶液 25 mL，静置 1 h（陈化），加热煮沸 5 min，趁热用烘干至恒重的滤纸（或 G2 垂熔坩埚）过滤，用热水洗涤至无氯离子（用 10% 硝酸溶液检测）为止。滤渣连同滤纸一同放入称量瓶中，置于 105 ℃烘箱中（G2 垂熔坩埚可直接放入）干燥至恒重。

5. 结果计算

$$果胶物质含量（以果胶酸计）= \frac{(m_1 - m_2) \times 0.923\,3}{m \times \frac{25}{250} \times 1} \times 100\% \qquad （4\text{-}39）$$

式中：

m_1——果胶酸钙和滤纸或垂熔坩埚的质量，g；

m_2——滤纸或垂熔坩埚的质量，g；

m——样品的质量，g；

25——测定时取果胶提取液的体积，mL；

250——果胶提取液的总体积，mL；

0.923 3——果胶酸钙换算成果胶酸的系数。

第五章 食品中污染物的检验

第一节 食品中重金属的检测

一、食品中砷的测定

砷是一种类金属元素，主要以硫化物的形式存在。正常的食品中含有微量的砷，其含量随品种和地区而异，一般每千克约含十分之几到几毫克，其中以海产品含砷量较高。

国家标准中规定的食品中总砷的测定方法有电感耦合等离子体质谱法、银盐法、氢化物发生原子荧光光谱法等。无机砷的测定方法有液相色谱—原子荧光光谱法、液相色谱—电感耦合等离子体质谱法。下面介绍银盐法和氢化物发生原子荧光光谱法测定食品中的总砷。

（一）银盐法测定食品中的总砷

1. 原　理

在酸性溶液中，在碘化钾和酸性氯化亚锡存在下，样液中的五价砷还原为三价砷。利用锌与酸作用生成的原子态氢，与三价砷作用，生成砷化氢气体，然后通过乙酸铅棉花，进入含有 Ag-DDC（二乙基二硫代氨基甲酸银）的吸收液，砷化氢与 Ag-DDC 作用，生成红色胶态银，比色定量。

2. 仪　器

可见分光亮度计、测砷装置（图 5-1）。

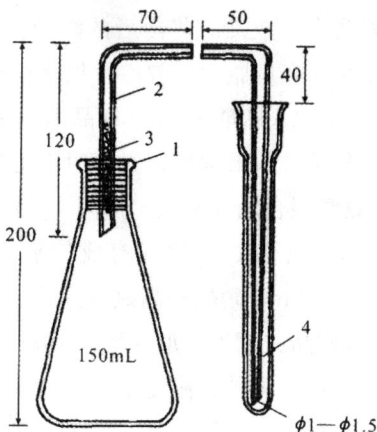

图 5-1　测砷装置

1—150 mL 锥形瓶；2—导气管；3—乙酸铅棉花；4—10 mL 刻度离心管

3. 主要试剂

（1）硝酸＋高氯酸混合液（4+1）：量取 80 mL 硝酸，加 20 mL 高氯酸，混匀。

（2）硝酸镁溶液（150 g/L）：称取 15 g 硝酸镁 [mg（NO_3）$_2$·6 h_2O] 溶于水中，并稀释至 100 mL。

（3）乙酸铅棉花：用 100 g/L 乙酸铅溶液浸透脱脂棉后，挤出多余溶液，使疏松，在 100 ℃以下干燥后，储存于玻璃瓶中。

（4）二乙基二硫代氨基甲酸银 - 三乙醇胺 - 三氯甲烷溶液：称取 0.25 g 二乙基二硫代氨基甲酸银 [（C_2h_5）$_2NCs_2Ag$] 置于乳钵中，加少量三氯甲烷研磨，移入 100 mL 量筒中，加入 1.8 mL 三乙醇胺，再用三氯甲烷分次洗涤乳钵，洗液一并移入量筒中，再用三氯甲烷稀释至 100.0 mL 放置过夜。滤入棕色瓶中保存。

（5）砷标准储备溶液：精密称取 0.1320g 在硫酸干燥器中干燥过的或在 100 ℃干燥 2 h 的三氧化二砷，加 5 mL 200 g/L 氢氧化钠溶液，溶解后加 25 mL 硫酸（6+94）溶液，移入 1000 mL 容量瓶中，加新煮沸后的冷却水稀释至刻度，储存于棕色玻璃塞瓶中。每毫升此溶液相当于 0.10 mg 砷。

（6）砷标准使用液：吸取 1.0 mL 砷标准储备溶液，置于 100 mL 容量瓶中，加 1 mL 硫酸（6+94）溶液，加水稀释至刻度，每毫升此溶液相当于 1.0 pg 砷。

4. 样品消化

（1）硝酸—高氯酸—硫酸法

①粮食、粉丝、粉条、豆干制品、糕点、茶叶等及其他含水分少的固体食品：称取 5.00g 或 10.00g 粉碎样品，置于 250 ~ 500 mL 定氮瓶中，先加少许水使其湿润，加数粒玻璃珠、10 ~ 15 mL 硝酸—高氯酸混合液，放置片刻，小火缓缓加热，待作用缓和，放冷。沿瓶壁加入 5 mL 或 10 mL 硫酸再加热，至瓶中液体开始变成棕色时，不断沿瓶壁滴加硝酸—高氯酸混合液至有机质完全分解。加大火力至产生白烟，溶液应澄明无色或微带黄色，放冷。在操作过程中应注意防止爆炸。加 20 mL 水煮沸，除去残余的硝酸至产生白烟为止，如此处理两次，放冷。将冷后的溶液移入 50 mL 或 100 mL 容量瓶中，用水洗涤定氮瓶，洗涤液并入容量瓶中，放冷，加水至刻度，混匀。定容后的溶液每 10 mL 相当于 1 g 样品，相当于加入硫酸 1 mL。样品消化液中残余的硝酸需如法驱尽，硝酸的存在影响反应与显色，会导致结果偏低，必要时需增加测定用硫酸的加入量。取与消化样品相同量的硝酸—高氯酸混合液和硫酸，按同一方法做试剂空白试验。

②蔬菜、水果：称取 25.00 g 或 50.00 g 洗净打成匀浆的样品，置于 250 ~ 500 mL 定氮瓶中，加数粒玻璃珠、10 ~ 15 mL 硝酸—高氯酸混合液，以下按①中操作进行。定容后的溶液每 10 mL 相当于 5 g 样品，相当于加入硫酸 1 mL。

③酱、酱油、醋、冷饮、豆腐、腐乳、酱腌菜等：称取 10.00 g 或 20.00 g 样品（或吸取 10.00 mL 或 20.00 mL 液体样品），置于 250 ~ 500 mL 定氮瓶中，加数粒玻璃珠、5 ~ 15 mL 硝酸—高氯酸混合液，以下按①中操作进行。定容后的溶液每 10 mL 相当于 2g 样品或 2 mL 样品。

④含酒精性饮料或含二氧化碳饮料：吸取 10.00 mL 或 20.00 mL 样品，置于 250 ~ 500 mL 定氮瓶中，加数粒玻璃珠，先用小火加热除去乙醇或二氧化碳，再加 5 ~ 10 mL 硝酸—高氯酸混合液，混匀后，以下按①中操作进行。定容后的溶液每 10 mL 相当于 2g 或 2 mL 样品。

⑤含糖量高的食品：称取 5.00g 或 10.00g 粉碎样品，置于 250 ~ 500 mL 定氮瓶中，先加水少许使湿润，加数粒玻璃珠、10 ~ 15 mL 硝酸—高氯酸混合后，摇匀。缓缓加入 5 mL 或者 10 mL 硫酸，待作用缓和停止起泡沫后，再加大火力，至有机质分解完全，产生白烟，溶液应澄明无色或微带黄色，放冷。以下按①自"加 20 mL 水煮沸"起依法操作。

⑥水产品：取可食部分样品捣成匀浆，称取 5.00 g 或 10.00 g（海产藻类、贝类可适当减少取样量），置于 250 ~ 500 mL 定氮瓶中，加数粒玻璃珠、10 ~ 15 mL 硝酸—高氯酸混合后，以下按①自"沿瓶壁加入 5 mL 或 10 mL 硫酸"起依法操作。

（2）硝酸—硫酸法：以硝酸代替硝酸—高氯酸混合液进行操作。

（3）灰化法

①粮食、茶叶及其他含水分少的食品：称取 5.00 g 磨碎样品，置于坩埚中，加入 1g 氧化镁、1 mL 氯化镍及 10 mL 硝酸镁溶液，混匀，浸泡 4 h，于低温或置于水浴锅上蒸干。用小火炭化至无烟后移入马弗炉中加热至 550 ℃，灼烧 3 ~ 4 h，冷却后取出。加 5 mL 水湿润灰分后，用玻璃棒搅拌，再用少量水洗下玻璃棒上附着的灰分至坩埚内。放置水浴上蒸干后移入高温炉 550 ℃灰化 2 h，冷却后取出。加 5 mL 水湿润灰分，再慢慢加入 10 mL 盐酸溶液（1+1），然后将溶液移入 50 mL 容量瓶中。坩埚用盐酸溶液（1+1）洗涤 3 次，每次 5 mL，再用水洗涤 3 次，每次 5 mL，洗涤液均并入容量瓶中，再加水至刻度，混匀。定容后的溶液每 10 mL 相当于 1g 样品，相当于加入盐酸（中和需要量除外）1.5 mL。全量供银盐法测定时，不必再加盐酸。

取与灰化样品相同量的氧化镁和硝酸镁溶液，按同一操作方法做试剂空白试验。

②植物油：称取 5.00g 样品，置于 50 mL 瓷坩埚中，加 10g 硝酸镁，再在上面覆盖 2g 氧化镁，将坩埚置于小火上加热，至刚冒烟，立即将坩埚取下，以防内容物溢出，待烟小后，再加热至炭化完全。将坩埚移至马弗炉中，550 ℃以下灼烧至灰化完全，冷却取出。加 5 mL 水湿润灰分，再缓缓加入 15 mL 盐酸溶液（1+1），然后将溶液移入 50 mL 容量瓶中。坩埚用盐酸溶液（1+1）洗涤 5 次，每次 5 mL，洗涤液均并入容量瓶中，加盐酸（1+1）至刻度，混匀。定容后的溶液每 10 mL 相当于 1 g 样品，相当于加入盐酸量（中和需要量除外）1.5 mL。

取与消化样品相同量的氧化镁和硝酸镁，按同一操作方法做试剂空白试验。

③水产品：取可食部分样品捣成匀浆，称取 5.00 g 置于坩埚中，加 1g 氧化镁及 10 mL 硝酸镁溶液，混匀，浸泡 4 h。以下按灰化法中①自"于低温或置于水浴锅上蒸干"起依法操作。

5. 测　定

（1）硝酸—高氯酸—硫酸或硝酸—硫酸消化：液吸取一定量消化后的定容溶液（相

当于 5 g 样品）及同量的试剂空白液，分别置于 150 mL 锥形瓶中，补加硫酸至总量为 5 mL，加水至 50 ~ 55 mL。吸取 0.0 mL、2.0 mL、4.0 mL、6.0 mL、8.0 mL、10.0 mL 砷标准使用液（相当于 0 g、2 g、4 g、6 g、8 g、10 g）分别置于 150 mL 锥形瓶中，加水至 40 mL，再加 10 mL 硫酸（1+1）。于样品消化液、试剂空白液及砷标准溶液中各加 3 mL150 g/L 碘化钾溶液、0.5 mL 酸性氯化亚锡溶液，混匀，静置 15 min。各加入 3 g 无砷锌粒，立即分别塞上装有乙酸铅棉花的导气管，并使管尖端插入盛有 4 mL 银盐溶液的离心管中的液面下，在常温下反应 45 min 后，取下离心管，加三氯甲烷补足 4 mL。用 1 cm 比色杯，以零管调节零点，于波长 520 nm 处测吸亮度，绘制标准曲线。

（2）灰化法消化液取灰化法消化液及试剂空白液，分别置于 150 mL 锥形瓶中。吸取 0.0 mL、2.0 mL、4.0 mL、6.0 mL、8.0 mL、10.0 mL 砷标准使用液（相当于 0.0 g、2.0 g、4.0 g、6.0 g、8.0 g、10.0 g 砷）分别置于 150 mL 锥形瓶中，加水至 43.5 mL，再加 6.5 mL 盐酸。以下按（1）自"于样品消化液"起依法操作。

6. 结果计算

$$X = \frac{A_1 - A_2 \times 100\,0}{M \times \frac{V_2}{V_1} \times 100\,0} \qquad (5—1)$$

式中：

X ——样品中砷的含量，mg/kg 或 mg/L；

A_1 ——测定用样品消化液中砷的含量，μg；

A_2 ——试剂空白液中砷的含量，μg；

M ——样品的质量（体积），g（mL）；

V_1 ——样品消化液的总体积，mL；

V_2 ——测定用样品消化液的体积，mL。

（二）氢化物发生原子荧光光谱法测定食品中的总砷

1. 原　理

食品试样经湿法消解或干灰化法处理后，加入硫脲使五价砷预还原为三价砷，再加入硼氢化钠或硼氢化钾使还原生成砷化氢，由氩气载入石英原子化器中分解为原子态砷，在高强度砷空心阴极灯的发射光激发下产生原子荧光，其荧光强度在同定条件下与被测液中的砷浓度成正比，与标准系列比较定量。

2. 试剂和材料

（1）试剂：①氢氧化钠（NaOh）；②氢氧化钾（KOh）；③硼氢化钾（KBh$_4$）：分析纯；④硫脲（ch$_4$n$_2$o$_2$s）：分析纯；⑤盐酸（hCl）；⑥硝酸（hNO$_3$）；⑦硫酸（h$_2$sO$_4$）；⑧高氯酸（hC$_1$O$_4$）；⑨硝酸镁 [mg(NO$_3$)2·6h$_2$O]：分析纯；⑩氧化镁（mgO）：分析纯；⑪抗坏血酸 (C$_6$h$_8$O$_6$)。

（2）试剂配制：①氢氧化钾溶液 (5 g/L)：称取 5.0g 氢氧化钾，溶于水并稀释至 1000 mL；②硼氢化钾溶液（20 g/L）：称取硼氢化钾 20.0g，溶于 1 000 mL 5 g/L 氢氧化钾溶液中，混匀；③硫脲 + 抗坏血酸溶液：称取 10.0g 硫脲，加约 80 mL 水，加热溶解，待冷却后加入 10.0g 抗坏血酸，稀释至 100 mL；④氢氧化钠溶液（100 g/L）：称取 10.0g 氢氧化钠，溶于水并稀释至 100 mL；⑤硝酸镁溶液（150 g/L）：称取 15.0g 硝酸镁，溶于水并稀释至 100 mL；⑥盐酸溶液（1+1）：量取 100 mL 盐酸，缓缓倒入 100 mL 水中，混匀；⑦硫酸溶液（1+9）：量取硫酸 100 mL，缓缓倒入 900 mL 水中，混匀；⑧硝酸溶液（2+98）：量取硝酸 20 mL 缓缓倒入 980 mL 水中，混匀。

（3）标准品

三氧化二砷（As$_2$O$_3$）标准品：纯度 >99.5%。

（4）标准溶液配制

①砷标准储备液（100 mg/L，按 As 计）：准确称取于 100 ℃干燥 2 h 的三氧化二砷 0.0132g，加 100 g/L 氢氧化钠溶液 1 mL 和少量水溶解，转入 100 mL 容量瓶中，加入适量盐酸调整其酸度近中性，加水稀释至刻度，4 ℃避光保存，保存期一年。

②砷标准使用液（1.00 mg/L，按 As 计）：准确吸取 1.00 mL 砷标准储备液 (100 mg/L) 于 100 mL 容量瓶中，用硝酸溶液（2+98) 稀释至刻度。现用现配。

3. 仪器和设备

（1）原子荧光光谱仪；（2）天平：感量为 0.1 mg 和 1 mg；（3）组织匀浆器；（4）高速粉碎机；（5）控温电热板：50 ℃ ~ 200 ℃；（6）马弗炉。

注：玻璃器皿及聚四氟乙烯消解内罐均需以硝酸溶液（1+4）浸泡 24 h，用水反复冲洗，最后用去离子水冲洗干净。

4. 分析步骤

（1）试样预处理

①在采样和制备过程中，应注意不使试样污染。

②粮食、豆类等样品去杂物后粉碎均匀，装入洁净聚乙烯瓶中，密封保存备用。

③蔬菜、水果、鱼类、肉类及蛋类等新鲜样品，洗净晾干，取可食部分匀浆，装入洁净聚乙烯瓶中，密封，于 4 ℃冰箱冷藏备用。

（2）试样消解

①湿法消解：同体试样称取 1.0 g ~ 2.5 g、液体试样称取 5.0 g ~ 10.0 g(或 mL)(精确至 0.001g)，置于 50 mL ~ 100 mL 锥形瓶中，同时做两份试剂空白。加硝酸 20 mL，高氯酸 4 mL，硫酸 1.25 mL，放置过夜。次日置于电热板上加热消解，若消解液处理至 1 mL 左右时仍有未分解物质或色泽变深，取下放冷，补加硝酸 5 mL ~ 10 mL，再消解至 2 mL 左右，如此反复两三次，注意避免炭化。继续加热至消解完全后，再持续蒸发至高氯酸的白烟散尽，硫酸的白烟开始冒出。冷却，加水 25 mL，再蒸发至冒硫酸白烟。冷却，用水将内容物转入 25 mL 容量瓶或比色管中，加入硫脲 + 抗坏血酸溶液 2 mL，补加水至刻度，混匀，放置 30 min，待测。按同一操作方法作空白试验。

②干灰化法：同体试样称取 1.0 g ~ 2.5 g、液体试样取 4.00 mL(或 g)(精确至 0.001 g)，置于 50 mL ~ 100 mL 坩埚中，同时做两份试剂空白。加 150 g/L 硝酸

镁 10 mL 混匀，低热蒸干，将 1 g 氧化镁覆盖在干渣上，于电炉上炭化至无黑烟，移入 550 ℃马弗炉灰化 4 h。取出放冷，小心加入盐酸溶液（1+1)10 mL 以中和氧化镁并溶解灰分，转入 25 mL 容量瓶或比色管，向容量瓶或比色管中加入硫脲+抗坏血酸溶液 2 mL，另用硫酸溶液（1+9）分次洗涤坩埚后合并洗涤液至 25 mL 刻度，混匀，放置 30 min，待测，按同一操作方法作空白试验。

（3）仪器参考条件

负高压：260 V；砷空心阴极灯电流：50 mA ~ 80 mA；载气：氩气；载气流速：500 mL/min；屏蔽气流速：800 mL/min；测量方式；荧光强度：读数方式：峰曲积。

（4）标准曲线制作

取 25 mL 容量瓶或比色管 6 支，依次准确加入 1.00 μg/mL，砷标准使用液 0.00 mL、0.10 mL、0.25 mL、0.50 mL、1.5 mL 和 3.0 mL(分别相当于砷浓度 0.0 ng/mL、4.0 ng/mL、10 ng/mL、20 ng/mL、60 ng/mL、120 ng/mL，各加硫酸溶液（1+9）12.5 mL，硫脲+抗坏血酸溶液 2 mL 补加水至刻度，混匀后放置 30 min 后测定。

仪器预热稳定后，将试剂空白、标准系列溶液依次引入仪器进行原子荧光强度的测定。以原子荧光强度为纵坐标，砷浓度为横坐标绘制标准曲线，得到回归方程。

（5）试样溶液的测定

相同条件下，将样品溶液分别引入仪器进行测定，根据回归方程计算出样品中砷元素的浓度。

5. 分析结果的表述

试样中总砷含量按式（5-2）计算：

$$X = \frac{c - c_0 \times V \times 1\,000}{m \times 1\,000 \times 1\,000} \tag{5—2}$$

式中：

X——试样中砷的含量，单位为毫克每千克 (mg/kg) 或毫克每升（ mg/L）；

c——试样被测液中砷的测定浓度，单位为纳克每毫升 (ng/mL)；

c_0——试样空白消化液中砷的测定浓度，单位为纳克每毫升 (ng/mL)；

V——试样消化液总体积，单位为毫克 (mL)；

m——试样质量，单位为克 (g) 或毫升 (mL)；

1 000——换算系数。

二、食品中铅的测定

铅是一种不可降解的强烈亲神经性有毒物质，能够影响人体的神经系统、造血系统、消化系统以及生殖系统，危害人体健康。我国将铅列为食品卫生标准中的重点监测项目，铅的允许量为：生乳、巴氏杀菌乳、灭菌乳、发酵乳、调制乳 ≤ 0.05 mg/kg，蛋及蛋制品（皮蛋、皮蛋肠除外）≤ 0.2 mg/kg，调味品（食用盐、香辛料类除外）< 1 mg/L，谷物及其制品 ≤ 0.2 mg/kg，新鲜蔬菜（芸薹类蔬菜、叶菜蔬菜、豆类蔬菜、

薯类除外）≤ 0.1 mg/kg，蔬菜制品≤ 1.0 mg/kg，新鲜水果（浆果和其他小粒水果除外）≤ 0.1 mg/kg，水果制品≤ 1.0 mg/kg，食用菌及其制品≤ 1.0 mg/kg、肉类（畜禽内脏除外）≤ 0.2 mg/kg，肉制品≤ 0.5 mg/kg，鲜、冻水产动物（鱼类、甲壳类、双壳类除外）≤ 1.0 mg/kg。

国家标准中规定的铅的测定方法主要有石墨炉原子吸收光谱法、电感耦合等离子体质谱法、二硫腙比色法和火焰原子吸收光谱法等，下面对二硫腙比色法进行介绍。

（一）原　理

试样经消化后，在 pH8.5 ~ 9.0 时，铅离子与二硫腙生成红色络合物，溶于三氯甲烷。加入柠檬酸铵、氰化钾和盐酸羟胺等，防止铁、铜、锌等离子干扰。于波长 510 nm 处测定吸亮度，与标准系列比较定量。

（二）主要试剂

（1）硝酸 (hNO$_3$)：优级纯；（2）高氯酸 (hClO$_4$)：优级纯；（3）氨水 (Nh$_3$·h$_2$O)：优级纯；（4）盐酸 (hCl)：优级纯；（5）酚红 (C$_{19}$h$_{14}$O$_5$s)；（6）盐酸羟胺 (Nh$_2$Oh·hCl)；（7）柠檬酸铵 [C$_6$h$_5$O$_7$(Nh$_4$)$_3$]；（8）氰化钾 (KCN)；（9）三氯甲烷 (Ch$_3$Cl，不应含氧化物)；（10）二硫腙 (C$_6$h$_5$NhNhCsN=NC$_6$h$_5$)；（11）乙醇 (C$_2$h$_5$OH)：优级纯。

（三）试剂配制

（1）硝酸溶液 (5+95)：量取 50 mL 硝酸，缓慢加入到 950 mL 水中，混匀；（2）硝酸溶液 (1+9)：量取 50 mL 硝酸，缓慢加入到 450 mL 水中，混匀；（3）氨水溶液 (1+1)：量取 100 mL 氨水，加入 100 mL 水，混匀；（4）氨水溶液 (1+99)：量取 10 mL 氨水，加入 990 mL 水，混匀；（5）盐酸溶液 (1+1)：量取 100 mL 盐酸，加入 100 mL 水，混匀；（6）酚红指示液 (1 g/L)：称取 0.1g 酚红，用少量多次乙醇溶解后移入 100 mL 容量瓶中并定容至刻度，混匀；（7）二硫腙—三氯甲烷溶液 (0.5 g/L)：称取 0.5g 二硫腙，用三氯甲烷溶解，并定容至 1 000 mL，混匀，保存于 0 ℃ ~ 5 ℃下；（8）盐酸羟胺溶液 (200 g/L)：称取 20g 盐酸羟胺，加水溶解至 50 mL，加 2 滴酚红指示液 (1 g/L)，加氨水溶液 (1+1)，调 pH 至 8.5—9.0(由黄变红，再多加 2 滴)，用二硫腙—三氯甲烷溶液 (0.5 g/L) 提取至三氯甲烷层绿色不变为止，再用三氯甲烷洗二次，弃去三氯甲烷层，水层加盐酸溶液 (1+1) 至呈酸性，加水至 100 mL，混匀；（9）柠檬酸铵溶液 (200 g/L)：称取 50g 柠檬酸铵，溶于 100 mL 水中，加 2 滴酚红指示液 (1 g/L)，加氨水溶液 (1+1)，调 pH 至 8.5 ~ 9.0，用二硫腙—三氯甲烷溶液 (0.5 g/L) 提取数次，每次 10 mL ~ 20 mL，至三氯甲烷层绿色不变为止，弃去三氯甲烷层，再用三氯甲烷洗二次，每次 5 mL，弃去三氯甲烷层，加水稀释至 250 mL，混匀；（10）氰化钾溶液 (100 g/L)：称取 10g 氰化钾，用水溶解后稀释至 100 mL，混匀；（11）二硫腙使用液：吸取 1.0 mL 二硫腙—三氯甲烷溶液 (0.5 g/L)，加三氯甲烷至 10 mL，混匀。用 1cm 比色杯，以三氯甲烷调节零点，于波长 510 nm 处测吸光度 (A)，用式 (5—3) 算出配制 100 mL 二硫腙使用液 (70% 透光率) 所需二硫腙—三氯甲烷溶液 (0.5 g/L) 的毫升数 (V)。量取计算所得体积的二硫腙—三氯甲烷溶液，用三氯甲烷稀释至 100 mL。

$$V = \frac{10 \times (2 - \lg 70)}{A} = \frac{1.55}{A} \qquad (5—3)$$

（四）标准品

硝酸铅 [Pb(NO$_3$)$_2$，CA s 号：10099-74-8]：纯度 >99.99%。或经国家认证并授予标准物质证书的一定浓度的铅标准溶液。

（五）仪 器

（1）分光光度计；（2）分析天平：感量 0.1 mg 和 1 mg；（3）可调式电热炉；（4）可调式电热板。

（六）样品处理

称取试样 1 ~ 5g（精确到 0.001g）于锥形瓶或高脚烧杯中，放数粒玻璃珠，加 10 mL 混合酸（9+1），加盖浸泡过夜，加一小漏斗于电炉上消解，若变棕黑色，再加混合酸，直至冒白烟，消化液呈无色透明或略带黄色，放冷，用滴管将试样消化液洗入或过滤入（视消化后试样的盐分而定）10 ~ 25 mL 容量瓶中，用水少量多次洗涤锥形瓶或高脚烧杯，洗液合并于容量瓶中并定容至刻度，混匀备用；同时做试剂空白试验。

（七）测 定

（1）仪器条件：根据各自仪器性能调至最佳状态。测定波长 510 nm。

（2）标准曲线绘制：吸取 0 mL、0.100 mL、0.200 mL、0.300 mL、0.400 mL 和 0.500 mL 铅标准使用液（相当于 0μg、1.00μg、2.00μg、3.00μg、4.00μg 和 5.00μg 铅）分别置于 125 mL 分液漏斗中，各加硝酸溶液 (5+95) 至 20 mL。再各加 2 mL 柠檬酸铵溶液 (200 g/L)，1 mL 盐酸羟胺溶液 (200 g/L) 和 2 滴酚红指示液 (1 g/L)，用氨水溶液 (1+1) 调至红色，再各加 2 mL 氰化钾溶液 (100 g/L)，混匀。各加 5 mL 二硫腙使用液，剧烈振摇 1 min，静置分层后，三氯甲烷层经脱脂棉滤入 1cm 比色杯中，以三氯甲烷调节零点于波长 510 nm 处测吸亮度，以铅的质量为横坐标，吸亮度值为纵坐标，制作标准曲线。

（3）试样测定：将试样溶液及空白溶液分别置于 125 mL 分液漏斗中，各加硝酸溶液至 20 mL。于消解液及试剂空白液中各加 2 mL 柠檬酸铵溶液 (200 g/L)，1 mL 盐酸羟胺溶液 (200 g/L) 和 2 滴酚红指示液 (1 g/L)，用氨水溶液 (1+1) 调至红色，再各加 2 mL 氰化钾溶液 (100 g/L)，混匀。各加 5 mL 二硫腙使用液，剧烈振摇 1 min，静置分层后，三氯甲烷层经脱脂棉滤入 1cm 比色杯中，于波长 510 nm 处测吸亮度，与标准系列比较定量。

（八）结果计算

试样中铅含量的计算公式与氢化物发生原子荧光光谱法测定食品中总砷含量的公式 (5-2) 相同。

三、食品中汞的测定

汞又称水银，是人体机能非必需的微量元素，汞在人体内积蓄可引起人体积蓄性汞中毒，导致骨节疼痛等症状。1956 年发生在日本的"水俣病"是世界上第一例由环境污染所致的慢性汞中毒事件，共计死亡 206 人。

汞分为总汞和甲基汞。国家标准中规定的总汞的测定方法是冷原子吸收光谱法和原子荧光光谱分析法，甲基汞的测定方法是液相色谱—原子荧光光谱联用方法。下面介绍冷原子吸收光谱法和液相色谱—原子荧光光谱联用方法。

（一）冷原子吸收光谱法测定食品中的汞

1. 原　理

汞蒸气对波长 253.7 nm 的共振线具有强烈的吸收作用。样品经过酸消解或催化酸消解使汞转为离子状态，在强酸性介质中以氯化亚锡还原成元素汞，以氮气或干燥空气作为载体，将元素汞吹入汞测定仪，进行冷原子吸收测定，在一定浓度范围，其吸收值与汞含量成正比，与标准系列比较定量。

2. 主要试剂

（1）酸（0.5+99.5）：取 0.5 mL 硝酸，慢慢加入 50 mL 水中，然后加水稀释至 100 mL；（2）硝酸—重铬酸钾溶液（5+0.05+94.5）：称取 0.05g 重铬酸钾，溶于水中，加入 5 mL 硝酸，用水稀释至 100 mL；（3）氯化亚锡溶液（100 g/L）：称取 10 g 氯化亚锡，溶于 20 mL 盐酸中，以水稀释至 100 mL，临用时现配；（4）汞标准储备液：准确称取 0.135 4 g 经干燥器干燥过的二氧化汞，溶于硝酸—重铬酸钾溶液中，移入 100 mL 容量瓶中，以硝酸—重铬酸钾溶液稀释至刻度，混匀。每毫升此溶液含 1.0 mg 汞；（5）汞标准使用液：由 1.0 mg/mL 汞标准储备液经硝酸—重铬酸钾溶液稀释成 2.0 ng/mL、4.0 ng/mL、6.0 ng/mL、8.0 ng/mL、10.0 ng/mL 汞标准使用液。

3. 仪　器

（1）双光束测汞仪（附气体循环泵、气体干燥装置、汞蒸气发生装置及汞蒸气吸收瓶）；（2）压力消解器、压力消解罐或压力溶弹。

4. 测定

（1）样品预处理在采样和制备过程中，应注意不使样品污染。储于塑料瓶中，保存备用。

（2）样品消解，采用压力罐消解。

（3）测　定

①仪器使用条件：打开测汞仪，预热 1 ~ 2 h，并将仪器性能调至最佳状态。

②标准曲线绘制：吸取上面配制的汞标准使用液 2.0 ng/mL、4.0 ng/mL、6.0 ng/mL、8.0 ng/mL、10.0 ng/mL 各 5.0 mL（相当于 10.0ng、20.0ng、30.0ng、40.0ng、50.0ng 汞），置于测汞仪的汞蒸气发生器的还原瓶中，分别加入 1.0 mL 还原剂氯化亚锡（100 g/L），迅速盖紧瓶塞，随后有气泡产生，从仪器读数显示的最高点测得其吸收值，然后打开吸收瓶上的三通阀将产生的汞蒸气吸收于高锰酸钾溶液（50 g/L）中，待测汞仪上的读数达到零点时进行下一次测定。求得吸光值与汞质量关系的一元线性回归方程。

③样品测定：分别吸取样液和试剂空白液各 5.0 mL，置于测汞仪的汞蒸气发生器的

还原瓶中，以下按标准曲线绘制自"分别加入 1.0 mL 还原剂氯化亚锡"起进行。将所测得的吸收值代人标准系列的一元线性回归方程中求得样液中的汞含量。

5. 结果计算

$$X = \frac{m_1 - m_2 \times \dfrac{V_1}{V_2} \times 1\,000}{m_3 \times 1\,000}$$

（5-4）

式中：

X——样品中的汞含量，$\mu g/kg$（$\mu g/L$）；

m_1——测定样品消化液中汞的质量，ng；

m_2——试剂空白液中汞的质量，ng；

V_1——样品消化液总体积，mL；

V_2——测定用样品消化液体积，mL；

m_3——样品的质量或体积，g 或 mL。

（二）液相色谱——原子荧光光谱联用方法测定食品中的甲基汞

1. 原　理

食品中甲基汞经超声波辅助 5 mol/L 盐酸溶液提取后，使用 C18 反相色谱柱分离，色谱流出液进入在线紫外消解系统，在紫外光照射下与强氧化剂过硫酸钾反应，甲基汞转变为无机汞。酸性环境下，无机汞与硼氢化钾在线反应生成汞蒸气，由原子荧光光谱仪测定。由保留时间定性，外标法峰面积定量。

2. 试剂和材料

（1）试剂：① 甲醇（Ch_3Oh）：色谱纯；② 氢氧化钠（$NaOh$）；③ 氢氧化钾（KOh）；④ 硼氢化钾（KBh_4）：分析纯；⑤ 过硫酸钾（$K_2S_2O_8$）：分析纯；⑥ 乙酸铵（Ch_3COONh_4）：分析纯；⑦ 盐酸（hC_1）；⑧ 氨水（$Nh_3 \cdot h_2O$）；⑨ L—半胱氨酸（$L-h sCh_2Ch(Nh_2)COOh$）：分析纯。

（2）试剂配制

① 流动相（5% 甲醇 +0.06 mol/L 乙酸铵 +0.01% L—半胱氨酸：称取 0.5g L—半胱氨酸，2.2g 乙酸铵，置于 500 mL 容量瓶中，用水溶解，再加入 25 mL 甲醇，最后用水定容至 500 mL。经 0.45 μm 有机系滤膜过滤后，于超声水浴中超声脱气 30 min。现用现配。

② 盐酸溶液（5 mol/L）：量取 208 mL 盐酸，溶于水并稀释至 500 mL。

③ 盐酸溶液 10%(体积比）：量取 100 mL 盐酸，溶于水并稀释至 1000 mL。

④ 氢氧化钾溶液 (5 g/L)：称取 5.0 g 氢氧化钾，溶于水并稀释至 1000 mL。

⑤ 氢氧化钠溶液（6 mol/L）：称取 24 g 氢氧化钠，溶于水并稀释至 100 mL。

⑥ 硼氢化钾溶液（2 g/L）：称取 2.0 g 硼氢化钾，用氢氧化钾溶液（5 g/L) 溶解并稀释至 1000 mL。现用现配。

⑦ 过硫酸钾溶液（2 g/L）：称取 1.0 g 过硫酸钾，用氢氧化钾溶液（5 g/L) 溶解并稀释至 500 mL。现用现配。

⑧L-半胱氨酸溶液（10 g/L）：称取 0.1 g L—半胱氨酸，溶于 10 mL 水中。现用现配。

⑨甲醇溶液（1+1）：量取甲醇 100 mL，加入 100 mL 水中，混匀。

（3）标准品：①氯化汞（hgCl₂），纯度 ≥ 99 %；②氯化甲基汞（hgCh₃Cl），纯度 ≥ 99%。

（4）标准溶液配制

①氯化汞标准储备液 (200 μg/mL，以 hg 计)：准确称取 0.027 0 g 氯化汞，用 0.5 g/L 重铬酸钾的硝酸溶液溶解，并稀释、定容至 100 mL。于 4 ℃冰箱中避光保存，可保存两年。

②甲基汞标准储备液（200 μg/mL，以 hg 计）：准确称取 0.025 0 g 氯化甲基汞，加少量甲醇溶解，用甲醇溶液（1+1）稀释和定容至 100 mL。于 4 ℃冰箱中避光保存，可保存两年。

③混合标准使用液（1.00 μg/mL，以 hg 计）：准确移取 0.50 mL 甲基汞标准储备液和 0.50 mL 氯化汞标准储备液，置于 100 mL 容量瓶中，以流动相稀释至刻度，摇匀。此混合标准使用液中，两种汞化合物的浓度均为 1.00 μg/mL。现用现配。

3.仪器和设备

（1）液相色谱—原子荧光光谱联用仪（LC—AF s）：由液相色谱仪、在线紫外消解系统及原子荧光光谱仪组成；（2）天平：感量为 0.1 mg 和 1.0 mg；（3）组织匀浆器；（4）高速粉碎机；（5）冷冻干燥机；（6）离心机：最大转速 10 000 r/min；（7）超声清洗器。

4.分析步骤

（1）试样预处理

①在采样和制备过程中，应注意不使试样污染。

②粮食、豆类等样品去杂物后粉碎均匀，装入洁净聚乙烯瓶中，密封保存备用。

③蔬菜、水果、鱼类、肉类及蛋类等新鲜样品，洗净晾干，取可食部分匀浆，装入洁净聚乙烯瓶中，密封，于 4 ℃冰箱冷藏备用。

（2）试样提取

称取样品 0.50 g ~ 2.0 g(精确至 0.001 g)，置 15 mL 塑料离心管中，加入 10 mL 的盐酸溶液 (5 mol/L)，放置过夜。室温下超声水浴提取 60 min. 期间振摇数次。4 ℃下以 8000 r/min 转速离心 15 min。准确吸取 2.0 mL 上清液至 5 mL 容量瓶或刻度试管中，逐滴加入氢氧化钠溶液 (6 mol/L)，使，样液 pH 为 2 ~ 7。加入 0.1 mL 的 L—半胱氨酸溶液（10 g/L），最后用水定容至刻度。0.45 μm 有机系滤膜过滤，待测，同时做空白试验。

（3）仪器参考条件

①液相色谱参考条件：a.色谱柱：C18 分析柱（柱长 150 mm，内径 4.6 mm，粒径 5 μm)，C18 预柱（柱长 10 mm，内径 4.6 mm，粒径 5 μm)；b.流速：1.0 mL/min；c.进样体积：100 μL。

②原子荧光检测参考条件

a. 负高压：300 V；b. 汞灯电流：30 mA；c. 原子化方式：冷原子；d. 载液：10% 盐酸溶液；e. 载液流速：4.0 mL/min；f. 还原剂：2 g/L 硼氢化钾溶液；g. 还原剂流速 4.0 mL/min；h. 氧化剂：2 g/L 过硫酸钾溶液，氧化剂流速 1.6 mL/min；i. 载气流速：500 mL/min；j. 辅助气流速：600 mL/min。

（4）标准曲线制作

取 6 支 10 mL 容量瓶，分别准确加入混合标准使用液（1.00 μg/mL）0.00 mL、0.010 mL、0.020 mL、0.040 mL、0.060 mL 和 0.10 mL，用流动相稀释至刻度。此标准系列溶液的浓度分别为 0.0 ng/mL、1.0 ng/mL、2.0 ng/mL、4.0 ng/mL、6.0 ng/mL 和 10.0 ng/mL。吸取标准系列溶液 100 μL 进样，以标准系列溶液中目标化合物的浓度为横坐标，以色谱峰曲积为纵坐标，绘制标准曲线。

试样溶液的测定：将试样溶液 100 μL 注入液相色谱原子荧光光谱联用仪中，得到色谱图，以保留时间定性。以外标法峰曲积定量。平行测定次数不少于两次。

5. 分析结果的表述

试样中甲基汞按式（5—5）计算：

$$X = \frac{f \times c - c_0 \times V \times 1\,000}{m \times 1\,000 \times 1\,000} \qquad (5—5)$$

式中：

X——试样中甲基汞的含量，单位为毫克每千克（mg/kg）；

f——稀释因子；

c——经标准曲线得到的测定液中甲基汞的浓度，单位为纳克每毫升（ng/mL）；

c_0——经标准曲线得到的空白溶液中甲基汞的浓度，单位为纳克每毫升（ng/mL）；

V——加入提取试剂的体积，单位为毫升（mL）；

1 000——换算系数；

M——试样称样量，单位为克（g）。

四、食品中镉的测定

镉是对人体有害的元素，在自然界中多以化合态存在，含量很低，大气中含镉量一般不超过 0.003 μg/m³，水中不超过 10 μg/L，每千克土壤中不超过 0.5 mg。这样低的浓度，不会影响人体健康。环境受到镉污染后，镉可在生物体内富集，通过食物链进入人体，引起慢性中毒。慢性镉中毒主要影响肾脏，最典型的例子是日本著名的公害病——痛痛病。慢性镉中毒还可引起贫血。急性镉中毒，大多是由于在生产环境中一次吸入或摄入大量镉化物引起的，如肺炎、肺水肿、呼吸困难、呕吐、胃肠痉挛、腹疼、腹泻等症状，甚至可因肝肾综合征死亡。

下面介绍石墨炉原子吸收光谱法测定食品中的镉。

（一）原理

试样经灰化或酸消解后，注入一定量样品消化液于原子吸收分光亮度计石墨炉中，电热原子化后吸收 228.8 nm 共振线，在一定浓度范围内，其吸亮度值与镉含量成正比，采用标准曲线法定量。

（二）试剂和材料

所用玻璃仪器均需以硝酸溶液（1+4）浸泡 24 h 以上，用水反复冲洗，最后用去离子水冲洗干净。

1. 试剂

（1）硝酸（hNO_3）：优级纯；（2）盐酸（hCl）：优级纯；（3）高氯酸（$hClO_4$）：优级纯；（4）过氧化氢（h_2O_2，30%）；（5）磷酸二氢铵（$Nh_4h_2PO_4$）。

2. 试剂配制

（1）硝酸溶液（1%）：取 10.0 mL 硝酸加入 100 mL 水中，稀释至 1 000 mL；（2）盐酸溶液（1+1）：取 50 mL 盐酸慢慢加入 50 mL 水中；（3）硝酸—高氯酸混合溶液（9+1），取 9 份硝酸与 1 份高氯酸混合；（4）磷酸二氢铵溶液（10 g/L）：称取 10.0 g 磷酸二氢铵，用 100 mL 硝酸溶液（1%）溶解后定量移入 1 000 mL 容量瓶，用硝酸溶液（1%）定容至刻度。

3. 标准品

金属镉（Cd）标准品，纯度为 99.99% 或经国家认证并授予标准物质证书的标准物质。

4. 标准溶液配制

（1）镉标准储备液（1 000 mg/L）：准确称取 1 g 金属镉标准品（精确至 0.000 1 g）于小烧杯中，分次加 20 mL 盐酸溶液（1+1）溶解，加 2 滴硝酸，移入 1 000 mL 容量瓶中，用水定容至刻度，混匀；或购买经国家认证并授予标准物质证书的标准物质。

（2）镉标准使用液（100 ng/mL）：吸取镉标准储备液 10.0 mL 于 100 mL 容量瓶中，用硝酸溶液（1%）定容至刻度，如此经多次稀释成每毫升含 100.0ng 镉的标准使用液。

（3）镉标准曲线工作液：准确吸取镉标准使用液 0 mL、0.50 mL、1.0 mL、1.5 mL、2.0 mL、3.0 mL 于 100 mL 容量瓶中，用硝酸溶液（1%）定容至刻度，即得到含镉量分别为 0 ng/mL、0.50 ng/mL、1.0 ng/mL、1.5 ng/mL、2.0 ng/mL、3.0 ng/mL 的标准系列溶液。

（三）仪器和设备

（1）原子吸收分光亮度计，附石墨炉；（2）镉空心阴极灯；（3）电子天平：感量为 0.1 mg 和 1 mg；（4）可调温式电热板、可调温式电炉；（5）马弗炉；（6）恒温干燥箱；（7）压力消解器、压力消解罐；（8）微波消解系统：配聚四氟乙烯或其他合适的压力罐。

（四）分析步骤

1. 试样制备

（1）干试样：粮食、豆类，去除杂质；坚果类去杂质、去壳；磨碎成均匀的样品，颗粒度不大于 0.425 mm。储于洁净的塑料瓶中，并标明标记，于室温下或按样品保存条件下保存备用。

（2）鲜（湿）试样：蔬菜、水果、肉类、鱼类及蛋类等，用食品加工机打成匀浆或碾磨成匀浆，储于洁净的塑料瓶中，并标明标记，于 –18 ～ –16 ℃冰箱中保存备用。

（3）液态试样：按样品保存条件保存备用。含气样品使用前应除气。

2. 试样消解

（1）压力消解罐消解法：称取干试样 0.3 ～ 0.5 g（精确至 0.000 1 g）、鲜（湿）试样 1 ～ 2 g（精确到 0.001 g）于聚四氟乙烯内罐，加硝酸浸泡过夜。再加过氧化氢溶液（30%）2 ～ 3 mL（总量不能超过罐容积的 1/3）。盖好内盖，旋紧不锈钢外套，放入恒温干燥箱，120—160 ℃保持 4 ～ 6 h，在箱内自然冷却至室温，打开后加热硝酸至近干，将消化液洗入 10 mL 或 25 mL 容量瓶中，用少量硝酸溶液（1%）洗涤内罐和内盖 3 次，洗液合并于容量瓶中并用硝酸溶液（1%）定容至刻度，混匀备用；同时做试剂空白试验。

（2）微波消解：称取干试样 0.3 ～ 0.5 g（精确至 0.000 1 g）、鲜（湿）试样 1 ～ 2 g（精确到 0.001 g）置于微波消解罐中，加 5 mL 硝酸和 2 mL 过氧化氢。微波消化程序可以根据仪器型号调至最佳条件。消解完毕，待消解罐冷却后打开，消化液呈无色或淡黄色，加热硝酸至近干，用少量硝酸溶液（1%）冲洗消解罐 3 次，将溶液转移至 10 mL 或 25 mL 容量瓶中，并用硝酸溶液（1%）定容至刻度，混匀备用；同时做试剂空白试验。

（3）湿式消解法：称取干试样 0.3 ～ 0.5 g（精确至 0.000 1 g）、鲜（湿）试样 1 ～ 2 g（精确到 0.001 g）于锥形瓶中，放数粒玻璃珠，加 10 mL 硝酸—高氯酸混合溶液（9+1），加盖浸泡过夜，加一小漏斗在电热板上消化，若变棕黑色，再加硝酸，直至冒白烟，消化液呈无色透明或略带微黄色，放冷后将消化液洗入 10 ～ 25 mL 容量瓶中，用少量硝酸溶液（1%）洗涤锥形瓶 3 次，洗液合并于容量瓶中并用硝酸溶液（1%）定容至刻度，混匀备用；同时做试剂空白试验。

（4）干法灰化：称取 0.3 ～ 0.5 g 干试样（精确至 0.000 1 g）、鲜（湿）试样 1 ～ 2 g（精确到 0.001 g）、液态试样 1 ～ 2 g（精确到 0.001 g）于瓷坩埚中，先小火在可调式电炉上炭化至无烟，移入马弗炉 500 ℃灰化 6 ～ 8 h，冷却。若个别试样灰化不彻底，加 1 mL 混合酸在可调式电炉上小火加热，将混合酸蒸干后，再转入马弗炉中 500 ℃继续灰化 1 ～ 2 h，直至试样消化完全，呈灰白色或浅灰色。放冷，用硝酸溶液（1%）将灰分溶解，将试样消化液移入 10 mL 或 25 mL 容量瓶中，用少量硝酸溶液（1%）洗涤瓷坩埚 3 次，洗液合并于容量瓶中并用硝酸溶液（1%）定容至刻度，混匀备用；同时做试剂空白试验。

3. 仪器参考条件

根据所用仪器型号将仪器调至最佳状态。原子吸收分光亮度计（附石墨炉及镉空心阴极灯）测定参考条件如下：

（1）波长 228.8 nm，狭缝 0.2 ～ 1.0 nm，灯电流 2 ～ 10 mA，干燥温度 105 ℃，干燥时间 20 s；（2）灰化温度 400 ℃～ 700 ℃，灰化时间 20 ～ 40 s；（3）原子化温度 1 300 ℃～ 2 300 ℃，原子化时间 3 ～ 5 s；（4）背景校正为氘灯或塞曼效应。

4.标准曲线的制作

将标准曲线工作液按浓度由低到高的顺序各取 2 μL 注入石墨炉，测其吸亮度值，以标准曲线工作液的浓度为横坐标，相应的吸亮度值为纵坐标，绘制标准曲线并求出吸亮度值与浓度关系的一元线性回归方程。

标准系列溶液应不少于 5 个点的不同浓度的镉标准溶液，相关系数不应小于 0.995。如果有自动进样装置，也可用程序稀释来配制标准系列。

5.试样溶液的测定

于测定标准曲线工作液相同的实验条件下，吸取样品消化液 20 μL（可根据使用仪器选择最佳进样量），注入石墨炉，测其吸亮度值。代入标准系列的一元线性回归方程中求样品消化液中镉的含量，平行测定次数不少于两次。若测定结果超出标准曲线范围，用硝酸溶液（1%）稀释后再行测定。

6.基体改进剂的使用

对有干扰的试样，和样品消化液一起往石墨炉加入基体改进剂磷酸二氢铵溶液（10 g/L），绘制标准曲线时也要加入与试样测定时等量的基体改进剂。

（五）分析结果的表述

试样中镉的含量按式（5-6）进行计算：

$$x = \frac{C_1 - C_0 \times V}{m \times 1\,000} \tag{5—6}$$

式中：

x ——试样中镉的含量，mg/kg 或 mg/L；

C_1 ——试样消化液中镉的含量，ng/mL；

C_0 ——空白液中镉的含量，ng/mL；

V ——试样消化液定容总体积，mL；

m ——试样质量或体积，g 或 mL；

1 000——换算系数。

第二节　食品中亚硝酸盐、硝酸盐的检测

硝酸盐和亚硝酸盐广泛存在于人类环境中，是自然界中最普遍的含氮化合物。食物中的亚硝酸盐多由硝酸盐转化还原生成。硝酸盐是自然界广泛存在的一种无机盐，人类的食物与饮水中均含有一定量的硝酸盐，一般情况下硝酸盐含量甚微，不至于使人中毒，但在某些情况下，食物中的硝酸盐含量激增，极易引起人体中毒。存在于食物中的过量硝酸盐，在一系列细菌的硝基还原酶的作用下，可被还原成亚硝酸盐，食物中过量的亚硝酸盐，是引起人体中毒、致癌、死亡的重要原因之一。硝酸盐在食物中过量存在的问题，已引起了广大科学界的关注，同时也引起了食品卫生监督人员的高度重视。

一、亚硝酸盐的作用

1. 发色作用。亚硝酸盐在肉制品中首先被还原成亚硝酸，生成的 hNO_2 性质不稳定，在常温下分解为亚硝基，亚硝基很快与肌红蛋白反应生成一氧化氮肌红蛋白，这是一种含 Fe^{2+} 的鲜亮红色的化合物。这种物质性质稳定，即使加热 Fe^{2+} 与 NO^- 也不易分离，这就使肉制品呈现诱人的鲜红色，增加消费者的购买欲，提高肉制品的商品性。

2. 抑菌作用。亚硝酸盐是良好的抑菌剂，它在 pH4.5 ~ 6.0 的范围内对金黄色葡萄球菌和肉毒梭菌的生长起到抑制作用，其主要作用机理在于 NO_2^- 与蛋白质生成一种复合物（铁—HITROY 复合物），从而阻止丙酮降解生成 ATP，抑制了细菌的生长繁殖；而且硝酸盐及亚硝酸盐在肉制品中形成 hNO_2 后，分解产生 NO_2，再继续分解成 NO^- 和 O_2，氧可抑制深层肉中严格厌氧的肉毒梭菌的繁殖，从而防止肉毒梭菌产生肉毒毒素而引起的食物中毒，起到了抑菌防腐的作用。

3. 腌制作用。亚硝酸盐与食盐作用改变了肌红细胞的渗透压，增加盐分的渗透作用，促进肉制品成熟风味的形成，可以使肉制品具有弹性，口感良好，消除原料肉的异味，提高产品品质。

4. 螯合和稳定作用。在肉制品腌制过程中，亚硝酸盐能使泡涨的胶原蛋白的数量增多，从而增加肉的黏度和弹性，是良好的螯合剂。另外，亚硝酸盐能提高肉品的稳定性，防止脂肪氧化而产生的不良风味。

二、亚硝酸盐的危害与防治

亚硝酸盐是一种允许使用的食品添加剂，但大剂量的亚硝酸盐会使血色素中二价铁氧化成为三价铁，产生大量高铁血红蛋白，从而使其失去携氧和释氧能力，引起全身组织缺氧，产生肠源性青紫症。当少量的亚硝酸盐进入血液时，形成的高铁血红蛋白通过以上还原机制自行缓解，不表现缺氧等中毒症状。但如果进入的亚硝酸盐过多，使高铁血红蛋白的形成速度超过还原速度，则出现高铁血红蛋白血症，即产生亚硝酸盐中毒。人体摄入 0.3 ~ 0.5 g 亚硝酸盐可引起中毒，3 g 可致死。

引起亚硝酸盐中毒主要原因是误食。由于市场上硝酸酸盐和亚硝酸盐销售比较混乱，使用中又缺乏有效的监管，因而每年都有因误将亚硝酸盐当作食盐使用引起的急性中毒事件发生。另外，食品中添加亚硝酸盐过量也可能引起中毒。由于中枢神经对缺氧最敏感，并有头晕、头痛、心率加速、呼吸急促、恶心、呕吐、腹痛等症状，严重者可以引起呼吸困难、循环衰竭和中枢神经损害，出现心律不齐、昏迷，常死于呼吸衰竭。

需要注意的还有亚硝酸盐被摄入到胃里后，在胃酸作用下与蛋白质分解产物二级胺反应生成亚硝胺。胃内还有一类细菌叫硝酸还原菌，也能使亚硝酸盐与胺类结合成亚硝胺，胃酸缺乏时，此类细菌生长旺盛，故不论胃酸多少均有利于亚硝胺的产生。亚硝胺具有强烈的致癌作用，主要引起食管癌、胃癌、肝癌和大肠癌等。在已知的 100 多种亚硝胺类化合物中，已证实有 80% 左右可使动物致癌，而且目前尚未发现有一种动物能受亚硝胺而不致癌。亚硝胺具有对任何器官诱发肿瘤的能力，特别是它可通过胎盘传给后代引起癌肿。

　　除上述危害外，亚硝酸盐还能够通过胎盘进入婴儿体内，6 个月以内的婴儿对亚硝酸盐特别敏感，对胎儿有致畸作用。欧共体建议亚硝酸盐不得用于婴儿食品，而硝酸盐应限制使用。20 世纪 80 年代南澳县有一种新生儿先天性畸形，主要是中枢神经系统疾病，经对流行病的大量调查，发现地下水含硝酸根离子较高是致病的原因。另有研究指出，水中含硝酸根超过 15 mg/L 时，先天畸形的风险提高 4 倍。研究认为，高硝酸盐摄入能减少人体对碘的吸收，从而导致甲状腺肿。

　　为了控制硝酸盐和亚硝酸盐的用量，许多国家都制定了限量卫生标准以限制其使用范围和使用量。我国《食品安全国家标准食品添加剂使用标准》（GB 2760—2014）规定：亚硝酸盐用于腌腊肉制品、酱卤肉制品、熏、烧、烤肉类、西式火腿、肉灌肠类、发酵肉制品类时，亚硝酸盐 [以亚硝酸钠（钾）计] 的最大使用量为 0.5 g。

　　防治亚硝酸盐的危害应从饮食方面减少摄入量。①食剩的熟菜在高温下存放长时间后不可再食用。②不喝长时间煮熬的蒸锅剩水。③尽量少吃或不吃腌制、熏制、腊制的鱼、肉类、香肠、腊肉、火腿、罐头食品、盐腌不久的菜（包括腌制时间在 24 h 之内的咸菜）。④禁食腐烂变质蔬菜或变质的腌菜。白菜食用时，应注意剥掉外面几层含有相当多的硝酸盐的菜叶。人们选购蔬菜时应注意观察其外表，如果黄瓜、土豆、西葫芦的外表下渗出黄点，反映硝酸盐含量高。⑤多吃一些含 VC 和 VE 丰富的蔬菜、水果以及茶叶、食醋等可以阻止亚硝酸盐的形成。

　　另外，还要从食品生产加工等方面严格控制。①妥善保管亚硝酸盐，防止误食。②严格食品添加剂卫生管理，控制硝酸盐、亚硝酸盐作为发色剂的使用范围、使用剂量及食品残留量。联合国粮农组织（FAO）、世界卫生组织（WHO）、联合国食品添加剂法规委员会（JECFA）建议在目前还没有理想代替品之前，把用量限制在最低水平。③在土壤中施用钼肥以减少粮食、蔬菜中亚硝酸盐含量。钼肥在植物中起到的作用是固氮和还原硝酸盐。大白菜和萝卜使用钼肥后，VC 含量比对照组高 38%，亚硝酸盐平均下降 26.5%。若植物缺钼，则硝酸盐含量增加。④改良水质，对饮用水中含硝酸盐较高的地区进行水质处理。⑤低温保存食物，以减少蛋白质分解和亚硝酸盐生成。⑥防止微生物污染和食物霉变。做好食品保藏，防止蔬菜、鱼、肉腐败变质，产生亚硝酸盐及仲胺。⑦合理加工、烹调操作可降低蔬菜中可食部分硝酸盐含量。商品蔬菜经过烧煮后，硝酸盐含量下降幅度为 50% ~ 70%；蔬菜食前经过沸水浸泡 3 min 处理能有效降低硝酸盐含量，且效果好于清水浸泡 10 分钟或锅炒 3 min；将马铃薯放在浓度为 1% 的食盐水或 VC 溶液中浸泡一昼夜，马铃薯中硝酸盐的含量可减少 90%；蔬菜在烹调食用前先焯水、弃汤后再烹炒可大大降低其中的硝酸盐含量。⑧加强监督管理。美国、法国、德国等国家已制定了一系列的法令，对食品（包括蔬菜、罐头、肉制品和乳制品）中硝酸盐的含量进行了限制。在荷兰、比利时、德国等国家，蔬菜必须持有合格证方可进入蔬菜商店。合格证上记录着硝酸盐的准确含量，消费者通过使用一种试纸条可立即证实硝酸盐含量。相比之下，我国这方面的工作还存在许多要完善的地方。

亚硝酸盐的检测方法包括分光亮度法、催化亮度法、荧光亮度法、流动注射分光亮度法、化学发光法、伏安法、极谱法、气相色谱法、高效液相色谱法、离子色谱法、毛细管电泳法、比色法等。下面介绍离子色谱法和分光亮度法测定食品中的亚硝酸盐。

三、离子色谱法测定食品中亚硝酸盐和硝酸盐

试样经沉淀蛋白质、除去脂肪后，采用相应的方法提取和净化，以氢氧化钾溶液为淋洗液，阴离子交换柱分离，电导检测器检测。以保留时间定性，外标法定量。

1. 试剂和材料：①超纯水：电阻率 $>18.2\ m\Omega\cdot cm$；②乙酸（Ch_3COOh）：分析纯；③氢氧化钾（KOh）：分析纯；④乙酸溶液（3%）：量取乙酸 3 mL 于 100 mL 容量瓶中，以水稀释至刻度，混匀；⑤亚硝酸根离子（NO_2^-）标准溶液（100 mg/L，水基体）；⑥硝酸根离子（NO_3^-）标准溶液（1 000 mg/L，水基体）；⑦亚硝酸盐（以 NO_2^- 计，下同）和硝酸盐（以 NO_3^- 计，下同）混合标准使用液：准确移取亚硝酸根离子（NO_2^-）和硝酸根离子（NO_3^-）的标准溶液各 1.0 mL 于 100 mL 容量瓶中，用水稀释至刻度，此溶液每 1L 含亚硝酸根离子 1.0 mg 和硝酸根离子 10.0 mg。

2. 仪器和设备：①离子色谱仪；②食物粉碎机；③超声波清洗器；④天平：感量为 0.1 mg 和 1 mg；⑤离心机：转速 ≥ 10 000 转/分钟，配 5 mL 或 10 mL 离心管；⑥ 0.22 μm 水性滤膜针头滤器；⑦净化柱：包括 C18 柱、Ag 柱和 Na 柱或等效柱；⑧注射器：1.0 mL 和 2.5 mL。

3. 试样预处理：① 新鲜蔬菜、水果：将试样用去离子水洗净，晾干后，取可食部切碎混匀。将切碎的样品用四分法取适量，用食物粉碎机制成匀浆备用。如需加水应记录加水量。② 肉类、蛋、水产及其制品：用四分法取适量或取全部，用食物粉碎机制成匀浆备用。③ 乳粉、豆奶粉、婴儿配方粉等固态乳制品（不包括干酪）：将试样装入能够容纳 2 倍试样体积的带盖容器中，通过反复摇晃和颠倒容器使样品充分混匀直到使试样均一化。④ 发酵乳、乳、炼乳及其他液体乳制品：通过搅拌或反复摇晃和颠倒容器使试样充分混匀。⑤ 干酪：取适量的样品研磨成均匀的泥浆状。为避免水分损失，研磨过程中应避免产生过多的热量。

4. 提取：① 水果、蔬菜、鱼类、肉类、蛋类及其制品等：称取试样匀浆 5 g（精确至 0.01 g，可适当调整试样的取样量，以下相同），以 80 mL 水洗入 100 mL 容量瓶中，超声提取 30 min，每隔 5 min 振摇一次，保持固相完全分散。于 75 ℃水浴中放置 5 min，取出放置至室温，加水稀释至刻度。溶液经滤纸过滤后，取部分溶液于 10000 r/min 离心 15 min，上清液备用。② 腌鱼类、腌肉类及其他腌制品：称取试样匀浆 2 g（精确至 0.01g），以 80 mL 水洗入 100 mL 容量瓶中，超声提取 30 min，每 5 min 振摇一次，保持固相完全分散。于 75 ℃水浴中放置 5 min，取出放置至室温，加水稀释至刻度。溶液经滤纸过滤后，取部分溶液于 10000 r/min 离心 15 min，上清液备用。③ 乳：称取试样 10g（精确至 0.01g），置于 100 mL 容量瓶中，加水 80 mL，摇匀，超声 30 min，加入 3% 乙酸溶液 2 mL，于 4 ℃放置 20 min，取出放置至室温，加水稀释至刻度。溶液经滤纸过

滤，取上清液备用。④ 乳粉：称取试样 2.5 g（精确至 0.01 g），置于 100 mL 容量瓶中，加水 80 mL，摇匀，超声 30 min，加入 3% 乙酸溶液 2 mL，于 4 ℃ 放置 20 min，取出放置至室温，加水稀释至刻度。溶液经滤纸过滤，取上清液备用。

取上述备用的上清液约 15 mL，通过 0.22μm 水性滤膜针头滤器、C18 柱，弃去前面 3 mL，收集后面洗脱液待测。

固相萃取柱使用前需进行活化，如使用 OnGuard Ⅱ RP 柱（1.0 mL）、OnGuard Ⅱ Ag 柱（1.0 mL）和 OnGuard Ⅱ Na 柱（1.0 mL），其活化过程为：OnGuard Ⅱ RP 柱（1.0 mL）使用前依次用 10 mL 甲醇、15 mL 水通过，静置活化 30 min。OnGuard Ⅱ Ag 柱（1.0 mL）和 OnGuard Ⅱ Na 柱（1.0 mL）用 10 mL 水通过，静置活化 30 min。

5. 参考色谱条件：① 色谱柱：氢氧化物选择性，可兼容梯度洗脱的高容量阴离子交换柱，如 Dionex IonPac As11—hC 4 mm×250 mm（带 IonPacAG11—hC 型保护柱 4 mm×50 mm），或性能相当的离子色谱柱。② 淋洗液：一般试样：氢氧化钾溶液，浓度为 6～70 mmol/L；洗脱梯度为 6 mmol/L30 min，70 mmol/L5 min，6 mmol/L5 min；流速 1.0 mL/min。粉状婴幼儿配方食品：氢氧化钾溶液，浓度为 5～50 mmol/L；洗脱梯度为 5 mmol/L 33 min，50 mmol/L 5 min，5 mmol/L 5 min；流速 1.3 mL/min。③ 抑制器：连续自动再生膜阴离子抑制器或等效抑制装置。④ 检测器：电导检测器，检测池温度为 35 ℃。⑤ 进样体积：50μL（可根据试样中被测离子含量进行调整）。

6. 测定：移取亚硝酸盐和硝酸盐混合标准使用液，加水稀释，制成系列标准溶液，含亚硝酸根离子浓度为 0.00 mg/L、0.02 mg/L、0.04 mg/L、0.06 mg/L、0.08 mg/L、0.10 mg/L、0.15 mg/L、0.20 mg/L；硝酸根离了浓度为 0.0 mg/L、0.2 mg/L、0.4 mg/L、0.6 mg/L、0.8 mg/L、1.0 mg/L、1.5 mg/L、2.0 mg/L 的混合标准溶液，从低到高浓度依次进样。得到上述各浓度标准溶液的色谱图。以亚硝酸根离子或硝酸根离子的浓度（mg/L）为横坐标，以峰高（μs）或峰面积为纵坐标，绘制标准曲线或计算线性回归方程。

分别吸取空白和试样溶液 50μL，在相同工作条件下，依次注入离子色谱仪中，记录色谱图。根据保留时间定性，分别测量空白和样品的峰高（μs）或峰面积。试样中亚硝酸盐（以 NO_2^-）或硝酸盐（以 NO_3^- 计）含量按式（5-7）计算：

$$X = \frac{c - c_0 \times V \times f \times 1\,000}{m \times 1\,000} \qquad (5—7)$$

式中：

X ——试样中亚硝酸根离子或硝酸根离子的含量，mg/kg；

c ——测定用试样溶液中的亚硝酸根离子或硝酸根离子浓度，mg/L；

c_0 ——试剂空白液中亚硝酸根离子或硝酸根离子的浓度，mg/L；

V ——试样溶液体积，mL；

f ——试样溶液稀释倍数；

m ——试样取样量，g。

试样中测得的亚硝酸根离子含量乘以换算系数 1.5，即得亚硝酸盐（按亚硝酸钠计）含量；试样中测得的硝酸根离子含量乘以换算系数 1.37，即得硝酸盐（按硝酸钠计）含量。

四、分光亮度法测定食品中亚硝酸盐和硝酸盐

亚硝酸盐采用盐酸萘乙二胺法测定，硝酸盐采用镉柱还原法测定。试样经沉淀蛋白质、除去脂肪后，在弱酸条件下亚硝酸盐与对氨基苯磺酸重氮化后，再与盐酸萘乙二胺耦合形成紫红色染料，外标法测得亚硝酸盐含量。采用镉柱将硝酸盐还原成亚硝酸盐，测得亚硝酸盐总量，由此总量减去亚硝酸盐含量，即得试样中硝酸盐含量。

（1）试剂和材料：①亚铁氰化钾 [$K_4Fe（CN）6 \cdot 3h_2O$]；②乙酸锌 [$Zn（Ch_3COO）_2 \cdot 2h_2O$]；③冰醋酸（$Ch_3COOh$）；④硼酸钠（$Na_2B_4O_7 \cdot 10h_2O$）；⑤盐酸（1.19 g/mL）；⑥氨水（25%）；⑦对氨基苯磺酸（$C_6h_7NO_3s$）；⑧盐酸萘乙二胺（$C_{12}h_{14}N_2 \cdot 2hCl$）；⑨亚硝酸钠（$NaNO_2$）；⑩硝酸钠（$NaNO_3$）；⑪锌皮或锌棒；⑫硫酸镉；⑬亚铁氰化钾溶液（106 g/L）：称取 106.0g 亚铁氰化钾，用水溶解，并稀释至 1 000 mL；⑭乙酸锌溶液（220 g/L）：称取 220.0 g 乙酸锌，先加 30 mL 冰醋酸溶解，用水稀释至 1 000 mL；⑮饱和硼砂溶液（50 g/L）：称取 5.0g 硼酸钠，溶于 100 mL 热水中，冷却后备用；⑯氨缓冲溶液（pH9.6 ~ 9.7）：量取 30 mL 盐酸，加 100 mL 水，混匀后加 65 mL 氨水，再加水稀释至 1000 mL，混匀。调节 pH 至 9.6 ~ 9.7；⑰氨缓冲液的稀释液：量取 50 mL 氨缓冲溶液，加水稀释至 500 mL，混匀；⑱盐酸（0.1 mol/L）：量取 5 mL 盐酸，用水稀释至 600 mL；⑲对氨基苯磺酸溶液（4 g/L）：称取 0.4 g 对氨基苯磺酸，溶于 100 mL20%（体积比）盐酸中，置棕色瓶中混匀，避光保存；⑳盐酸萘乙二胺溶液（2 g/L）：称取 0.2 g 盐酸萘乙二胺，溶于 100 mL 水中，混匀后，置棕色瓶中，避光保存；㉑亚硝酸钠标准溶液（200 μg/mL）：准确称取 0.100 0 g 于 110 ℃ ~ 120 ℃干燥恒重的亚硝酸钠，加水溶解移入 500 mL 容量瓶中，加水稀释至刻度，混匀；㉒亚硝酸钠标准使用液（5.0 μg/mL）：临用前，吸取亚硝酸钠标准溶液 5.00 mL，置于 200 mL 容量瓶中，加水稀释至刻度；㉓硝酸钠标准溶液（200 μg/mL，以亚硝酸钠计）：准确称取 0.1232 g 于 110 ℃ ~ 120 ℃干燥恒重的硝酸钠，加水溶解，移入 500 mL 容量瓶中，并稀释至刻度；㉔硝酸钠标准使用液（5 μg/mL）：临用时吸取硝酸钠标准溶液 2.50 mL，置于 100 mL 容量瓶中，加水稀释至刻度。

2. 仪器和设备：①天平：感量为 0.1 mg 和 1 mg；②组织捣碎机；③超声波清洗器；④恒温干燥箱；⑤分光光度计。

3. 镉柱：①海绵状镉的制备：投入足够的锌皮或锌棒于 500 mL 硫酸镉溶液（200 g/L）中，经过 3 h ~ 4 h，当其中的镉全部被锌置换后，用玻璃棒轻轻刮下，取出残余锌棒，使镉沉底，倾去上层清液，以水用倾泻法多次洗涤，然后移入组织捣碎机中，加 500 mL 水，捣碎约 2 s，用水将金属细粒洗至标准筛上，取 20 ~ 40 目之间的部分。

②镉柱的装填：如图 5-2。用水装满镉柱玻璃管，并装入 2 cm 高的玻璃棉做垫，将

玻璃棉压向柱底时，应将其中所包含的空气全部排出，在轻轻敲击下加入海绵状镉至8～10 cm 高，上面用 1 cm 高的玻璃棉覆盖，上置一贮液漏斗，末端要穿过橡皮塞与镉柱玻璃管紧密连接。

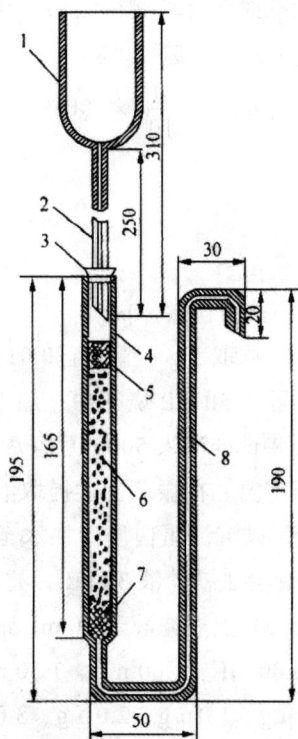

图 5—2　镉柱示意图

1—贮液漏斗，内径 35 mm，外径 37 mm；2—进液毛细管，内径 0.4 mm，外径 6 mm；3—橡皮塞；4—镉柱玻璃管，内径 12 mm，外径 16 mm；5、7—玻璃棉；6—海绵状镉；8—出液毛细管，内径 2 mm，外径 8 mm。

如无上述镉柱玻璃管时，可以 25 mL 酸式滴定管代用，但过柱时要注意始终保持液面在镉层之上。当镉柱填装好后，先用 25 mL 盐酸（0.1 mol/L）洗涤，再以水洗两次，每次 25 mL，镉柱不用时用水封盖，随时都要保持水平面在镉层之上，不得使镉层夹有气泡。

镉柱每次使用完毕后，应先以 25 mL 盐酸（0.1 mol/L）洗涤，再以水洗两次，每次 25 mL，最后用水覆盖镉柱。镉柱还原效率的测定：吸取 20 mL 硝酸钠标准使用液，加入 5 mL 氨缓冲液的稀释液，混匀后注入贮液漏斗，使流经镉柱还原，以原烧杯收集流出液，当贮液漏斗中的样液流完后，再加 5 mL 水置换内径柱内留存的样液。取 10.0 mL 还原后的溶液（相当 10 μg 亚硝酸钠）于 50 mL 比色管中，吸取 0.00 mL、0.20 mL、0.40 mL、0.60 mL、0.80 mL、1.00 mL、1.50 mL、2.00 mL、2.50 mL 亚硝酸钠标准使用液（相当于 0.0 μg、1.0 μg、2.0 μg、3.0 μg、4.0 μg、5.0 μg、7.5 μg、10.0 μg、

12.5μg 亚硝酸钠），分别置于 50 mL 带塞比色管中。于标准管与试样管中分别加入 2 mL 对氨基苯磺酸溶液，混匀，静置 3 ~ 5 min 后各加入 1 mL 盐酸萘乙二胺溶液，加水至刻度，混匀，静置 15 min，用 2 cm 比色杯，以零管调节零点，于波长 538 nm 处测吸亮度，绘制标准曲线。根据标准曲线计算测得结果，与加入量一致，还原效率应大于 98% 为符合要求。还原效率按式（5—8）进行计算。

$$X = \frac{A}{10} \times 100\% \qquad (5—8)$$

式中：

　　X ——还原效率，%；

　　A ——测得亚硝酸钠的含量，μg；

　　10——测定用溶液相当亚硝酸钠的含量，μg。

4. 分析步骤：试样处理同上。称取 5 g（精确至 0.01 g）制成匀浆的试样（如制备过程中加水，应按加水量折算），置于 50 mL 烧杯中，加 12.5 mL 饱和硼砂溶液，搅拌均匀，以 70 ℃左右的水约 300 mL 将试样洗入 500 mL 容量瓶中，于沸水浴中加热 15 min，取出置冷水浴中冷却，并放置至室温。在振荡上述提取液时加入 5 mL 亚铁氰化钾溶液，摇匀，再加入 5 mL 乙酸锌溶液，以沉淀蛋白质。加水至刻度，摇匀，放置 30 min，除去上层脂肪，上清液用滤纸过滤，弃去初滤液 30 mL，滤液备用。

亚硝酸盐的测定。吸取 40.0 mL 上述滤液于 50 mL 带塞比色管中，另吸取 0.00 mL、0.20 mL、0.40 mL、0.60 mL、0.80 mL、1.00 mL、1.50 mL、2.00 mL、2.50 mL 亚硝酸钠标准使用液（相当于 0.0μg、1.0μg、2.0μg、3.0μg、4.0μg、5.0μg、7.5μg、10.0μg、12.5μg 亚硝酸钠），分别置于 50 mL 带塞比色管中。于标准管与试样管中分别加入 2 mL 对氨基苯磺酸溶液，混匀，静置 3 ~ 5 min 后各加入 1 mL 盐酸萘乙二胺溶液，加水至刻度，混匀，静置 15 min，用 2 cm 比色杯，以零管调节零点，于波长 538 nm 处测吸亮度，绘制标准曲线比较。同时做试剂空白。

硝酸盐的测定。镉柱还原先以 25 mL 稀氨缓冲液冲洗镉柱，流速控制在 3 ~ 5 mL/min（以滴定管代替的可控制在 2 ~ 3 mL/min）。吸取 20 mL 滤液于 50 mL 烧杯中，加 5 mL 氨缓冲溶液，混合后注入贮液漏斗，使流经镉柱还原，以原烧杯收集流出液，当贮液漏斗中的样液流尽后，再加 5 mL 水置换柱内留存的样液。将全部收集液如前再经镉柱还原一次，第二次流出液收集于 100 mL 容量瓶中，继以水流经镉柱洗涤三次，每次 20 mL，洗液一并收集于同一容量瓶中，加水至刻度，混匀。

亚硝酸钠总量的测定。吸取 10 ~ 20 mL 还原后的样液于 50 mL 比色管中。以下按操作同亚硝酸盐测定过程。亚硝酸盐（以亚硝酸钠计）的含量按式（5—9）进行计算。

$$X_1 = \frac{A_1 \times 1\,000}{m \times \dfrac{V_1}{V_0} \times 1\,000} \qquad (5—9)$$

式中：

X_1——试样中亚硝酸钠的含量，mg/kg；

A_1——测定用样液中亚硝酸钠的质量，μg；

m——试样质量，g；

V_1——测定用样液体积，mL；

V_0——试样处理液总体积，mL。

硝酸盐（以硝酸钠计）的含量按式（5—10）进行计算。

$$X_2 = \left[\frac{A_2 \times 1\,000}{m \times \dfrac{V_2}{V_1} \times \dfrac{V_4}{V_3} \times 1\,000} - X_1 \right] \times 1.232 \qquad (5{-}10)$$

式中：

X_2——试样中硝酸钠的含量，mg/kg；

A_2——经镉粉还原后测得总亚硝酸钠的质量，μg；

m——试样的质量，g；

1.232——亚硝酸钠换算成硝酸钠的系数；

V_2——测总亚硝酸钠的测定用样液体积，mL；

V_0——试样处理液总体积，mL；

V_3——经镉柱还原后样液总体积，mL；

V_4——经镉柱还原后样液的测定用体积，mL；

X_1——由式（5—9）计算出的试样中亚硝酸钠的含量，mg/kg。

五、紫外分光亮度法测定蔬菜、水果中硝酸盐

（一）原　理

用 pH9.6～9.7 的氨缓冲液提取样品中硝酸根离子，同时加活性炭去除色素类，加沉淀剂去除蛋白质及其他干扰物质，利用硝酸根离子和亚硝酸根离子在紫外区 219 nm 处具有等吸收波长的特性，测定提取液的吸亮度，其测得结果为硝酸盐和亚硝酸盐吸亮度的总和。鉴于新鲜蔬菜、水果中亚硝酸盐含量甚微，可忽略不计。测定结果为硝酸盐的吸亮度，可从工作曲线上查得相应的质量浓度，计算样品中硝酸盐的含量。

（二）试剂和材料

（1）试剂：①盐酸 (hCl，ρ=1.19 g/mL)；②氨水 ($Nh_3 \cdot h_2O$，25%)；③亚铁氰化钾 [$K_4Fe(CN)6 \cdot 3h_2O$]；④硫酸锌 ($ZnSO_4 \cdot 7h_2O$)；⑤正辛醇 ($C_8H_{18}O$)；⑥活性炭（粉状）。

（2）试剂配制：①氨缓冲溶液 (pH9.6～9.7)：量取 20 mL 盐酸，加入到 500 mL 水中，混合后加入 50 mL 氨水，用水定容至 1000 mL，调 pH 至 9.6～9.7；②亚铁氰化钾溶液 (150 g/L)：称取 150 g 亚铁氰化钾溶于水，定容至 1000 mL；③硫酸锌溶液 (300 g/L)：称取 300g 硫酸锌溶于水，定容至 1 000 mL。

（3）标准品：硝酸钾（KNO_3，CAs号：7757—79—1）：基准试剂，或采用具有标准物质证书的硝酸盐标准溶液。

（4）标准溶液配制：①硝酸盐标准储备液（500 mg/L，以硝酸根计）：称取0.203 9 g于110 ℃～120 ℃干燥至恒重的硝酸钾，用水溶解并转移至250 mL容量瓶中，加水稀释至刻度，混匀。此溶液硝酸根质量浓度为500 mg/L，于冰箱内保存。②硝酸盐标准曲线工作液：分别吸取0 mL、0.2 mL、0.4 mL、0.6 mL、0.8 mL、1.0 mL和1.2 mL硝酸盐标准储备液于50 mL容量瓶中，加水定容至刻度，混匀。此标准系列溶液硝酸根质量浓度分别为0 mg/L、2.0 mg/L、4.0 mg/L、6.0 mg/L、8.0 mg/L、10.0 mg/L和12.0 mg/L。

（三）仪器和设备

（1）紫外分光光度计；（2）分析天平：感量0.01 g和0.000 1 g；（3）组织捣碎机；（4）可调式往返振荡机；（5）pH计：精度为0.01。

4.分析步骤

1.试样制备

选取一定数量有代表性的样品，先用自来水冲洗，再用水清洗干净，晾干表面水分，用四分法取样，切碎，充分混匀，于组织捣碎机中匀浆（部分少汁样品可按一定质量比例加入等量水），在匀浆中加1滴正辛醇消除泡沫。

2.提　取

称取10g(精确至0.01 g)匀浆试样（如制备过程中加水，应按加水量折算）于250 mL锥形瓶中，加水100 mL，加入5 mL氨缓冲溶液(pH=9.6～9.7)，2 g粉末状活性炭。振荡（往复速度为200次/min)30 min。定量转移至250 mL容量瓶中，加入2 mL150 g/L亚铁氰化钾溶液和2 mL 300 g/L硫酸锌溶液，充分混匀，加水定容至刻度，摇匀，放置5 min，上清液用定量滤纸过滤，滤液备用。同时做空白实验。

3.测　定

根据试样中硝酸盐含量的高低，吸取上述滤液2 mL～10 mL于50 mL容量瓶中，加水定容至刻度，混匀。用1 cm石英比色皿，于219 nm处测定吸亮度。

4.标准曲线的制作

将标准曲线工作液用1 cm石英比色皿，于219 nm处测定吸亮度。以标准溶液质量浓度为横坐标，吸亮度为纵坐标绘制工作曲线。

（五）结果计算

硝酸盐（以硝酸根计）的含量按式(5—11)计算：

$$X = \frac{\rho \times V_6 \times V_8}{m_6 \times V_7} \tag{5—11}$$

式中：

X——试样中硝酸盐的含量，单位为毫克每千克（mg/kg）；

ρ——由工作曲线获得的试样溶液中硝酸盐的质量浓度，单位为毫克每升（mg/L）；

V_6——提取液定容体积，单位为毫升（mL）；

V_8——待测液定容体积，单位为毫升 (mL)；

m_6——试样的质量，单位为克 (g)；

V_7——吸取的滤液体积，单位为毫升 (mL)。

第三节　食品中苯并（a）芘的检测

苯并芘又称苯并（a）芘，英文缩写 BaP，是多环芳烃类化合物中的一种，是煤炭、木材、脂肪等物质不完全燃烧时的一种产物，分子式为 $C_{20}h_{12}$，分子量为 252，具有五环结构，其结构式如图 5—5。多环芳烃包括范围很广，结构复杂，毒性强弱也不一样，其中一部分具有致癌活性，并在人类环境中出现。多环芳烃（PAh）中以 BaP 污染最广，含量最多，致癌作用最强，是多环芳烃类化合物中具有代表性的物质，是一种主要的环境和食品污染物，所以一般把苯并芘作为环境和食品受多环芳烃污染的指标和代表。

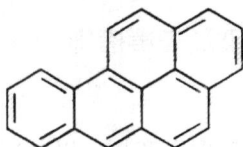

图 5—5　苯并（a）芘结构式

一、苯并（a）芘的性质

BaP 是黄色固体，在碱性溶液中较稳定，但在酸性溶液中不稳定。易与硝酸、过氯酸等起化学反应，对氯、溴等卤族元素的化学亲和力较强，能被活性炭吸附，可利用这一性质除去 BaP。微溶于水，易溶于环己烷、苯、乙醚、丙酮等有机溶剂，在波长为415 ~ 425 nm 的光照射下发出黄绿色荧光，故可用荧光分光亮度计进行测定。

BaP 是已发现的 200 多种多环芳烃中最主要的环境和食品污染物，是一种强致癌物质，对机体各器官，如对皮肤、肺、肝、食道、胃肠等均有致癌作用。

二、苯并（a）芘对食品的污染

（一）食品加工和贮存过程中受到的污染

BaP 是烟中的一个重要成分，所以食品在烟熏过程中会受到污染。

烘烤和油炸是常用的食品加工方法，烘烤时，食品常与燃料产物直接接触，可受到苯并芘的污染。烘烤的温度较高，使有机物质受热分解，经环化、聚合而形成 BaP，使食品中 BaP 的含量增加。特别当食品烤焦或炭化时，BaP 含量显著增加。油炸时，油脂经多次反复加热，可促使脂肪氧化分解产生 BaP，而使油炸制品中 BaP 含量增加。据研究报道，在烤制过程中动物食品所滴下的油滴中 BaP 含量是动物食品本身的 10 ~ 70 倍。

当食品经烟熏或烘烤而烤焦或炭化时，BaP 生成量随着温度的上升而急剧增加。

烟熏和烘烤的食品，BaP 最初主要附着于食品的表层，随着贮存时间的延长，BaP 可逐渐向食品的深部渗透，从而造成更严重的污染。

另外，在食品加工贮存过程中，某些加工设备及包装材料中的 BaP 溶出可污染食品。

（二）环境中的 BaP 对食品的污染

工业生产、交通运输以及日常生活中使用的大量燃料，对环境造成污染。环境中的 BaP 又可转移到植物、粮食以及水产品中，从而对人类健康造成危害。

某些生物体内能合成 BaP，生物还可以通过食物链而将 BaP 浓缩。所以说 BaP 在自然界中广泛存在，极易污染食品。

三、苯并（a）芘对人体的危害

BaP 的毒性作用主要是它的致癌性。BaP 是最早发现的致癌物质，它可诱发多种肿瘤，也是一种致突变的化学物质，含有硝基的 BaP 毒性更大。

四、防止苯并（a）芘的污染及去毒措施

（一）改进食品加工方式

研制新型发烟器，能在更低的温度下产烟，以及用锯末代替木材作为燃料，并对烟进行过滤。这种发烟器所产的烟及其熏制的食品，其 BaP 的含量大大降低。

研制无烟熏制法，将各类鱼和灌肠制品用熏制液进行加工，它们既不含致癌性多环芳烃又能防腐，并赋予食材以熏制食品特有的色、香、味。

粮食作物收割后不准在柏油公路等处脱粒或翻晒，以免被沥青污染；烘烤食品采用间接加热式远红外线照射以防止 BaP 污染食品。

机械转动部分应密封严密，防止润滑油滴漏在食品中，采用植物油替代矿物润滑油，以减少 BaP 对食品的污染，采用无毒无害的涂料涂敷容器。

（二）综合治理"三废"

加强环境污染的管理和监测工作，认真做好工业"三废"的综合利用和治理工作，减少 BaP 对大气、土壤及水体的污染，以降低农作物中 BaP 的含量。

（三）去毒

对 BaP 含量高的食品原料应进行去毒。烟熏食品，除去表面的烟油使产品中 BaP 的含量减少 20% 左右。当食品烤焦时，应刮去表面烤焦部分之后食用。食品中 BaP 经日光或紫外线照射或臭氧等氧化剂处理，可使之失去致癌作用。活性炭是从油脂中除去 BaP 的优良吸附剂。粮谷类经碾磨加工去除表皮后，BaP 含量降低 40% ~ 60%。

五、食品中苯并（a）芘的测定方法

测定食品中 BaP 的方法有薄层色谱法、薄层扫描法、荧光分光亮度法、气相色谱法、高效液相色谱法。薄层色谱能分离纯净的 BaP，由于它无须特殊设备，是我国常用的测

试技术，但仅能达到半定量的水平。薄层扫描法和荧光分光亮度法都是建立在薄层分离和纸层分离基础上的定量，灵敏度可达 0.1 μg/kg。而荧光分光亮度法是目前国际上公认的比较准确的方法，但溶液制备过程中容易造成 BaP 的损失而导致误差。若荧光与薄层色谱或荧光与纸色谱结合使用，将更加有利。高效液相色谱法为最近几年发展起来的方法，灵敏度可达 0.003 ng，它具有分析速度快和分离效率高的优点。气相色谱和气相色谱 - 质谱联用技术近年来广泛用于多环芳烃的测定，气相色谱法可在相当短的时间内测定出 PAh 的多种化合物。用此法测定 BaP 需使用高分辨的玻璃毛细管柱和火焰离子检测器，其优点是灵敏度高并与碳的质量呈性响应。气—质联用技术是鉴定 PAh 的最有效的方法，BaP 也可采用高效液相色谱配合紫外光谱进行检测。所以可根据实验室的条件自由地选择检验方法。

（一）荧光分光亮度法

试样先用有机溶剂提取，或经皂化后提取，再将提取液经液—液分配或色谱柱净化，然后在乙酰化滤纸上分离 BaP，因 BaP 在紫外光照射下呈蓝紫色荧光斑点，将分离后有 BaP 的滤纸部分剪下，用溶剂浸出后，用荧光分光亮度计测荧光强度与标准比较定量。

（1）试剂：①苯：重蒸馏；②环己烷（或石油醚，沸程 300 ℃ ~ 600 ℃）：重蒸馏或经氧化铝柱处理无荧光；③二甲基甲酰胺或二甲基亚砜；④无水乙醇：重蒸馏；⑤乙醇（95%）；⑥无水硫酸钠；⑦氢氧化钾；⑧丙酮：重蒸馏；⑨展开剂：乙醇（95%）—二氯甲烷（2∶1）；⑩硅镁型吸附剂层析用氧化铝（中性）：120 ℃活化 4 h；⑪乙酰化滤纸；⑫ BaP 标准溶液：精密称取 10.0 mg BaP，用苯溶解后移入 100 mL 棕色容量瓶中，并稀释至刻度，此溶液每毫升相当于苯并（a）芘 100 μg；⑬ BaP 标准使用液：吸取 1.00 mL BaP 标准溶液置于 10 mL 容量瓶中，用苯稀释至刻度，同法依次用苯稀释，最后配成每毫升相当于 1.0 mg 及 0.1 μg BaP 两种标准使用液，放置冰箱中保存。

（2）仪器：①脂肪提取器；②层析柱：内径 10 mm，长 350 mm，上端有内径 25 mm，长 80 ~ 100 mm 内径漏斗，下端具有活塞；③层析缸（筒）；④ K—D 全玻璃浓缩器；⑤紫外光灯：带有波长为 365 mn 或 254 nm 的滤光片；⑥回流皂化装置；⑦组织捣碎机；⑧荧光分光光度计。

（3）试样提取：①粮食或水分少的食品：称取 40.0 ~ 60.0 g 粉碎过筛的试样，装入滤纸筒内，用 70 mL 环己烷润湿试样，接收瓶内装 6 ~ 8 g 氢氧化钾、100 mL 乙醇（95%）及 60 ~ 80 mL 环己烷，然后将脂肪提取器接好，于 90 ℃水浴上回流提取 6 ~ 8 h，将皂化液趁热倒入 500 mL 分液漏斗中，并将滤纸筒中的环己烷也从支管中倒入分液漏斗，用 50 mL 乙醇（95%）分两次洗接收瓶，将洗液合并于分液漏斗。加入 100 mL 水，振摇提取 3 min，静置分层（约需 20 min），下层液放入第二分液漏斗，再用 70 mL 环己烷振摇提取一次，待分层后弃去下层液，将环己烷层合并于第一分液漏斗中，并用 6 ~ 8 mL 环己烷淋洗第二分液漏斗，洗液合并。用水洗涤合并后的环己烷提取液三次，每次 100 mL，三次水洗液合并于原来的第二分液漏斗中，用环己烷提取两次，每次 30 mL，振摇 0.5 min，分层后弃去水层液，收集环己烷液并入第一分液漏斗中，于 50 ~ 60 ℃水浴上，减压浓缩至 40 mL，加适量无水硫酸钠脱水。

②植物油：称取 20.0 ~ 25.0 g 的混匀油样，用 100 mL 环己烷分次洗入 250 mL 分液漏斗中，以环己烷饱和过的二甲基甲酰胺提取三次，每次 40 mL，振摇 1 min，合并二甲基甲酰胺提取液，用 40 mL 经二甲基甲酰胺饱和过的环己烷提取一次，弃去环己烷液层。二甲基甲酰胺提取液合并于预先装有 240 mL 硫酸钠溶液（20 g/L）的 500 mL 分液漏斗中，混匀，静置数分钟后，用环己烷提取两次，每次 100 mL，振摇 3 min，环己烷提取液合并于第一个 500 mL 分液漏斗。也可用二甲基亚砜代替二甲基甲酰胺。用 40 ~ 50 ℃温水洗涤环己烷提取液两次，每次 100 mL，振摇 0.5 min，分层后弃去水层液，收集环己烷层，于 50 ℃ ~ 60 ℃水浴上减压浓缩至 40 mL，加适量无水硫酸钠脱水。

③鱼、肉及其制品：称取 50.0 ~ 60.0 g 切碎混匀的试样，再用无水硫酸钠搅拌（试样与无水硫酸钠的比例为 1∶1 或 1∶2，如水分过多则需在 60 ℃左右先将试样烘干），装入滤纸筒内，然后将脂肪提取器接好，加入 100 mL 环己烷于 90 ℃水浴上回流提取 6 ~ 8 h，然后将提取液倒入 250 mL 分液漏斗中，再用 6 ~ 8 mL 环己烷淋洗滤纸筒，洗液合并于 250 mL 分液漏斗中，以下操作同植物油样品操作过程。

④蔬菜：称取 100.0 g 洗净、晾干的可食部分的蔬菜，切碎放入组织捣碎机内，加 150 mL 丙酮，捣碎 2 min。在小漏斗上加少许脱脂棉过滤，滤液移入 500 mL 分液漏斗中，残渣用 50 mL 丙酮分数次洗涤，洗液与滤液合并，加 100 mL 水和 100 mL 环己烷，振摇提取 2 min，静置分层，环己烷层转入另一 500 mL 分液漏斗中，水层再用 100 mL 环己烷分两次提取，环己烷提取液合并于第一个分液漏斗中，再用 250 mL 水，分两次振摇、洗涤，收集环己烷于 50 ~ 60 ℃水浴上减压浓缩至 25 mL，加适量无水硫酸钠脱水。

⑤饮料（如含二氧化碳先在温水浴上加温除去）：吸取 50.0 ~ 100.0 mL 试样于 500 mL 分液漏斗中，加 2 g 氯化钠溶解，加 50 mL 环己烷振摇 1 min，静置分层，水层分于第二个分液漏斗中，再用 50 mL 环己烷提取一次，合并环己烷提取液，每次用 100 mL 水振摇、洗涤两次，收集环己烷于 50 ~ 60 ℃水浴上减压浓缩至 25 mL，加适量无水硫酸钠脱水。

⑥糕点类：称取 50.0 ~ 60.0 g 磨碎试样，装于滤纸筒内，以下处理过程同粮食样品。

（4）净化：于层析柱下端填入少许玻璃棉，先装入 5 ~ 6 cm 的氧化铝，轻轻敲管壁使氧化铝层填实、无空隙，顶面平齐，再同样装入 5 ~ 6 cm 的硅镁型吸附剂，上面再装入 5 ~ 6 cm 无水硫酸钠，用 30 mL 环己烷淋洗装好的层析柱，待环己烷液面流下至无水硫酸钠层时关闭活塞。

将试样环己烷提取液倒入层析柱中，打开活塞，调节流速为 1 mL/min，必要时可用适当方法加压，待环己烷液面下降至无水硫酸钠层时，用 30 mL 苯洗脱，此时应在紫外光灯下观察，以蓝紫色荧光物质完全从氧化铝层洗下为止，如 30 mL 苯不足时，可适当增加苯量。收集苯液于 50 ~ 60 ℃水浴上减压浓缩至 0.1 ~ 0.5 mL（可根据试样中 BaP 含量而定，应注意不可蒸干）。

（5）分离：在乙酰化滤纸条上的一端 5 cm 处，用铅笔画一横线为起始线，吸取一定量净化后的浓缩液，点于滤纸条上，用电吹风从纸条背面吹冷风，使溶剂挥散，同时点 BaP 的标准使用液（1 μg/mL），点样时斑点的直径不超过 3 mm，层析缸（筒）内盛有展开剂，滤纸条下端浸入展开剂约 1 cm，待溶剂前沿至约 20 cm 时取出阴干。

在 365 nm 或 254 nm 紫外光灯下观察展开后的滤纸条，用铅笔画出标准 BaP 及与其同一位置的试样的蓝紫色斑点，剪下此斑点分别放入小比色管中，各加 4 mL 苯加盖，插入 50 ℃ ~ 60 ℃水浴中不时振摇，浸泡 15 min。

（6）测定：将试样及标准斑点的苯浸出液移入荧光分光亮度计的石英杯中，以 365 mn 为激发光波长，以 365 ~ 460 nm 波长进行荧光扫描，所得荧光光谱与标准 BaP 的荧光光谱比较定性。

与试样分析的同时做试剂空白，包括处理试样所用的全部试剂同样操作，分别读取试样、标准及试剂空白于波长 406 nm、（406+5）nm、（406−5）nm 处的荧光强度，按基线法由式（5-12）计算所得的数值，为定量计算的荧光强度。

$$F = F_{406} - \frac{F_{401} + F_{411}}{2} \qquad (5\text{-}12)$$

试样中 BaP 的含量按式（5-13）进行计算。

$$X = \frac{\dfrac{S}{F} \times (F_1 - F_2)}{m \times \dfrac{V_2}{V_1} \times 1000} \qquad (5\text{-}13)$$

式中：

X ——试样中 BaP 的含量，μg/kg；

S ——BaP 标准斑点的质量，μg；

F ——标准的斑点浸出液荧光强度，mm；

F_1 ——试样斑点浸出液荧光强度，mm；

F_2 ——试剂空白浸出液荧光强度，mm；

V_1 ——试样浓缩液体积，mL；

V_2 ——点样体积，mL；

m ——试样质量，g。

（二）目测比色法

试样经提取、净化后于乙酰化滤纸上层析分离 BaP，分离出的 BaP 斑点，在波长 365 nm 的紫外灯下观察，与标准斑点进行目测比色概略定量。所需要的试剂和仪器、试样的提取和净化同荧光亮度法。

吸取 5 μL、10 μL、15 μL、20 μL 或 50 μL 试样浓缩液及 10 μL、20 μL BaP 标准使用液（0.1 μg/mL），点于同一条乙酰化滤纸上，展开，取出阴干。于暗室紫外灯下目测比较，找出相当于标准斑点荧光强度的试样浓缩液体积，如试样含量太高，可稀释后再重点，尽量使试样浓度在两个标准斑点之间。试样中 BaP 的含量按式（5-14）进行计算。

$$X = \frac{m_2}{m_1 \times \dfrac{V_2}{V_1} \times 1000}$$

（5-14）

式中：

X ——试样中 BaP 的含量，$\mu g/kg$；

m_2 ——试样斑点相当 BaP 的质量，μg；

V_1 ——试样浓缩总体积，mL；

V_2 ——点样体积，mL；

m_1 ——试样质量，g。

第四节　食品中亚硝胺类化合物的检测

凡是具 =N—N=O 这种基本结构的化合物统称为 N—亚硝基化合物。亚硝胺是亚硝胺类化合物的简称，包括亚硝胺和亚硝酰胺两类。低分子量的亚硝胺在常温下是黄色液体，高分子量的亚硝胺为固体。除二甲基亚硝胺和二乙基亚硝胺外，均稍溶于水和脂肪，易溶于醇、醚和二氯甲烷等有机溶剂。

亚硝胺类化合物化学性质稳定，不易水解，在中性及碱性条件下较稳定。但在酸性溶液中及紫外光照射下可缓慢分解，在哺乳动物体内经酶解可转化为有致癌活性的代谢物。有的亚硝胺具有挥发性。

一、亚硝胺对食品的污染及毒性作用

食品中霉菌和细菌污染能促进亚硝胺的合成。胺类化合物在酸性介质中，经亚硝化作用易生成亚硝胺。在甲醛催化作用下，胺在碱性介质中也能发生亚硝化而生成亚硝胺。

各种亚硝胺化合物的毒性相差很大，对动物的毒性除少数为剧毒外，一般的毒性较低。亚硝胺类毒性随着烃链的延长而逐渐降低。亚硝胺对动物的毒性常因动物种属不同而异。亚硝胺的急性毒性主要是造成肝脏损伤，包括出血及小叶中心性坏死，还可引起肺出血等。

亚硝胺类化合物是一类强致癌物。目前尚未发现哪种动物能耐受亚硝胺而不致癌的。亚硝胺具有对任何器官诱发肿瘤的能力，被认为是最多面性的致癌物之一。亚硝胺还有致突变和致畸作用。

二、防止食品中亚硝胺致癌的方法

从目前已知的动物实验和流行病学调查资料推测，亚硝胺和人类的癌症有一定关系。

因此，降低食品中的亚硝胺，是预防人类肿瘤及保护人体健康的有效途径之一。

1. 阻断食品中亚硝胺。寻找一些阻断剂与亚硝酸盐反应而减少亚硝胺的合成，如食品加工过程中加入维生素 C 等。

2. 改进食品加工方法。在肉制品加工中，不用或尽量少用硝酸盐及亚硝酸盐。

3. 钼肥的利用。在土壤缺钼地区推广施用钼肥，降低粮食蔬菜中硝酸盐、亚硝酸盐的含量。

4. 改变饮食习惯。多吃新鲜蔬菜、水果及动物食品，特别增加膳食中充足的维生素，同时要注意少食用腌制蔬菜。

三、食品中亚硝胺的测定方法

食品中亚硝胺的含量一般很低，所以，应用痕量分析的方法才能满足需要。测定食品中痕量挥发性亚硝胺的方法，过去常用比色法、薄层色谱法和气相色谱法。比色法测定的是亚硝胺的总量，即在适当的化学条件下，利用亚硝胺分裂产生相应的二级胺和亚硝酸根，再进行重氮、偶合反应，然后比色测定。薄层色谱法和气相色谱法可测定单一亚硝胺的含量，其中薄层色谱可进行定性或半定量测定，也可作为亚硝胺的净化手段，然后将每个斑点刮下来，再使用其他更有效的方法进行测定（如气相色谱法）。气相色谱法是测定单一挥发性亚硝胺较有效的方法，其优点是灵敏度高，并能进一步分辨样品提取液中的亚硝胺和残留杂质。一般采用电子捕获检测器和氢火焰离子化检测器来进行定量分析。

20 世纪 70 年代以来，进一步采用了气相色谱—质谱联用技术，对亚硝胺类化合物的鉴定具有高的分辨率和特异性。可对单一亚硝胺进行准确的定性和定量测定，已逐渐为各国采用。但高分辨率的气质联用仪仅能在大型实验室配备，一般实验室难以承受，尽管气相色谱—热能分析仪法对亚硝胺不是绝对特异，但作为常规检测完全可以替代气相色谱—质谱联用法。

（一）气相色谱—热能分析仪法

试样中 N—亚硝胺经硅藻土吸附或真空低温蒸馏，用二氯甲烷提取、分离，气相色谱—热能分析仪测定。自气相色谱仪分离后的亚硝胺在热解室中经特异性催化裂解产生 NO 基团，后者与臭氧反应生成激发态 NO^*。当激发态 NO^* 返回基态时，发射出近红外区光线（600 ~ 2 800 nm）。产生的近红外区光线被光电倍增管检测（600 ~ 800 nm）。由于特异性催化裂解与冷阱或 CTR 过滤器除去杂质，使热能分析仪仅仅能检测 NO 基团，而成为亚硝胺特异性检测器。仪器的最低检出量为 0.1 ng，在试样取样量为 50 g，浓缩体积为 0.5 mL，进样体积为 10 μL 时，本方法的最低检出浓度为 0.1 μg/kg；在取样量为 20 g，浓缩体积为 1.0 mL，进样体积为 5 μL 时，本方法的最低检出浓度为 1.0 μg/kg。本法适用于啤酒中 N—亚硝基二甲胺含量的测定。

（1）试剂：①二氯甲烷；②氢氧化钠溶液（1 mol/L）；③硅藻土；④氮气；⑤盐酸（0.1 mol/L）；⑥无水硫酸钠；⑦—亚硝胺标准储备液（200 mg/L）：吸取—亚硝胺标

准溶液 10μL（约相当于 10 mg），置于已加入 5 mL 无水乙醇并称重的 50 mL 棕色容量瓶中，称量（准确到 0.000 1 g），用无水乙醇稀释定容，混匀；⑧—亚硝胺标准工作液（200μg/L）：吸取—亚硝胺标准储备液 100μL，置于 10 mL 棕色容量瓶中，用无水乙醇稀释定容，混匀。

（2）仪器：①气相色谱仪；②热能分析仪；③玻璃层析柱；④减压蒸馏装置；⑤K—D 浓缩器；⑥恒温水浴锅。

（3）提取和浓缩：① 硅藻土吸附法：称取 20.00 g 预先脱二氧化碳的试样于 50 mL 烧杯中，加 1 mL 氢氧化钠溶液（1 mol/L）和 1 mL/N—亚硝基二丙胺内标工作液（200μg/L），混匀后备用。将 12 g Extrelut 干法填于层析柱中，用手敲实。将啤酒试样装于柱顶。平衡 10 ~ 15 min 后，用 6×5 mL 二氯甲烷直接洗脱提取。

② 真空低温蒸馏法：在双颈蒸馏瓶中加入 50.00 g 预先脱二氧化碳气的试样和玻璃珠，4 mL 氢氧化钠溶液（1 mol/L），混匀后连接好蒸馏装置。在 53.3kPa 真空度低温蒸馏，待试样剩余 10 mL 左右时，把真空度调节到 93.9kPa，直至试样蒸至近干为止。把蒸馏液移入 250 mL 分液漏斗，加 4 mL 盐酸（0.1 mol/L），用 20 mL 二氯甲烷提取三次，每次 3 min，合并提取液。用 10g 无水硫酸钠脱水。

浓缩时，将二氯甲烷提取液转移至 K—D 浓缩器中，于 55 ℃水浴上浓缩至 10 mL，再以缓慢的氮气吹至 0.4 ~ 1.0 mL，备用。

（4）试样测定：①气相色谱条件：气化室温度 220 ℃。色谱柱温度 175 ℃，或从 75 ℃以每分钟 5 ℃速度升至 175 ℃后维持。色谱柱内径 2 ~ 3 mm，长 2 ~ 3m 玻璃柱或不锈钢柱，内装涂以固定液质量分数为 10% 的聚乙二醇 20 mol/L 和氢氧化钾（10 g/L）或质量分数为 13% 的 Carbowax20M/TPA 于载体 Chromosorb WAW—DMC s（80 ~ 100 目）。载气氩气，流速 20 ~ 40 mL/min。

② 热能分析仪条件：接口温度 250℃，热解室温度 500℃，真空度 133 Pa ~ 266 Pa，冷阱用液氮调至 -150 ℃（可用 CTR 过滤器代替）。

测定时分别注入试样浓缩剂和 N- 亚硝胺标准工作液 5 ~ 10μL，利用保留时间定性，峰高或峰面积定量。试样中 N- 亚硝基二甲胺的含量按式（5-15）进行计算。

$$X = h_1 \times V_2 \times c \times \frac{V}{h_2 \times V_1 \times m} \times 1000 \qquad （5\text{-}15）$$

式中：

X ——试样中 N—亚硝基二甲胺的含量，μg/kg；

h_1 ——试样浓缩中 N—亚硝基二甲胺的峰高（ mm）或峰面积；

h_2 ——标准工作液中 N—亚硝基二甲胺的峰高（ mm）或峰面积；

c ——标准工作液中 N—亚硝基二甲胺的浓度，μg/L；

V_1 ——试样浓缩液的进样体积，μL；

V_2 ——标准工作液的进样体积，μL；

V ——试样浓缩液的浓缩体积，μL；

m ——试样的质量，g。

（二）气相色谱—质谱仪法

试样中的N—亚硝胺类的化合物经水蒸气蒸馏和有机溶剂萃取后，浓缩至一定量，采用气相色谱—质谱联用仪的高分辨峰匹配法进行确认和定量。本法适用于酒类、肉及肉制品、蔬菜、豆制品、茶叶等食品中N—亚硝基二甲胺、N—亚硝基二乙胺、N—亚硝基二丙胺及N—亚硝基吡咯烷含量的测定。

（1）试剂：①二氯甲烷：应用全玻璃蒸馏装置重蒸；②无水硫酸钠；③氯化钠：优级纯；④硫酸（1+3）；⑤氢氧化钠溶液（120 g/L）；⑥—亚硝胺标准溶液：用二氯甲烷作为溶剂，分别配制—亚硝基二甲胺、—亚硝基二乙胺、—亚硝基二丙胺及—亚硝基吡咯烷的标准溶液，使每毫升分别相当于 0.5 mg - 亚硝胺；⑦—亚硝胺标准使用液：在四个 10 mL 容量瓶中，加入适量二氯甲烷，用微量注射器各吸取 100 μL —亚硝胺标准溶液，分别置于上述四个容量瓶中，用二氯甲烷稀释至刻度；⑧耐火砖颗粒：将耐火砖破碎，取直径为 1 ~ 2 mm 的颗粒，分别用乙醇、二氯甲烷清洗后，在马弗炉中（400 ℃）灼烧 1 h，作助沸石使用。

（2）仪器：①水蒸气蒸馏装置；②K—D 浓缩器；③气相色谱—质谱联用仪。

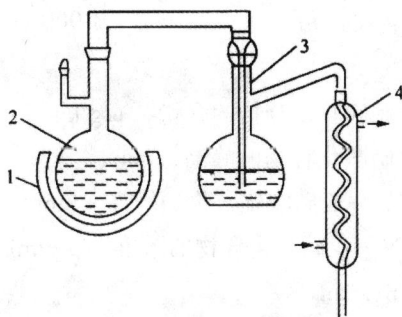

图 5—3　水蒸气蒸馏装置

1—加热器；2—2000 mL 水蒸气发生器；3—1000 mL 蒸馏瓶；4—冷凝器

（3）分析步骤：① 水蒸气蒸馏：称取 200 g 切碎（或绞碎、粉碎）后的试样，置于水蒸气蒸馏装置的蒸馏瓶中（液体试样不加水），摇匀。在蒸馏瓶中加入 120 g 氯化钠，充分摇动，使氯化钠溶解。将蒸馏瓶与水蒸气发生器及冷凝器连接好，并在锥形接受瓶中加入 40 mL 二氯甲烷及少量冰块，收集 400 mL 馏出液（图 5-3）。

② 萃取纯化：在锥形接收瓶中加入 80 g 氯化钠和 3 mL 的硫酸（1+3），搅拌使氯化钠完全溶解。然后转移到 500 mL 分液漏斗中，振荡 5 min，静止分层，将二氯甲烷层分至另一锥形瓶中，再用 120 mL 二氯甲烷分三次提取水层，合并四次提取液，总体积为 160 mL。对于含有较高浓度乙醇的试样，如蒸馏酒、配制酒等，应用 50 mL 氢氧化钠溶

液（120 g/L）洗有机层两次，以除去乙醇的干扰。

③浓缩：将有机层用10 g无水硫酸钠脱水后，转移至 K—D 浓缩器中，加入一粒耐火砖颗粒，于50℃水浴上浓缩1 mL，备用。

④气相色谱—质谱联用测定条件。色谱条件气化室温度190℃，色谱柱温度对 N—亚硝基二甲胺、N—亚硝基二乙胺、N—亚硝基二丙胺、N—亚硝基吡咯烷分别130℃、145℃、130℃、160℃。色谱柱内径1.8～3.0 mm，长2m的玻璃柱，内装质量分数为15%的 PEG-20M 固定液和氢氧化钾溶液（10 g/L）的80～100目 Chromosorb WAW DWCs。载气氦气，流速为40 mL/min。

质谱仪条件：分辨率为7000，离子化电压70 V，离子化电流300μA，离子源温度180℃，离子源真空度 1.33×10^{-4} Pa，界面温度180℃。

测定采用电子轰击源高分辨峰匹配法，用全氟煤油（PFK）的碎片离子（它们的质荷比为68.995 27，99.993 6，130.992 0，99.993 6）分别监视 N—亚硝基二甲胺、N—亚硝基二乙胺、N—亚硝基二丙胺及 N—亚硝基吡咯烷的分子、离子（它们的质荷比为74.048 0，102.079 3，130.110 6，100.063 0），结合它们的保留时间来定性，以示波器上该分子、离子的峰高来定量。试样中某一 N—亚硝胺化合物的含量按式（5-16）进行计算。

$$X = \frac{h_1}{h_2} \times c \times \frac{V}{m} \times \frac{1}{1\,000} \qquad (5\text{-}16)$$

式中：

X ——试样中某一 N—亚硝胺化合物的含量，μg/kg 或 μg/L；

h_1 ——浓缩液中该 N 亚硝胺化合物的峰高，mm；

h_2 ——标准使用液中该 N—亚硝胺化合物的峰高，mm；

c ——标准使用液中该 N—亚硝胺化合物的浓度，μg/mL；

V ——试样浓缩液的体积，mL；

m ——试样质量或体积，g 或 mL。

第五节　食品中多氯联苯的检测

一、多氯联苯的性质及危害

多氯联苯，简称 PCBs，物理性质表现为淡黄色或无色，具有黏性的浓稠液体，一般经过水生生物食物链产生富集现象，在被污染流域的鱼体内浓度可积累至几万或者几十万倍。中毒表现为弱化皮肤组织、神经传导系统、肝脏的正常生理功能，导致体内钙离子代谢紊乱，造成骨骼、牙齿损伤，长期不能去除会有逐渐致癌和诱发遗传变异等恶性后果的可能。

多氯联苯在我国的污染总体上以水体最为严重；大气中的多氯联苯多以气态存在，悬浮颗粒物中含量极低，只要集中于个别城市，总体情况较国外来说，污染程度暂时较轻；土壤污染的后果最严重，但是目前关于土壤多氯联苯污染的报道较少，自 20 世纪 80 年代我国叫停 PCBs 的生产之后，污染主要集中于废旧电力设备拆解集散地区。

多氯联苯难溶于水且具有亲脂性，河流的底泥中一般 PCBs 的含量比水体中高很多倍。虽然目前尚无淡水沉积物中有机污染物质量控制标准，但沉积物中 PCBs 含量在 10 ng/g 以上就认定有污染，50 ng/g 以上为中度污染。由于水生生物体内富集的 PCBs 浓度与水体沉积物 PCBs 浓度在同一数量级上，国际上已经开始通过对海洋中水生生物体内 PCBs 的含量测定，掌握其生长海域中 PCBs 的污染情况。研究表明，水体底泥中累积的 PCBs 会通过食物链逐级放大，在水生生物体内蓄积，并对人类健康产生巨大威胁，因为人类接触的 PCBs 有 90% 来自于食物。

二、稳定性同位素稀释的气相色谱—质谱法测定食品中多氯联苯

（一）原　理

应用稳定性同位素稀释技术，在试样中加入 $^{13}C_{12}$ 标记的 PCBs 作为定量标准，经过索氏提取后的试样溶液经柱色谱层析净化、分离，浓缩后加入回收内标，使用气相色谱—低分辨质谱联用仪，以四极杆质谱选择离子监测（SIM）或离子阱串联质谱多反应监测（MRM）模式进行分析，内标法定量。

（二）试剂和材料

（1）试剂：①正己烷（C_6H_{14}）：农残级；②二氯甲烷（CH_2Cl_2）：农残级；③丙酮（C_3H_6O）：农残级；④甲醇（CH_3OH）：农残级；⑤异辛烷（C_8H_{18}）：农残级；⑥无水硫酸钠（Na_2SO_4）：优级纯；⑦硫酸（H_2SO_4）：含量 95% ~ 98%，优级纯；⑧氢氧化钠（$NaOH$）：优级纯；⑨硝酸银（$AgNO_3$）：优级纯；⑩色谱用硅胶（75 μm ~ 250 μm）⑪ 44% 酸化硅胶：称取活化好的硅胶 100 g，逐滴加入 78.6 g 硫酸，振摇至无块状物后，装入磨口试剂瓶中，干燥器中保存；⑫ 33% 碱性硅胶：称取活化好的硅胶 100 g，逐滴加入 49.2 g 1 mol/L 的氢氧化钠溶液，振摇至无块状物后，装入磨口试剂瓶中，干燥器中保存；⑬ 10% 硝酸银硅胶：将 5.6 g 硝酸银溶解在 21.5 mL 去离子水中，逐滴加入 50 g 活化硅胶中，振摇至无块状物后，装入棕色磨口试剂瓶中，干燥器中保存；⑭碱性氧化铝：色谱层析用碱性氧化铝，660 ℃烘烤 6 h 后，装入磨口试剂瓶中，干燥器中保存。

（2）标准溶液：①时间窗口确定标准溶（表 5-1）液：由各氯取代数的 PCBs 在 DB—5ms 色谱柱上第一个出峰和最后一个出峰的同族化合物组成；②定量内标标准溶液（表 5-2）；③回收率内标标准溶液（表 5-3）；④校正标准溶液（表 5-4）；⑤精确度和准确度实验标准溶液（表 5-4）。

表5-1　GC—Ｍs方法测定的指示性多氯联苯时间窗口确定标准溶液

化合物	氯原子数	浓　度 mg/L
Biphenyl	0	2.5 ± 0.25
PCB1	1	2.5 ± 0.25
PCB3	1	2.5 ± 0.25
PCB10	2	2.5 ± 0.25
PCB15	2	2.5 ± 0.25
PCB30	3	2.5 ± 0.25
PCB37	3	2.5 ± 0.25
PCB54	4	2.5 ± 0.25
PCB77	4	2.5 ± 0.25
PCB104	5	2.5 ± 0.25
PCB126	5	2.5 ± 0.25
PCB155	6	2.5 ± 0.25
PCB169	6	2.5 ± 0.25
PCB188	7	2.5 ± 0.25
PCB189	7	2.5 ± 0.25
PCB194	8	2.5 ± 0.25
PCB202	8	2.5 ± 0.25
PCB206	9	2.5 ± 0.25
PCB208	9	2.5 ± 0.25
PCB209	10	2.5 ± 0.25

表5-2　GC—Ｍs方法中指示性多氯联苯定量内标的标准溶液

化合物	氯原子数	浓　度 mg/L
$^{13}C_{12}$—PCB28	3	2.0
$^{13}C_{12}$—PCB52	4	2.0
$^{13}C_{12}$—PCB118	5	2.0
$^{13}C_{12}$—PCB153	6	2.0
$^{13}C_{12}$—PCB180	7	2.0

化合物	氯原子数	浓 度 mg/L
$^{13}C_{12}$—PCB202	8	2.0
$^{13}C_{12}$—PCB206	9	2.0
$^{13}C_{12}$—PCB209	10	2.0
$^{13}C_{12}$—PCB101	5	2.0
C_{12}—PCB194	8	2.0

表5-3 GC—Ms方法中指示性多氯联苯回收率内标的标准溶液

化合物	氯原子数	浓 度 mg/L
$^{13}C_{12}$—PCB101	5	2.0
$^{13}C_{12}$—PCB194	8	2.0

表5-4 GC—Ms方法中指示性多氯联苯系列标准溶液

目标化合物		浓 度 μg/L				
		Cs1	Cs2	Cs3	Cs4	Cs5
天然化合物	PCB18	20	50	200	800	2000
	PCB28	20	50	200	800	2000
	PCB33	20	50	200	800	2000
	PCB52	20	50	200	800	2000
	PCB44	20	50	200	800	2000
	PCB70	20	50	200	800	2000
	PCB101	20	50	200	800	2000
	PCB118	20	50	200	800	2000
	PCB105	20	50	200	800	2000
	PCB153	20	50	200	800	2000
	PCB138	20	50	200	800	2000
	PCB128	20	50	200	800	2000
	PCB187	20	50	200	800	2000
	PCB180	20	50	200	800	2000

续　表

目标化合物		浓　度 μ g/L				
		Cs1	Cs2	Cs3	Cs4	Cs5
天然化合物	PCB170	20	50	200	800	2000
	PCB199	20	50	200	800	2000
	PCB195	20	50	200	800	2000
	PCB194	20	50	200	800	2000
	PCB206	20	50	200	800	2000
	PCB209	20	50	200	800	200
同位素标记的定量内标	$^{13}C_{12}$—PCB180	400	400	400	400	400
	$^{13}C_{12}$—PCB202	400	400	400	400	400
	$^{13}C_{12}$—PCB206	400	400	400	400	400
	$^{13}C_{12}$—PCB209	400	400	400	400	400
	$^{13}C_{12}$—PCB28	400	400	400	400	400
	$^{13}C_{12}$—PCB52	400	400	400	400	400
同位素标记的定量内标	$^{13}C_{12}$—PCB118	400	400	400	400	400
	$^{13}C_{12}$—PCB153	400	400	400	400	400
同位素标记的回收率内标	$^{13}C_{12}$—PCB101	400	400	400	400	400
	$^{13}C_{12}$—PCB194	400	400	400	400	400

表5-5　GC—M s方法中指示性多氯联苯精确度和准确度试验标准溶液

化合物	浓　度 mg/L	化合物	浓　度 mg/L
PCB18	100	PCB138	100
PCB28	100	PCB128	100
PCB33	100	PCB187	100
PCB52	100	PCB180	100
PCB44	100	PCB170	100
PCB70	100	PCB199	100
PCB101	100	PCB195	100
PCB118	100	PCB194	100

续　表

化合物	浓　度 mg/L	化合物	浓　度 mg/L
PCB105	100	PCB206	100
PCB153	100	PCB209	100

（三）仪器和设备

（1）色谱—四极杆质谱联用仪（GC—M s）或气相色谱—离子阱串联质谱联用仪（GC—M s/M s）；（2）色谱柱：DB—5ms 柱，30 m × 0.25 mm × 0.25 μm，或等效色谱柱；（3）组织匀浆器；（4）绞肉机；（5）旋转蒸发；（6）氮气浓缩器；（7）超声波清洗器；（8）振荡器；（9）分析天平：感量为 0.1 g；（10）玻璃仪器的准备。

（四）分析步骤

（1）试样制备

①预处理：a. 用避光材料，如铝箔、棕色玻璃瓶等包装现场采集的试样，并放入小型冷冻箱中运输到实验室，-10 ℃以下低温冰箱保存。

b. 固体试样如鱼、肉等可使用冷冻干燥或使用无水硫酸钠干燥并充分混匀。油脂类可直接溶于正己烷中进行净化处理。

②提取：a. 提取前，将一空纤维素或玻璃纤维提取套筒装入索氏提取器中，以正己烷＋二氯甲烷（50 ＋ 50）为提取溶剂，预提取 8 h 后取出晾干。

b. 将预处理试样 5.0 g ~ 10.0 g 装入上述处理的提取套筒中，加入 $^{13}C_{12}$ 标记的定量内标，用玻璃棉盖住试样，平衡 30 min 后装入索氏提取器，以适量正己烷＋二氯甲烷（50 ＋ 50）为提取溶剂，提取 18 h ~ 24 h，回流速度控制在每小时 3 次 ~ 4 次。

c. 提取完成后，将提取液转移到茄形瓶中，旋转蒸发浓缩至近干。如分析结果以脂肪计则需要测定试样的脂肪含量。

d. 脂肪含量的测定：浓缩前准确称重茄形瓶，将溶剂浓缩至干后准确称重茄形瓶，两次称重结果的差值为试样的脂肪量。测定脂肪量后，加入少量正己烷溶解瓶中残渣。

③净化：a. 酸性硅胶柱净化：净化柱装填：玻璃柱底端用玻璃棉封堵后从底端到顶端依次填入 4 g 活化硅胶、10 g 酸化硅胶、2 g 活化硅胶、4 g 无水硫酸钠。然后用 100 mL 正己烷预淋洗。

净化：将浓缩的提取液全部转移至柱上，用约 5 mL 正己烷冲洗茄形瓶 3 次 ~ 4 次，洗液转移至柱上。待液面降至无水硫酸钠层时加入 180 mL 正己烷洗脱，洗脱液浓缩至约 1 mL。

如果酸化硅胶层全部变色，表明试样中脂肪量超过了柱子的负载极限。洗脱液浓缩后，制备一根新的酸性硅胶净化柱，重复上述操作，直至硫酸硅胶层不再全部变色。

b. 复合硅胶柱净化：净化柱装填：玻璃柱底端用玻璃棉封堵后从底端到顶端依次填入 1.5 g 硝酸银硅胶、1 g 活化硅胶、2 g 碱性硅胶、1 g 活化硅胶、4 g 酸化硅胶、2 g 活化硅胶、2 g 无水硫酸钠。然后用 30 mL 正己烷＋二氯甲烷（97 + 3）预淋洗。

净化：将经过净化后浓缩洗脱液全部转移至柱上，用约 5 mL 正己烷冲洗茄形瓶 3 次~4 次，洗液转移至柱上。待液面降至无水硫酸钠层时加入 50 mL 正己烷＋二氯甲烷（97 + 3）洗脱，洗脱液浓缩至约 1 mL。

c.碱性氧化铝柱净化：净化柱装填：玻璃柱底端用玻璃棉封堵后从底端到顶端依次填入 2.5 g 经过烘烤的碱性氧化铝、2 g 无水硫酸钠，然后用 15 mL 正己烷预淋洗。

净化：将经过净化后浓缩洗脱液全部转移至柱上，用约 5 mL 正己烷冲洗茄形瓶 3 次~4 次，洗液转移至柱上。当液面降至无水硫酸钠层时加入 30 mL 正己烷（2×15 mL）洗脱柱子，待液面降至无水硫酸钠层时加入 25 mL 二氯甲烷＋正己烷（5+95）洗脱。洗脱液浓缩至近干。

④上机分析前的处理：将净化后的试样溶液转移至进样小管中，在氮气流下浓缩，用少量正己烷洗涤茄形瓶 3 次~4 次，洗涤液也转移至进样内插管中，氮气浓缩至约 50 μL，加入适量回收率内标，然后封盖待上机分析。

（2）仪器参考条件

①色谱条件：a.色谱柱：采用 30m 的 DB—5ms（或相当于 DB—5m s 的其他类型）石英毛细管柱进行色谱分离，膜厚为 0.25μm，内径为 0.25 mm；b.采用不分流方式进样时，进样口温度为 300 ℃；c.色谱柱升温程序如下：初始温度为 100 ℃，保持 2 min；以每分钟 15 ℃升温至 180 ℃；以每分钟 3 ℃升温至 240 ℃；以每分钟 10 ℃升温至 285 ℃并保持 10 min；d.使用高纯氦气（纯度 >99.999%）作为载气。

②质谱参数：a.四极杆质谱仪：电离模式：电子轰击源（EI），能量为 70 eV。

离子检测方式：选择离子监测（SIM），检测 PCBs 时选择的特征离子为分子离子，见表 5—6。

离子源温度为 250 ℃，传输线温度为 280 ℃，溶剂延迟为 10 min。

表5-6　四极杆质谱仪选择离子监测(sIM)的特征离子及同位素丰度比

同族物	特征离子（m/z）	离子类型	理论丰度比	确认离子
T_3CB	256/258	M/M+2	1.03	188[a] 326[b]
T_4CB	290/292	M/M+2	0.78	222[a] 360[b] 326[c]
P_5CB	324/326	M/M+2	0.62	256[a] 396[b] 360[c]
h_6CB	358/360	M/M+2	0.52	290[a] 430[b] 394[c]
h_7CB	394/396	M/2M+4	1.04	324[a] 464[b] 430[c]
O_8CB	428/430	M/2M+4	0.89	358[a] 464[c]
N_9CB	462/464	M/2M+4	0.78	394[a]

续 表

同族物	特征离子（m/z）	离子类型	理论丰度比	确认离子
$D_{10}CB$	498/500	M/4M+6	1.17	428[a]
$^{13}C_{12}$—T_3CB	270	M+2	—	—
$^{13}C_{12}$—T_4CB	304	M+2	—	—
$^{13}C_{12}$—P_5CB	338	M+2	—	—
$^{13}C_{12}$—h_6CB	372	M+2	—	—
$^{13}C_{12}$—h_7CB	406	M+2	—	—
$^{13}C_{12}$—O_8CB	442	M+4	—	—
$^{13}C_{12}$—N_9CB	476	M+4	—	—
$^{13}C_{12}$—$D_{10}CB$	510	M+4	—	—

b. 离子阱质谱仪：电离模式：电子轰击源（EI），能量为 70 eV。

离子检测方式：多反应监测（MRM），检测 PCBs 时选择的母离子为分子离子 (M+2 或 M+4)，子离子为分子离子丢掉两个氯原子后形成的碎片离子（M—2Cl），见表 5-7。

表5-7　串联离子阱质谱仪多重反应监测（MRM）的特征离子及同位素丰度比

同族化合物	母离子（m/z）	子离子（m/z）	理论丰度比
T_3CB	258	186/188	2.00
T_4CB	292	220/222	1.00
P_5CB	326	254/256	0.67
h_6CB	360	288/290	0.50
h_7CB	396	324/326	1.00
O_8CB	430	358/360	0.80
N_9CB	464	392/394	0.67
$D_{10}CB$	498	426/428	0.55
$^{13}C_{12}$—T_3CB	270	198/200	2.00
$^{13}C_{12}$—T_4CB	304	232/234	1.00
$^{13}C_{12}$—P_5CB	338	266/268	0.67
$^{13}C_{12}$—h_6CB	372	300/302	0.50

同族化合物	母离子（m/z）	子离子（m/z）	理论丰度比
$^{13}C_{12}$—h_7CB	408	336/338	1.00
$^{13}C_{12}$—O_8CB	442	370/372	0.80
$^{13}C_{12}$—N_9CB	476	404/406	0.67
$^{13}C_{12}$—$D_{10}CB$	510	438/440	0.55

离子阱温度为 220 ℃，传输线温度 280 ℃，歧盒温度 40 ℃。

（3）灵敏度检查：进样 1μL（20 pg）Cs1 溶液，检查 GC—Ms 灵敏度。要求 3 至 7 氯取代的各化合物检测离子的信噪比应达到 3 以上；否则，应重新进行仪器调谐，直至符合规定。

（4）PCBs 的定性和定量：①PCBs 色谱峰的确认要求：所检测的色谱峰信噪比应在 3 以上。

②监测的两个特征离子的丰度比应在理论范围之内。

③检查色谱峰对应的质谱图，当浓度足够大时，应存在丢掉两个氯原子的碎片离子（M–70）。

④检查色谱峰对应的质谱图，对于三氯联苯至七氯联苯色谱峰中，不能存在分子离子加两个氯原子的碎片离子（M+70）。

⑤被确认的 PCBs 保留时间应处在通过分析窗口确定标准溶液预先确定的时间窗口内。时间窗口确定标准溶液由各氯取代数的 PCBs 在 DB—5ms 色谱柱上第一个出峰和最后一个出峰的同族化合物组成。使用确定的色谱条件、采用全扫描质谱采集模式对窗口确定标准溶液进行分析（1μL），根据各族 PCBs 所在的保留时间段确定时间窗口。由于在 DB—5m s 色谱柱上存在三族 PCBs 的保留时间段重叠的现象，因此在单一时间窗口内需要对不同同族 PCBs 的特征离子进行检测。为保证分析的选择性和灵敏度要求，在确定时间窗口时应使一个窗口中检测的特征离子尽可能少。

（5）分析结果的表述：①本标准中对于 PCB28、PCB52、PCB118、PCB153、PCB180、PCB206 和 PCB209 使用同位素稀释技术进行定量，对其他目标化合物采用内标法定量；对于定量内标的回收率计算使用内标法。本标准所测定的 20 种目标化合物包括了 PCBs 工业产品中的大部分种类。从三氯联苯到八氯联苯每族三个化合物，九氯联苯和十氯联苯各一个。每族使用一个 $^{13}C_{12}$ 标记化合物作为定量内标。计算定量内标回收率的回收内标为两个。在计算定量内标的回收率时，$^{13}C_{12}$—PCB101 作为 $^{13}C_{12}$—PCB28、$^{13}C_{12}$—PCB52、$^{13}C_{12}$—1PCB18 和 $^{13}C_{12}$—PCB153 的回收率内标，$^{13}C_{12}$—PCB194 作为 $^{13}C_{12}$—PCB180、$^{13}C_{12}$—PCB202、$^{13}C_{12}$—PCB206 和 $^{13}C_{12}$—PCB209 的回收率内标。

②相对响应因子（RRF）：本方法采用 RRF 进行定量计算，使用校正标准溶液计算 RRF 值，计算公式见式（5-17）和式（5-18）。

$$RRF_n = \frac{An \times Cs}{As \times Cn} \tag{5—17}$$

$$RRF_r = \frac{As \times Cr}{Ar \times Cs} \tag{5—18}$$

式中：

RRF_n——目标化合物对定量内标的相对响应因子；

A_n——目标化合物的峰面积；

C_s——定量内标的浓度，单位为微克每升（μg/L）；

A_s——定量内标的峰面积；

C_n——目标化合物的浓度，单位为微克每升（μg/L）；

RRF_r——定量内标对回收内标的相对响应因子；

A_r——回收率内标的峰面积；

C_r——回收率内标的浓度，单位为微克每升（μg/L）。

各化合物五个浓度水平的 RRF 值的相对标准偏差（RsD）应小于20%。达到这个标准后，使用平均 RRF_n 和平均 RRF_r 进行定量计算。

③含量计算：试样中 PCBs 含量的计算公式见式（5-19）。

$$C_n = \frac{A_n \times m_s}{A_s \times RRF_n \times m} \tag{5-19}$$

式中：

C_n——试样中 PCBs 的含量，单位为微克每千克（μg/kg）；

A_n——目标化合物的峰面积；

m_s——试样中加入定量内标的量，单位为纳克（ng）；

A_s——定量内标的峰面积；

RRF_n——目标化合物对定量内标的相对响应因子；

m——取样量，单位为克（g）。

三、气相色谱法测定食品中多氯联苯

（一）原　理

本方法以 PCB198 为定量内标，在试样中加入 PCB198，水浴加热振荡提取后，经硫酸处理、色谱柱层析净化，采用气相色谱—电子捕获检测器测定，以保留时间定性，内标法定量。

（二）试剂和材料

（1）试剂：①正己烷（C_6h_{14}）：农残级；②二氯甲烷（Ch_2Cl_2）：农残级；③丙酮（C_3h_6O）：农残级；④无水硫酸钠（Na_2sO_4）：优级纯；⑤浓硫酸（h_2sO_4）：优级纯；⑥碱性氧化铝，色谱层析用碱性氧化铝。

（2）标准溶液：指示性多氯联苯的系列标准溶液（表5-8）。

表5-8　GC—ECD方法中指示性多氯联苯的系列标准溶液

化合物	浓　度 μ g/L				
	C s1	C s2	C s3	C s4	C s5
PCB28	5	20	50	200	800
PCB52	5	20	50	200	800
PCB101	5	20	50	200	800
PCB118	5	20	50	200	800
PCB138	5	20	50	200	800
PCB153	5	20	50	200	800
PCB180	5	20	50	200	800
PCB198（定量内标）	5	20	50	50	50

（三）仪器和设备

（1）气相色谱仪，配电子捕获检测器（ECD)；（2）色谱柱：DB—5ms柱，30m×0.25 mm×0.25μm 或等效色谱柱；（3）组织匀浆器；（4）绞肉机；（5）旋转蒸发仪；（6）氮气浓缩器；（7）超声波清洗器；（8）旋涡振荡器；（9）分析天平；（10）水浴振荡器；（11）离心机；（12）层析柱。

（四）分析步骤

（1）试样提取：①固体试样：称取试样 5 g ~ 10 g(精确到0.1 g)，置具塞锥形瓶中，加入定量内标 PCB198 后，以适当正己院 + 二氯甲烷（50+50) 为提取溶液，于水浴振荡器上提取 2 h，水浴温度力 40 ℃，振荡速度为 200 r/min。

②液体试样（不包括油脂类样品）：称取试样 10 g(精确到0.1 g)，置具塞离心管中，加入定量内标 PCB198 和草酸钠 0.5 g，加甲醇 10 mL 摇匀，加 20 mL 乙醚 + 正己烷（25+75) 振荡提取 20 min，以 3000 r/min 离心 5 min，取上清液过装有 5 g 无水硫酸钠的玻璃柱：残渣加 20 mL 乙醚 + 正己烷（25+75) 重复以上过程，合并提取液。

③将提取液转移到茄形瓶中，旋转蒸发浓缩至近干。如分析结果以脂肪计，则需要测定试样脂肪含量。

④试样脂肪的测定：浓缩前准确称取空茄形瓶重量，将溶剂浓缩至干后，再次准确称取茄形瓶及残渣重量，两次称重结果的差值即为试样的脂肪含量。

（2）净化：①硫酸净化：将浓缩的提取液转移至 10 mL 试管中，用约 5 mL 正己烷洗涤茄形瓶 3 ~ 4 次，洗液并入浓缩液中，用正己烧定容至刻度，并加入 0.5 mL 浓硫酸，振摇 1 min，以 3000 r/min 的转速离心 5 min，使硫酸层和有机层分离。如果上层溶液仍然有颜色，表明脂肪未完全除去，再加入一定量的浓硫酸，重复操作，直至上层溶液呈无色。

②碱性氧化铝柱净化：净化柱装填：玻璃柱底端加入少量玻璃棉后，从底部开始，依次装入 2.5 g 经过烘烤的碱性氧化铝、2 g 无水硫酸钠，用 15 mL 正己烷预淋洗。

净化：将①的浓缩液转移至层析柱上，用约 5 mL 正己烷洗涤茄形瓶 3 次 ~ 4 次，洗液一并转移至层析柱中。当液面降至无水硫酸钠层时，加入 30 mL 正己烷（2×15 mL）洗脱；当液面降至无水硫酸钠层时，用 25 mL 二氯甲烷 + 正己烷（5+95）洗脱。洗脱液旋转蒸发浓缩至近干。

（3）试样溶液浓缩：将上述试样溶液转移至进样瓶中，用少量正己烷洗茄形瓶 3 次 ~ 4 次，洗液并入进样瓶中，在氮气流下浓缩至 1 mL，待 GC 分析。

（五）测定

（1）色谱条件：①色谱柱：DB—5m s 柱，30m×0.25 mm×0.25 μm 等效色谱柱；②进样口温度：290 ℃；③升温程序：开始温度 90 ℃，保持 0.5 min；以每分钟 15 ℃升温至 200 ℃，保持 5 min；以每分钟 2.5 ℃升温至 250 ℃，保持 2 min；以每分钟 20 ℃升温至 265 ℃，保持 5 min；④载气：高纯氮气（纯度 >99.999%），柱前压 67kPa(相当于 l0 psi)；⑤进样量：不分流进样 1 μL；⑥色谱分析：以保留时间定性，以试样和标准的峰高或峰面积比较定量。

（2）PCBs 的定性分析：以保留时间或相对保留时间进行定性分析，所检测的 PCB_s 色谱峰信噪比 (s/N) 大于 3。

（3）PCBs 的定量测定：①相对响应因子（RRF）：采用内标法，以相对响应因子（RRF) 进行定量计算。以校正标准溶液进样，按式（5-20) 计算 RRF 值：

$$RRF = \frac{A_n \times C_s}{A_s \times C_n} \qquad (5\text{-}20)$$

式中：

RRF——目标化合物对定量内标的相对响应因子；

A_n——目标化合物的峰面积；

c_s——定量内标的浓度，单位为微克每升（μg/L）；

A_s——定量内标的峰面积；

c_n——目标化合物的浓度，单位为微克每升（μg/L）。

在系列标准溶液中，各目标化合物的 RRF 值相对标准偏差（R sD) 应小于 20%。

②含量计算：按式（5-21) 计算试样中 PCBs 含量：

$$X_n = \frac{A_n \times m_s}{A_s \times RRF \times m} \qquad (5\text{-}21)$$

式中：

X_n——目标化合物的含量，单位为微克每千克（μg/kg）；

A_n——目标化合物的峰面积；

m_s——试样中加入定量内标的量，单位为纳克（ng）；

A_s——定量内标的峰面积：

RRF——目标化合物对定量内标的相对响应因子；

m——取样量，单位为克（g）。

第六章 食品中添加剂的检验

当人们走进超市，看见琳琅满目、档次不一的各种加工食品摆满了货架，在这些食品的配料表中，人们发现大多都含有食品添加剂成分。在食品加工的各个领域如粮油加工、调味品加工、休闲食品、果蔬保鲜等方面，包括日常生活中的一日三餐都离不开食品添加剂，尽管它在食品中含量不足2%，却在改善食品色、香、味以及调整营养结构、改善食品加工条件、延长保存期等方面有极其重要的作用。食品添加剂改善了人们的生活水平，但是与此同时，由于食品添加剂滥用、非法添加等导致的食品安全问题越来越严重，如2014年爆出用二氧化硫熏出"白富美"豆制品，2013年闹得沸沸扬扬的人造鱼翅、染色枸杞、有毒方便面事件。食品安全事件频发不穷，很多是因食品添加剂滥用与非食用物质恶意添加引发的，这反映出我国在食品添加剂使用过程中存在诸多问题。

第一节 食品添加剂概述

一、食品添加剂

《中华人民共和国食品卫生法》对食品添加剂的定义是："为了改善食品品质和色、香、味以及为满足防腐和加工工艺的需要而加入食品中的化学合成物或者天然物质。"该法还规定了食品强化剂的定义是："为增强营养成分而加入食品中的天然或人工合成的属于天然营养范围的食品添加剂。"

世界各国对此的定义不尽相同。欧共体和联合国规定，食品添加剂"不包括为改进营养价值而加入的物质"，美国规定食品添加剂不但包括营养物质，还包括各种间接使用的添加剂，如包装材料中少量迁移物。

食品添加剂的特点是无营养性，其功能是保持食品营养，防止腐败变质，增强食品感官性状，满足加工工艺要求，提高食品质量。

二、食品添加剂的分类

目前，世界上直接使用的食品添加剂大约有4 000多种，批准使用的3 000多种，常用的有600 ~ 1 000多种。我国包括香料在内的有1 200多种。对各种添加剂中允许使用的品种和用量都做了详细的规定。

按来源分为天然、合成两大类。天然食品添加剂：利用动植物或微生物的代谢提取所得的天然添加剂。一般对人体无害，长期为人们广泛使用，如红曲色素。化学合成的食品添加剂：以煤焦油等化工产品为原料通过化学手段，包括氧化还原、综合、聚合成盐等合成反应所得到的化合物。有的具有一定的毒性，若无限制地使用，对食用者的健康将造成危害。即使被认为是安全的化学合成添加剂，也不属食品的正常成分，它们在生产过程中可能混入有害杂质，这都将影响食品的品质。

按用途分为酸度调节剂、抗结剂、消泡剂、抗氧化剂、漂白剂、膨松剂、胶基糖果中基础剂物质、着色剂、护色剂、乳化剂、酶制剂、增味剂、面粉处理剂、被膜剂、水分保持剂、营养强化剂、防腐剂、稳定剂和凝固剂、甜味剂、增稠剂、食品用香料、食品工业用加工助剂等。

三、食品添加剂的作用

食品添加剂作为食品的重要组成部分。虽然它只在食品中添加 0.01% ~ 0.1%，却对改善食品的性状、提高食品的档次等发挥着极其重要的作用。其主要作用有利于食品的保藏，防止腐败变质。例如，防腐剂的使用，可防止由微生物引起的食品腐败变质。保持和提高食品的营养价值，改善食品的感官性状。例如，适当使用着色剂、发色剂、漂白剂、甜味剂、营养强化剂、食用香料等，则可明显提高食品的营养价值和感官质量，有利于食品的加工操作、适应机械化、连续化大生产。

四、食品添加剂的使用

食品添加剂作为人为引入食品中的外来成分，除了它对某些食品具有特效功能以外，绝大多数对食用者具有一定的毒性，食品添加剂也可能危害健康。例如，过期的食品添加剂，和过期食品一样的有害或更甚；不纯的食品添加剂，如汞、铝等未清除；长期过量食用食品添加剂；使用已禁止使用的食品添加剂。因此，只要人们认真了解食品添加剂的性能和作用，认真检查食品中添加剂的成分、使用量及有效期，就能避免其对人们身体造成的损害，并充分利用食品添加剂的作用，为人们增添更多、更美味新鲜的食品，丰富人们的餐桌。

为保证食品的质量，避免因添加剂使用不当造成不合格食品流入消费领域，在食品的生产、检验、管理中对食品添加剂的测定是十分必要的。特别应该提及的是对那些具有一定毒性的食品添加剂，应尽可能不用或少用。必须使用时，应严格控制使用范围和使用量。

国家标准对食品添加剂的生产和使用都有严格的规定，使用食品添加剂应遵循以下原则：

1. 经过规定的食品毒理学安全评价程序的评价，证明在使用限量内长期使用对人体安全无害，尽可能不用或少用。必须使用时，应当严格控制使用范围和使用量，不得随意扩大。添加于食品中能被分析鉴定出来。

2. 不影响食品感官性质和原味对食品营养成分不应有破坏作用。进入人体的添加剂能正常代谢排出。在允许的使用范围内，长期摄入后对食用者不引起慢性毒害作用。

3.不得由于使用添加剂而降低良好的加工措施和卫生要求。食品添加剂应有严格的质量标准，并按《食品添加剂卫生管理办法》进行卫生管理。其有害杂质不得超过允许限量。不得使用食品添加剂掩盖食品的缺陷（如霉变、腐败）或作为伪造手段。不得由于使用食品添加剂而降低良好的加工措施和卫生要求。

4.未经卫生部允许，婴儿及儿童食品不得加入食品添加剂。

五、食品添加剂的检测

使用食品添加剂对防止食品腐败变质、改善食品质量、满足人们对食品品种日益增多的需要等方面均起到积极的作用。我国严格规定相关食品添加剂所使用的品种、使用的范围、使用的含量必须与 GB 2760 中规定的一致。否则，食品中所含食品添加剂的含量过多，极易威胁消费者的身体健康，甚至导致消费者发生食物中毒。因此，必须测定食品添加剂的含量以控制其用量，监督、保证和促进正确合理地使用食品添加剂，确保人民的身体健康。

食品添加剂的检测是先分离再测定。分离主要使用蒸馏法、溶剂萃取法、色层分离等。测定主要使用比色法、紫外分光亮度法、薄层色谱法、气相色谱法、高效液相色谱法等。

第二节 食品中着色剂的检测

一、测定着色剂含量的意义

食品着色剂又称食用色素，是以食品着色为目的的一类食品添加剂。食品的颜色是食品感官质量的重要指标之一，食品具有鲜艳的色泽不仅可以提高食品的感官质量，给人以美的享受，还可以增进食欲。在一定使用量的范围内使用着色剂对人体没有伤害。但是若食品着色剂添加超标，长期或者一次性大量食用可能对人体内脏造成损害甚至致癌。

二、食品中着色剂的种类

食品着色剂按其来源和性质可分为食品合成着色剂和食品天然着色剂；按着色剂的溶解性可分为脂溶性着色剂和水溶性着色剂。与天然着色剂相比，合成着色剂颜色更加鲜艳，不易褪色，且价格较低。人工合成着色剂是从煤焦油中制取，或以苯、甲苯、萘等芳香烃化合物为原料合成制得，因此又被称为煤焦油色素或苯胺色素，这类色素多属偶氮化合物，在体内进行转化可形成芳香胺，芳香胺在体内经 N—羟化和酯化可转变为易与生物大分子亲核中心结合的致癌物，而具有致癌性。另外，人工合成色素在合成过程中可能会因原料不纯而受到有害物质（如铅、砷等）的污染。

三、食品中着色剂的测定方法

着色剂的检测方法有高效液相色谱法、示波极谱法、薄层色谱法和纸色谱法等。下面介绍高效液相色谱法和纸色谱法测定食品中的着色剂。

（一）高效液相色谱法测定合成着色剂

1. 适用范围

适用于饮料、配制酒、硬糖、蜜饯、淀粉软糖、巧克力豆及着色糖衣制品中合成着色剂（不含铝色锭）的测定。

2. 原理

食品中人工合成着色剂用聚酰胺吸附法或液—液分配法提取，制成水溶液，注入高效液相色谱仪，经反相色谱分离，根据保留时间定性和与峰面积比较进行定量。

3. 试剂和材料

1）试剂：①甲醇（Ch_3Oh）：色谱纯；②正己烷（C_6h_{14}）；③盐酸（hCl）；④冰醋酸（Ch_3COOh）；⑤甲酸（$hCOOh$）；⑥乙酸铵（Ch_3COONh_4）；⑦柠檬酸（$C_6h_8O_7 \cdot h_2O$）；⑧硫酸钠（Na_2sO_4）；⑨正丁醇（$C_4h_{10}O$）；⑩三正辛胺（$C_{24}h_{51}N$）；⑪无水乙醇（Ch_3Ch_2Oh）；⑫氨水（$Nh_3 \cdot h_2O$）：含量20%～25%；⑬聚酰胺粉（尼龙6）：过200μm（目）筛。

（2）试剂配制：①乙酸铵溶液（0.02 mol/L）：称取1.54g乙酸铵，加水至1000 mL，溶解，经0.45μm微孔滤膜过滤；②氨水溶液：量取氨水2 mL，加水至100 mL，混匀；③甲醇—甲酸溶液（6+4，体积比）：量取甲醇60 mL，甲酸40 mL，混匀；④柠檬酸溶液：称取20g柠檬酸，加水至100 mL，溶解混匀；⑤无水乙醇—氨水—水溶液（7+2+1，体积比）：量取无水乙醇70 mL、氨水溶液20 mL、水10 mL，混匀；⑥三正辛胺—正丁醇溶液（5%）：量取三正辛胺5 mL，加正丁醇至100 mL，混匀；⑦饱和硫酸钠溶液；⑧pH6的水：水加柠檬酸溶液调pH到6；⑨pH4的水：水加柠檬酸溶液调pH到4。

（3）标准品

①柠檬黄（CAs：1934-21-0）；②新红（CAs：220658-76-4）；③苋菜红（CAs：915-67-3）；④胭脂红（CAs：2611-82-7）；⑤日落黄（CAs：2783-94-0）；⑥亮蓝（CAs：3844-45-9）；⑦赤藓红（CAs：16423-68-0）。

（4）标准溶液配制

①合成着色剂标准贮备液（1 mg/mL）：准确称取按其纯度折算为100%质量的柠檬黄、日落黄、苋菜红、胭脂红、新红、赤藓红、亮蓝各0.1 g（精确至0.000 1 g），置100 mL容量瓶中，加pH6的水到刻度。配成水溶液（1.00 mg/mL）。

②合成着色剂标准使用液（50 μg/mL）：临用时将标准贮备液加水稀释20倍，经0.45μm微孔滤膜过滤。配成每毫升相当50.0μg的合成着色剂。

4. 仪器和设备

（1）高效液相色谱仪，带二极管阵列或紫外检测器；（2）天平：感量为0.001 g和0.000 1 g；（3）恒温水浴锅；（4）G3垂融漏斗。

5. 分析步骤

（1）试样制备

①果汁饮料及果汁、果味碳酸饮料等：称取 20 g ~ 40 g(精确至 0.001 g)，放入 100 mL 烧杯中。含二氧化碳样品加热或超声驱除二氧化碳。

②配制酒类：称取 20 g ~ 40 g(精确至 0.001 g)，放入 100 mL 烧杯中，加小碎瓷片数片，加热驱除乙醇。

③硬糖、蜜饯类、淀粉软糖等：称取 5 g ~ 10 g(精确至 0.001 g) 粉碎样品，放入 100 mL 小烧杯中，加水 30 mL，温热溶解，若样品溶液 pH 较高，用柠檬酸溶液调 pH 到 6 左右。

④巧克力豆及着色糖衣制品：称取 5 g ~ 10 g(精确至 0.001 g)，放入 100 mL 小烧杯中，用水反复洗涤色素，到巧克力豆无色素为止，合并色素漂洗液为样品溶液。

（2）色素提取

①聚酰胺吸附法：样品溶液加柠檬酸溶液调 pH 到 6，加热至 60 ℃，将 1 g 聚酰胺粉加少许水调成粥状，倒入样品溶液中，搅拌片刻，以 G3 垂融漏斗抽滤，用 60 ℃ pH 为 4 的水洗涤 3 次 ~ 5 次，然后用甲醇—甲酸混合溶液洗涤 3 次 ~ 5 次，再用水洗至中性，用乙醇—氨水—水混合溶液解吸 3 次 ~ 5 次，直至色素完全解吸，收集解吸液，加乙酸中和，蒸发至近干，加水溶解，定容至 5 mL。经 0.45μm 微孔滤膜过滤，进高效液相色谱仪分析。

②液 - 液分配法 (适用于含赤藓红的样品)：将制备好的样品溶液放入分液漏斗中，加 2 mL 盐酸、三正辛胺—正丁醇溶液 (5%)10 mL ~ 20 mL，振摇提取，分取有机相，重复提取，直至有机相无色，合并有机相，用饱和硫酸钠溶液洗 2 次，每次 10 mL，分取有机相，放蒸发皿中，水浴加热浓缩至 10 mL，转移至分液漏斗中，加 10 mL 正己烷，混匀，加氨水溶液提取 2 次 ~ 3 次，每次 5 mL，合并氨水溶液层 (含水溶性酸性色素)，用正己烷洗 2 次，氨水层加乙酸调成中性，水浴加热蒸发至近干，加水定容至 5 mL。经 0.45μm 微孔滤膜过滤，进高效液相色谱仪分析。

（3）仪器参考条件：①色谱柱：C_{18} 柱，4.6 mm×250 mm，5μm；②进样量：10μL；③柱温：35 ℃；④二极管阵列检测器波长范围：400 nm ~ 800 nm，或紫外检测器检测波长：254 nm；⑤梯度洗脱表见表 6-1。

表6-1 梯度洗脱表

时 间 min	流 速 mL/min	0.02 mol/L 乙酸铵溶液%	甲 醇%
0	1.0	95	5
3	1.0	65	35
7	1.0	0	100

（续 表）

时 间 min	流 速 mL/min	0.02 mol/L 乙酸铵溶液%	甲 醇%
10	1.0	0	100
10.1	1.0	95	5
21	1.0	95	5

（4）测 定

将样品提取液和合成着色剂标准使用液分别注入高效液相色谱仪，根据保留时间定性，外标峰面积法定量。

6. 分析结果的表述

试样中着色剂含量按式 (6-1) 计算：

$$X = \frac{c \times V \times 1000}{m \times 1000 \times 1000} \tag{6-1}$$

式中：

X——试样中着色剂的含量，单位为克每千克 (g/kg)；

c——进样液中着色剂的浓度，单位为微克每毫升 (μg/mL)；

V——试样稀释总体积，单位为毫升 (mL)；

m——试样质量，单位为克 (g)；

1 000——换算系数。

（二）纸色谱法测定食品中的诱惑红

1. 适用范围

适用于汽水、硬糖、糕点、冰淇淋中诱惑红的测定。

2. 原 理

诱惑红在酸性条件下被聚酰胺粉吸附，而在碱性条件下解吸附，再用纸色谱法进行分离后，与标准比较定性、定量。

3. 试剂和材料

（1）试剂：①甲醇 (Ch_3Oh)；②石油醚：沸程 30℃ ~ 60℃；③硫酸 (h_2sO_4)：优级纯；④乙醇 (Ch_3Ch_2Oh)；⑤氨水 ($Nh_3 \cdot h_2O$)：含量20% ~ 25%；⑥柠檬酸 ($C_6h_8O_7 \cdot h_2O$)；⑦钨酸钠 ($Na_2WO_4 \cdot 2h_2O$)；⑧丁酮 (C_4h_8O)；⑨枸橼酸钠 ($C_6h_5Na_3O_7$)；⑩正丁醇 ($C_4h_{10}O$)；⑪海砂；⑫甲酸 ($hCOOh$)。

（2）试剂配制：①硫酸溶液 (10%，体积分数)：将 1 mL 硫酸缓慢加入至 8 mL 水中，混匀，冷却，用水定容至 10 mL，混匀；②乙醇—氨溶液：取 2 mL 的氨水，加70%(体积分数) 乙醇至 100 mL；③乙醇溶液 (50%，体积分数)：量取 50 mL 无水乙醇与 50 mL 水混匀；④柠檬酸溶液 (200 g/L)：称取 20 g 柠檬酸，加水至 100 mL，溶解混匀；⑤钨酸钠溶液 (100 g/L)：称取 10 g 钨酸钠，加水至 100 mL，溶解混匀；⑥氨水溶

液 (1%，体积分数)：量取 1 mL 氨水，加水至 100 mL，混匀；⑦柠檬酸钠溶液 (2.5%，体积分数)：称取 2.5g 柠檬酸，加水至 100 mL，溶解混匀；⑧甲醇—甲酸溶液 (6：4，体积分数)：量取甲醇 60 mL，甲酸 40 mL，混匀；⑨展开剂 1：丁酮 + 丙醇 + 水 + 氨水 (7+3+3+0.5)；⑩展开剂 2：正丁醇 + 无水乙醇 +1% 氨水溶液 (6+2+3)；⑪展开剂 3：2.5% 柠檬酸钠 + 氨水 + 乙醇 (8+1+2)。

（3）标准品

诱惑红 (CA s：25956-17-6)。

（4）标准溶液配制

①诱惑红标准贮备液配制：准确称取诱惑红 0.025 g(精确到 0.000 1 g，按诱惑红实际纯度折算为纯品后的质量)，用水溶解并定容至 25 mL，诱惑红浓度为 1.0 mg/mL。

②诱惑红标准使用液 (0.1 mg/mL)：吸取诱惑红的标准贮备液 5.0 mL 于 50 mL 容量瓶中，加水稀释到 50 mL。

4.仪器和设备

（1）可见分光光度计；（2）电子天平：感量为 0.001 g 和 0.000 1 g；（3）微量注射器：10 μL、50 μL；（4）展开槽；（5）电吹风机；（6）离心机；（7）恒温水浴锅。

5.分析步骤

（1）试样制备

①汽水：将样品加热去二氧化碳后，称取 10 g(精确到 0.001 g) 样品于烧杯中，然后用 20% 柠檬酸调 pH 呈酸性，加入 0.5 g ~ 1.0 g 聚酰胺粉吸附色素，将吸附色素的聚酰胺粉全部转到漏斗中过滤，用 pH4 的酸性热水洗涤多次 (约 200 mL)，以洗去糖等物质。若有天然色素，用甲醇 - 甲酸溶液洗涤 1 次 ~ 3 次，每次 20 mL，至洗液无色为止。再用 70 ℃的水多次洗涤至流出液中性。洗涤过程应充分搅拌然后用乙醇—氨水溶液分次解吸色素，收集全部解吸液，于水浴上驱除氨，蒸发至 2 mL 左右，转入 5 mL 的容量瓶中，用 50% 的乙醇分次洗涤蒸发皿，洗涤液并入 5 mL 的容量瓶中，用 50% 的乙醇定容至刻度。此液留作纸色谱用。

②硬糖：称取 10g(精确到 0.001 g) 的已粉碎的样品，加 30 mL 的水，温热溶解，若样品溶液的 pH 较高，用柠檬酸溶液 (3.2.4) 调至 pH4 左右。加入 0.5 g ~ 1.0 g 聚酰胺粉吸附色素，将吸附色素的聚酰胺粉全部转到漏斗中过滤，用 pH4 的酸性热水洗涤多次 (约 200 mL)，以洗去糖等物质。若有天然色素，用甲醇—甲酸溶液洗涤 1 次 ~ 3 次，每次 20 mL，至洗液无色为止。再用 70 ℃的水多次洗涤至流出液中性。洗涤过程应充分搅拌然后用乙醇—氨水溶液分次解吸色素，收集全部解吸液，于水浴上驱除氨，蒸发至 2 mL 左右，转入 5 mL 的容量瓶中，用 50% 的乙醇分次洗涤蒸发皿，洗涤液并入 5 mL 的容量瓶中，用 50% 的乙醇定容至刻度。此液留作纸色谱用。

③糕点：称取 10 g(精确到 0.001 g) 已粉碎的样品，加入 30 mL 石油醚提取脂肪，共提三次，然后用电吹风吹干，倒入漏斗中，用乙醇—氨解吸色素，解吸液于水浴上蒸发至 20 mL，加 1 mL 的钨酸钠溶液沉淀蛋白，真空抽滤，用乙醇—氨解吸滤纸上的诱

惑红，然后将滤液于水浴上挥去氨，调 pH 呈酸性，加入 0.5 g ~ 1.0 g 聚酰胺粉吸附色素，将吸附色素的聚酰胺粉全部转到漏斗中过滤，用 pH4 的酸性热水洗涤多次（约 200 mL），以洗去糖等物质。若有天然色素，用甲醇—甲酸溶液洗涤 1 次 ~ 3 次，每次 20 mL，至洗液无色为止。再用 70 ℃ 的水多次洗涤至流出液中性。洗涤过程应充分搅拌然后用乙醇 - 氨水溶液分次解吸色素，收集全部解吸液，于水浴上驱除氨，蒸发至 2 mL 左右，转入 5 mL 的容量瓶中，用 50% 的乙醇分次洗涤蒸发皿，洗涤液并入 5 mL 的容量瓶中，用 50% 的乙醇定容至刻度。此液留作纸色谱用。

④冰淇淋：称取 10 g（精确到 0.001 g）已均匀的试样于烧杯中，加入 20g 海沙 15 mL 石油醚提取脂肪，提取 2 次，倾去石油醚，然后在 50 ℃ 的水浴上挥去石油醚，再加入乙醇—氨解吸液解吸诱惑红，解吸液倒入 100 mL 的蒸发皿中，直至解吸液无色。将解吸液在水浴上挥去乙醇，使体积约为 20 mL 时，加入 1 mL 硫酸 (1+10)，1 mL 钨酸钠溶液沉淀蛋白，放置 2 min，然后用乙醇—氨调至 pH 呈碱性，将溶液转入离心管中，5000 r/min 离心 15 min，倾出上清液，于水浴挥去乙醇，然后用柠檬酸溶液调 pH 呈酸性，加入 0.5 g ~ 1.0 g 聚酰胺粉吸附色素，将吸附色素的聚酰胺粉全部转到漏斗中过滤，用 pH4 的酸性热水洗涤多次（约 200 mL），以洗去糖等物质。若有天然色素，用甲醇—甲酸溶液洗涤 1 次 ~ 3 次，每次 20 mL，至洗液无色为止。再用 70 ℃ 的水多次洗涤至流出液中性。洗涤过程应充分搅拌然后用乙醇—氨水溶液分次解吸色素，收集全部解吸液，于水浴上驱除氨，蒸发至 2 mL 左右，转入 5 mL 的容量瓶中，用 50% 的乙醇分次洗涤蒸发皿，洗涤液并入 5 mL 的容量瓶中，用 50% 的乙醇定容至刻度。此液留作纸色谱用。

（2）定　性

取层析纸，在距底边 2 cm 起始线上分别点 3 μL ~ 10 μL 的样品处理液、1 μL 诱惑红标准使用液，分别挂于盛有展开剂 1、展开剂 2、展开剂 3 的展开槽中，用上行法展开，待溶剂前沿展至 15 cm 处，将滤纸取出空气中晾干，与标准斑比较定性。

（3）定　量

①标准曲线的制备：吸取 0.0 mL、0.2 mL、0.4 mL、0.6 mL、0.8 mL、1.0 mL 诱惑红标准使用液，分别置于 10 mL 比色管中，各加水稀释到刻度，浓度分别为 0 μg/mL、2 μg/mL、4 μg/mL、6 μg/mL、8 μg/mL、10 μg/mL。用 1 mL 比色杯，以零管调零点，于波长 500 nm 处，测定吸亮度，绘制标准曲线。

②样品的测定：取色谱用纸，在距离底边 2 cm 的起始线上，点 0.20 mL 样品处理液，从左到右点成条状。纸的右边点诱惑红的标准溶液 1 μL，依法展开，取出晾干。将样品的色带剪下，用少量热水洗涤数次，洗液移入 10 mL 的比色管中，加水稀释至刻度，混匀后，与标准管同时在 500 nm 处，测定吸亮度。

6. 分析结果的表述

试样中诱惑红含量按式 (6-2) 计算：

$$X = \frac{A \times 1\,000}{m \times \dfrac{V_2}{V_1} \times 1\,000} \tag{6-2}$$

式中：

　　X——试样中诱惑红的含量单位为克每千克（g/kg）；

　　A——测定用样品中诱惑红的含量单位为毫克（mg）；

　　V_1——样品解吸后总体积单位为毫升（mL）；

　　V_2——样品纸层析用体积单位为毫升（mL）；

　　M——试样质量单位为克（g）

　　1 000——换算系数。

第三节　食品中甜味剂的检测

一、测定甜味剂含量的意义

甜味剂是以赋予食品甜味为目的的食品添加剂。为了使食品、饮料具有更好的口感，生产中尝加入一定量的甜味剂。国内外对甜味剂的安全性经过了大量的研究，研究结果表明，只要生产厂家严格按照国家规定的标准使用，并在食品标签上正确标注，对消费者的健康就不会造成危害。但如果超量使用，则会危害人体健康，为此国家对甜味剂的使用范围及用量进行了严格规定。

二、食品中甜味剂的种类

甜味剂的种类较多，按其来源可分为天然甜味剂和合成甜味剂。天然甜味剂有甜菊糖、甘草、甘草酸二钠、甘草酸三钾钠、罗汉果苷等，其中甜菊糖使用最多。人工甜味剂有糖精钠、环己基氨基磺酸钠（甜蜜素）、门冬氨酰苯丙氨酸甲酯（阿斯巴甜）、乙酰磺胺酸钾（安赛蜜）、三氯蔗糖等。人工合成的甜味剂中使用最多的是糖精（糖精钠），其甜度约为蔗糖的 300 倍。

按结构、性质分为糖类（糖醇）和非糖类甜味剂，非糖类甜味剂按结构又分为磺胺类、二肽类、蔗糖衍生物等。糖醇类甜味剂有山梨糖醇、麦芽糖醇、异麦芽酮糖醇、木糖醇、乳糖醇、赤藓糖醇等。因为糖醇类甜味剂热值较低，而且和葡萄糖有不同的代谢过程，所以有某些特殊的用途。例如，糖醇可通过非胰岛素机制进入果糖代谢途径，实验证明它不会引起血糖升高，因而是糖尿病人的理想甜味剂。非糖类甜味剂主要有糖精钠、甜蜜素、纽甜、阿斯巴甜、阿力甜、甜菊糖苷、安赛蜜、罗汉果甜苷、三氯蔗糖等。非糖类甜味剂甜度很高，用量极少；热值很小，在相同甜度蔗糖的 2% 以下；不被口腔微生物利用，故不致龋；甜度保存时间长，加热时不易焦化，不参与代谢过程，对血糖无影响。

按营养价值分为营养性和非营养型甜味剂，两者主要区别在于能量含量不同。营养性甜味剂指与蔗糖甜度相等的含量，其热值相当于蔗糖热值 2% 以上者，主要包括各种糖类（如葡萄糖、果糖、麦芽糖等）和糖醇类。营养性甜味剂的相对甜度，除果糖、木糖醇外，一般都低于蔗糖。非营养型甜味剂指与蔗糖甜度相等时的含量，其热值低于蔗糖热值 2%，包括甜叶菊糖苷、甘草苷等天然物质和甜蜜素、安赛蜜等化学合成物质。

三、食品中甜味剂的测定方法

目前甜味剂的检测方法包括薄层色谱法、紫外分光亮度法、气相色谱法、液相色谱法、气 / 液质联用法、毛细管电泳法等。食品安全国家标准主要使用气相色谱法、高效液相色谱法和液相色谱—质谱 / 质谱法对甜味剂进行测定，其中高效液相色谱法占主导地位，能够对大多数的甜味剂进行检测分析，包括糖精钠、甜蜜素、安赛蜜、甘草苷、甜菊苷等。

下面介绍气相色谱法、液相色谱法和液相色谱—质谱 / 质谱法测定食品中的甜味剂。

（一）液相色谱—质谱 / 质谱法测定食品中的甜蜜素

1. 原　理

酒样经水浴加热除去乙醇后以水定容，用液相色谱—质谱 / 质谱仪测定其中的环己基氨基磺酸钠，外标法定量。

2. 试剂和材料

（1）试剂：①甲醇 (C h$_3$O h)：色谱纯；②乙酸铵 (Ch$_3$COONh$_4$)；③ 10 mmol/L 乙酸铵溶液：称取 0.78 g 乙酸铵，用水溶解并稀释至 1 000 mL，摇匀后经 0.22 μm 水相滤膜过滤备用。

（2）标准品：环己基氨基磺酸钠标准品 (C$_6$ h$_{12}$N sO$_3$Na)：纯度 ≥ 99%。

（3）微孔滤膜：0.22 μm，水相。

3. 仪器和设备

（1）液相色谱—质谱 / 质谱仪，配有电喷雾 (E sI) 离子源；（2）分析天平，感量 0.1 mg、0.1 g；（3）恒温水浴锅。

4. 分析步骤

（1）试样溶液制备

称取酒样 10.0 g，置于 50 mL 烧杯中，于 60 ℃水浴上加热 30 min，残渣全部转移至 100 mL 容量瓶中，用水定容并摇匀，经 0.22 μm 水相微孔滤膜过滤后备用。

（2）仪器参考条件：①色谱柱：C$_{18}$柱，1.7 μm，100 mm×2.1 mm(i, d)，或同等性能的色谱柱；②流动相：甲醇、10 mmol/L 乙酸铵溶液；③梯度洗脱：见表 6-2；④流速：0.25 mL/min；⑤进样量：10 μL；⑥柱温：35 ℃。

表6-2　液相色谱梯度洗脱条件

序　号	时　间 / min	甲　醇 /%	10 mmol/L 乙酸铵溶液 /%
1	0	5	95
2	2.0	5	95
3	5.0	50	50
4	5.1	90	10
5	6.0	90	10
6	6.1	5	95
7	9	5	95

（3）质谱操作条件

①离子源：电喷雾电离源 (E sI)。

②扫描方式：多反应监测 (MRM) 扫描。

③质谱调谐参数应优化至最佳条件，确保环己基氨基磺酸钠在正离子模式下的灵敏度达到最佳状态，并调节正、负模式下定性离子的相对丰度接近。

（4）标准曲线的制作

将配制好的标准系列溶液按照浓度由低到高的顺序进样测定，以环己基氨基磺酸钠定量离子的色谱峰面积对相应的浓度作图，得到标准曲线回归方程。典型的环己基氨基磺酸钠标准溶液选择反应监测质量色谱图参见图6-1。

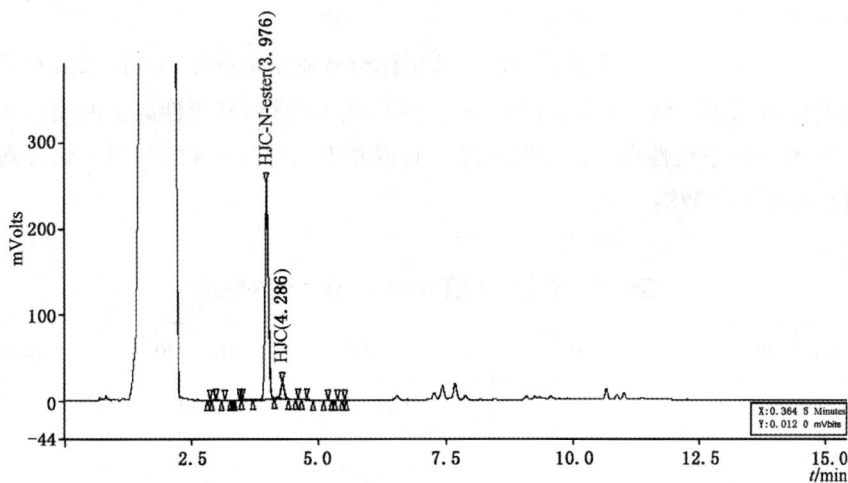

图 6-1　（a）环己基氨基磺酸钠标准溶液 (0.5 mg/mL) 衍生化处理后的气相色谱图

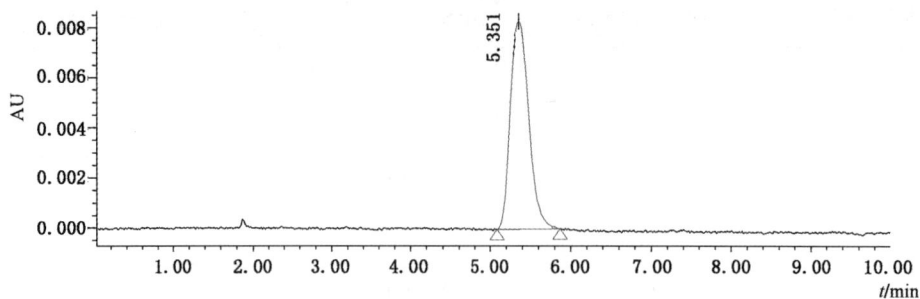

图6-1 （b）环己基氨基磺酸钠标准溶液（100 μg/mL）衍生物 N，N-二氯环己胺液相色谱图

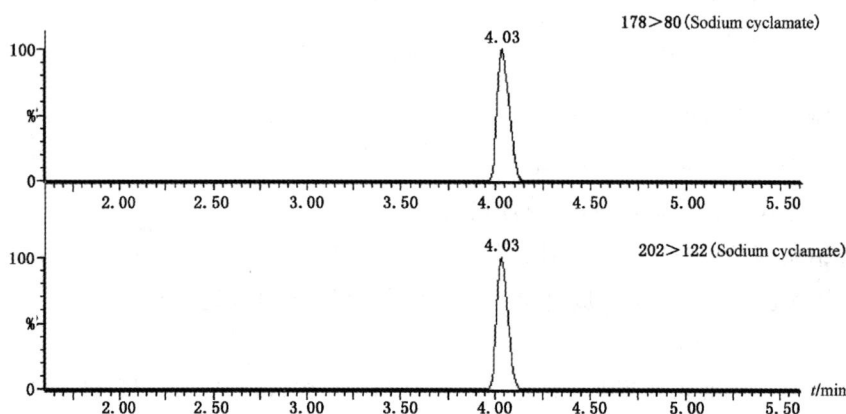

图6-1 （c）环己基氨基磺酸钠标准溶液的液相色谱—质谱/质谱图

（5）定性测定

在相同的试验条件下测定试样溶液，若试样溶液质量色谱图中环己基氨基磺酸钠的保留时间与标准溶液一致（变化范围在 ±2.5% 以内），且试样定性离子的相对丰度与浓度相当的标准溶液中定性离子的相对丰度，其偏差不超过表 6-3 的规定，则可判定样品中存在环己基氨基磺酸钠。

表6-3　定性离子相对丰度的最大允许偏差

相对离子丰度 /%	>50	>20 ~ 50	>10 ~ 20	≤ 10
允许的相对偏差 /%	± 20	± 25	± 30	± 50

（6）定量测定

将试样溶液注入液相色谱—质谱/质谱仪中，得到环己基氨基磺酸钠定量离子峰面积，根据标准曲线计算试样溶液中环己基氨基磺酸的浓度，平行测定次数不少于两次。

5. 分析结果的表述

试样中环己基氨基磺酸含量按式 (6-3) 计算：

$$X_3 = \frac{c \times V}{m} \tag{6-3}$$

式中：

X_3——试样中环己基氨基磺酸的含量，单位为毫克每千克 (mg/kg)；

c——由标准曲线计算出的试样溶液中环己基氨基磺酸的浓度，单位为微克每毫升 (μ g/mL)；

V——试样的定容体积，单位为毫升 (mL)；

m——试样的质量，单位为克 (g)。

计算结果以重复性条件下获得的两次独立测定结果的算术平均值表示，结果保留三位有效数字。

（二）液相色谱法测定食品中的阿斯巴甜和阿力甜

1. 原 理

根据阿斯巴甜和阿力甜易溶于水、甲醇和乙醇等极性溶剂而不溶于脂溶性溶剂特点，蔬菜及其制品、水果及其制品、食用菌和藻类、谷物及其制品、焙烤食品、膨化食品和果冻试样用甲醇水溶液在超声波振荡下提取；浓缩果汁、碳酸饮料、固体饮料类、餐桌调味料和除胶基糖果以外的其他糖果试样用水提取；乳制品、含乳饮料类和冷冻饮品试样用乙醇沉淀蛋白后用乙醇水溶液提取；胶基糖果用正己烷溶解胶基并用水提取；脂肪类乳化制品、可可制品、巧克力及巧克力制品、坚果与籽类、水产及其制品、蛋制品用水提取，然后用正己烷除去脂类成分。各提取液在液相色谱 C18 反相柱上进行分离，在波长 200 nm 处检测，以色谱峰的保留时间定性，外标法定量。

2. 试剂和材料

（1）试 剂

①甲醇 (C h_3O h)：色谱纯。

②乙醇 (C h_3C h_2O h)：优级纯。

（2）标准品

①阿力甜标准品 (C_{14} h_{25}N$_3$O$_4$ s，CA s 号：80863-62-3)：纯度≥ 99%。

②阿斯巴甜标准品 (C_{14} h_{18}N$_2$O$_5$，CA s 号：22839-47-0)：纯度≥ 99%。

（3）标准溶液配制

①阿斯巴甜和阿力甜的标准储备液 (0.5 mg/mL)：各称取 0.025 g(精确至 0.000 1 g) 阿斯巴甜和阿力甜，用水溶解并转移至 50 mL 容量瓶中并定容至刻度，置于 4 ℃左右的冰箱保存，有效期为 90 d。

②阿斯巴甜和阿力甜混合标准工作液系列的制备：将阿斯巴甜和阿力甜标准储备液用水逐级稀释成混合标准系列，阿斯巴甜和阿力甜的浓度均分别为 100 μ g/mL、50 μ g/mL、25 μ g/mL、10.0 μ g/mL、5.0 μ g/mL 的标准使用溶液系列。置于 4 ℃左右的冰箱

保存，有效期为 30 d。

3. 仪器和设备

（1）液相色谱仪：配有二极管阵列检测器或紫外检测器；（2）超声波振荡器；（3）天平：感量为 1 mg 和 0.1 mg；（4）离心机：转速 ≥ 4 000 r/min。

4. 分析步骤

（1）试样制备及前处理

①碳酸饮料、浓缩果汁、固体饮料、餐桌调味料和除胶基糖果以外的其他糖果

称取约 5 g(精确到 0.001 g) 碳酸饮料试样于 50 mL 烧杯中，在 50 ℃水浴上除去二氧化碳，然后将试样全部转入 25 mL 容量瓶中，备用；称取约 2g 浓缩果汁试样 (精确到 0.001 g) 于 25 mL 容量瓶中，备用；称取约 1g 的固体饮料或餐桌调味料或绞碎的糖果试样 (精确到 0.001g) 于 50 mL 烧杯中，加 10 mL 水后超声波震荡提取 20 min，将提取液移入 25 mL 容量瓶中，烧杯中再加入 10 mL 水超声波震荡提取 10 min，提取液移入同一 25 mL 容量瓶，备用。将上述容量瓶的液体用水定容，混匀，4000 r/min 离心 5 min，上清液经 0.45μm 水系滤膜过滤后用于色谱分析。

②乳制品、含乳饮料和冷冻饮品

对于含有固态果肉的液态乳制品需要用食品加工机进行匀浆，对于干酪等固态乳制品，需用食品加工机按试样与水的质量比 1∶4 进行匀浆。

分别称取约 5 g 液态乳制品、含乳饮料、冷冻饮品、固态乳制品匀浆试样 (精确到 0.001 g) 于 50 mL 离心管，加入 10 mL 乙醇，盖上盖子；对于含乳饮料和冷冻饮品试样，首先轻轻上下颠倒离心管 5 次 (不能振摇)，对于乳制品，先将离心管涡旋混匀 10 s，然后静置 1 min，4 000 r/min 离心 5 min，上清液滤入 25 mL 容量瓶，沉淀用 8 mL 乙醇 - 水 (2+1) 洗涤，离心后上清液转移入同一 25 mL 容量瓶，用乙醇 - 水 (2+1) 定容，经 0.45 μm 有机系滤膜过滤后用于色谱分析。

③果冻：对于可吸果冻和透明果冻，用玻璃棒搅匀，含有水果果肉的果冻需要用食品加工机进行匀浆。

称取约 5 g(精确到 0.001 g) 制备均匀的果冻试样于 50 mL 的比色管中，加入 25 mL80% 的甲醇水溶液，在 70 ℃的水浴上加热 10 min，取出比色管，趁热将提取液转入 50 mL 容量瓶，再用 15 mL80% 的甲醇水溶液分两次清洗比色管，并每次振摇约 10 s，并转入同一个 50 mL 的容量瓶，冷却至室温，用 80% 的甲醇水溶液定容到刻度，混匀，4000 r/min 离心 5 min，将上清液经 0.45μm 有机系滤膜过滤后用于色谱分析。

④蔬菜及其制品、水果及其制品、食用菌和藻类：水果及其制品试样如有果核首先需要去掉果核。

对于较干较硬的试样，用食品加工机按试样与水的质量比为 1∶4 进行匀浆，称取约 5 g(精确到 0.001 g) 匀浆试样于 25 mL 的离心管中，加入 10 mL　70% 的甲醇水溶液，摇匀，超声 10 min，4000 r/min 离心 5 min，上清液转入 25 mL 容量瓶，再加 8 mL50% 的甲醇水溶液重复操作一次，上清液转入同一个 25 mL 容量瓶，最后用 50% 的甲醇水溶

液定容，经 0.45μm 有机系滤膜过滤后用于色谱分析。

对于含糖多的、较粘的、较软的试样，用食品加工机按试样与水的质量比为 1 : 2 进行匀浆，称取约 3 g(精确到 0.001 g) 匀浆试样于 25 mL 的离心管中；对于其他试样，用食品加工机按试样与水的质量比 1 : 1 进行匀浆，称取约 2 g(精确到 0.001 g) 匀浆试样于 25 mL 的离心管中；然后向离心管加入 10 mL60% 的甲醇水溶液，摇匀，超声 10 min，4000 r/min 离心 5 min，上清液转入 25 mL 容量瓶，再加 10 mL50% 的甲醇水溶液重复操作一次，上清液转入同一个 25 mL 容量瓶，最后用 50% 的甲醇水溶液定容，经 0.45μm 有机系滤膜过滤后用于色谱分析。

⑤谷物及其制品、焙烤食品和膨化食品：试样需要用食品加工机进行均匀粉碎，称取 1 g(精确到 0.001 g) 粉碎试样于 50 mL 离心管中，加入 12 mL50% 甲醇水溶液，涡旋混匀，超声振荡提取 10 min，4000 r/min 离心 5 min，上清液转移入 25 mL 容量瓶中，再加 10 mL50% 甲醇水溶液，涡旋混匀，超声振荡提取 5 min，4000 r/min 离心 5 min，上清液转入同一 25 mL 容量瓶中，用蒸馏水定容，经 0.45μm 有机系滤膜过滤后用于色谱分析。

⑥胶基糖果、脂肪类乳化制品、可可制品、巧克力及巧克力制品、坚果与籽类、水产及其制品和蛋制品：胶基糖果：用剪刀将胶基糖果剪成细条状，称取约 3 g(精确到 0.001 g) 剪细的胶基糖果试样，转入 100 mL 的分液漏斗中，加入 25 mL 水剧烈振摇约 1 min，再加入 30 mL 正己烷，继续振摇直至口香糖全部溶解 (约 5 min)，静置分层约 5 min，将下层水相放入 50 mL 容量瓶，然后加入 10 mL 水到分液漏斗中，轻轻振摇约 10 s，静置分层约 1 min，再将下层水相放入同一容量瓶中，再加 10 mL 水重复 1 次操作，最后用水定容至刻度，摇匀后过 0.45μm 水系滤膜后用于色谱分析。

脂肪类乳化制品、可可制品、巧克力及巧克力制品、坚果与籽类、水产及其制品、蛋制品：用食品加工机按试样与水的质量比为 1 : 4 进行匀浆，称取约 5 g(精确到 0.001 g) 匀浆试样于 25 mL 离心管中，加入 10 mL 水超声振荡提取 20 min，静置 1 min，4000 r/min 离心 5 min，上清液转入 100 mL 的分液漏斗中，离心管中再加入 8 mL 水超声振荡提取 10 min，静置和离心后将上清液再次转入分液漏斗中，向分液漏斗加入 15 mL 正己烷，振摇 30 s，静置分层约 5 min，将下层水相放入 25 mL 容量瓶，用水定容至刻度，摇匀后过 0.45μm 水系滤膜后用于色谱分析。

（2）仪器参考条件：①色谱柱：C18，柱长 250 mm，内径 4.6 mm，粒径 5μm；②柱温：30 ℃；③流动相：甲醇 - 水 (40+60) 或乙腈 - 水 (20+80)；④流速：0.8 mL/min；⑤进样量：20μL；⑥检测器：二极管阵列检测器或紫外检测器；⑦检测波长：200 nm。

（3）标准曲线的制作

将标准系列工作液分别在上述色谱条件下测定相应的峰面积 (峰高)，以标准工作液的浓度为横坐标，以峰面积 (峰高) 为纵坐标，绘制标准曲线。阿斯巴甜和阿力甜标准色谱图见图 6-2。

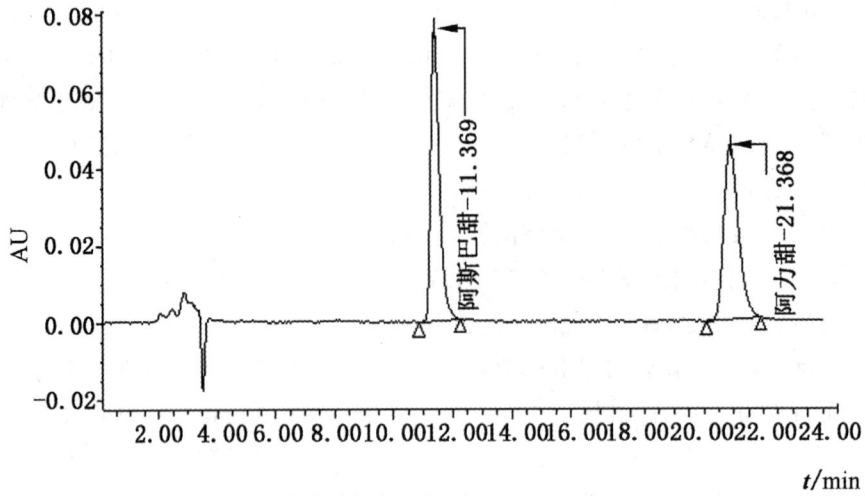

a）流动相为甲醇：水 =40：60 时

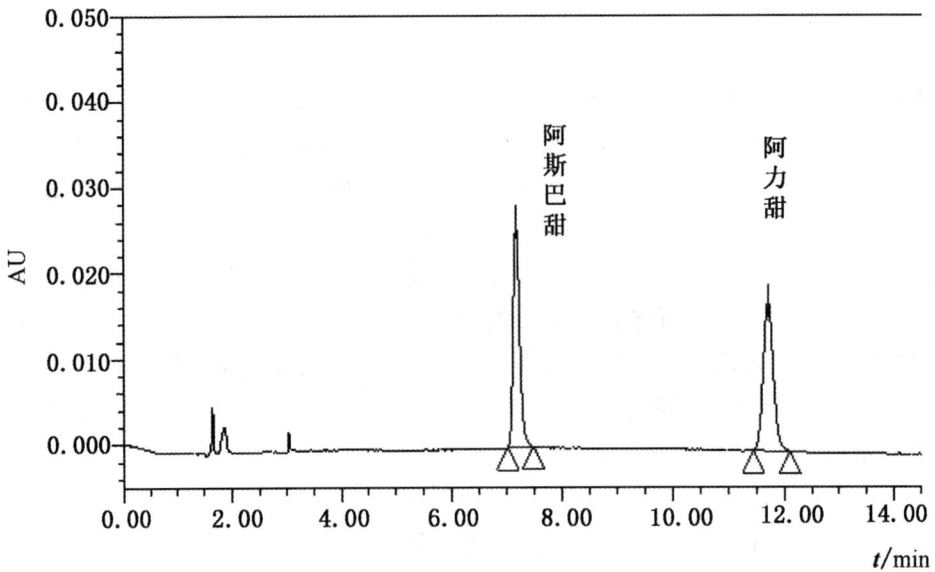

b）流动相为乙腈：水 =20：80 时

图 6-2　阿斯巴甜和阿力甜标准色谱图

（4）试样溶液的测定

在相同的液相色谱条件下，将试样溶液注入液相色谱仪中，以保留时间定性，以试样峰高或峰面积与标准比较定量。

5. 分析结果的表述

试样中阿斯巴甜或阿力甜的含量按式 (6-4) 计算：

$$X= \frac{\rho \times V}{m \times 1\ 000} \tag{6-4}$$

式中：

X——试样中阿斯巴甜或阿力甜的含量，单位为克每千克 (g/kg)；

ρ——由标准曲线计算出进样液中阿斯巴甜或阿力甜的浓度，单位为微克每毫升 (μg/mL)；

V——试样的最后定容体积，单位为毫升 (mL)；

m——试样质量，单位为克 (g)；

1 000——由 μg/g 换算成 g/kg 的换算因子。

（三）气相色谱法测定食品中的甜蜜素

1. 原　理

食品中的环己基氨基磺酸钠用水提取，在硫酸介质中环己基氨基磺酸钠与亚硝酸反应，生成环己醇亚硝酸酯，利用气相色谱氢火焰离子化检测器进行分离及分析，保留时间定性，外标法定量。

2. 试剂和材料

（1）试剂：①正庚烷 [$Ch_3(Ch_2)_5Ch_3$]；②氯化钠 (NaCl)；③石油醚：沸程为 30℃ ~ 60℃；④氢氧化钠 (NaOh)；⑤硫酸 (h_2SO_4)；⑥亚铁氰化钾 {$K_4[Fe(CN)_6] \cdot 3h_2O$}；⑦硫酸锌 ($ZnSO_4 \cdot 7h_2O$)；⑧亚硝酸钠 ($NaNO_2$)。

（2）试剂配制：①氢氧化钠溶液 (40 g/L)：称取 20g 氢氧化钠，溶于水并稀释至 500 mL，混匀；②硫酸溶液 (200 g/L)：量取 54 mL 硫酸小心缓缓加入 400 mL 水中，后加水至 500 mL，混匀；③亚铁氰化钾溶液 (150 g/L)：称取折合 15g 亚铁氰化钾，溶于水稀释至 100 mL，混匀；④硫酸锌溶液 (300 g/L)：称取折合 30g 硫酸锌的试剂，溶于水并稀释至 100 mL，混匀；⑤亚硝酸钠溶液 (50 g/L)：称取 25g 亚硝酸钠，溶于水并稀释至 500 mL，混匀。

（3）标准品

环己基氨基磺酸钠标准品 ($C_6h_{12}N sO_3Na$)：纯度 ≥ 99%。

（4）标准溶液的配制

①环己基氨基磺酸标准储备液 (5.00 mg/mL)：精确称取 0.5612g 环己基氨基磺酸钠标准品，用水溶解并定容至 100 mL，混匀，此溶液 1.00 mL 相当于环己基氨基磺酸 5.00 mg(环己基氨基磺酸钠与环己基氨基磺酸的换算系数为 0.8909)。置于 1℃ ~ 4℃冰箱保存，可保存 12 个月。

②环己基氨基磺酸标准使用液 (1.00 mg/mL)：准确移取 20.0 mL 环己基氨基磺酸标准储备液用水稀释并定容至 100 mL，混匀。置于 1℃ ~ 4℃冰箱保存，可保存 6 个月。

3. 仪器与设备

（1）气相色谱仪：配有氢火焰离子化检测器 (FID)；（2）涡旋混合器；（3）离心机：转速 ≥ 4000 r/min；（4）超声波振荡器；（5）样品粉碎机；（6）10μL 微量注射器；（7）恒温水浴锅；（8）天平：感量 1 mg、0.1 mg。

4. 分析步骤

（1）试样溶液的制备

①液体试样处理：a. 普通液体试样摇匀后称取 25.0 g 试样（如需要可过滤），用水定容至 50 mL 备用。

b. 含二氧化碳的试样：称取 25.0 g 试样于烧杯中，60 ℃水浴加热 30 min 以除二氧化碳，放冷，用水定容至 50 mL 备用。

c. 含酒精的试样：称取 25.0 g 试样于烧杯中，用氢氧化钠溶液调至弱碱性 pH=7 ~ 8，60 ℃水浴加热 30 min 以除酒精，放冷，用水定容至 50 mL 备用。

②固体、半固体试样处理：a. 低脂、低蛋白样品（果酱、果冻、水果罐头、果丹类、蜜饯凉果、浓缩果汁、面包、糕点、饼干、复合调味料、带壳熟制坚果和籽类、腌渍的蔬菜等）：称取打碎、混匀的样品 3.00 g ~ 5.00 g 于 50 mL 离心管中，加 30 mL 水，振摇，超声提取 20 min，混匀，离心 (3000 r/min)10 min，过滤，用水分次洗涤残渣，收集滤液并定容至 50 mL，混匀备用。

b. 高蛋白样品（酸乳、雪糕、冰淇淋等奶制品及豆制品、腐乳等）：棒冰、雪糕、冰淇淋等分别放置于 250 mL 烧杯中，待融化后搅匀称取；称取样品 3.00g ~ 5.00g 于 50 mL 离心管中，加 30 mL 水，超声提取 20 min，加 2 mL 亚铁氰化钾溶液，混匀，再加入 2 mL 硫酸锌溶液，混匀，离心 (3000 r/min)10 min，过滤，用水分次洗涤残渣，收集滤液并定容至 50 mL，混匀备用。

c. 高脂样品（奶油制品、海鱼罐头、熟肉制品等）：称取打碎、混匀的样品 3.00g ~ 5.00g 于 50 mL 离心管中，加入 25 mL 石油醚，振摇，超声提取 3 min，再混匀，离心 (1000 r/min 以上)10 min，弃石油醚，再用 25 mL 石油醚提取一次，弃石油醚，60 ℃水浴挥发去除石油醚，残渣加 30 mL 水，混匀，超声提取 20 min，加 2 mL 亚铁氰化钾溶液，混匀，再加入 2 mL 硫酸锌溶液，混匀，离心 (3 000 r/min)10 min，过滤，用水洗涤残渣，收集滤液并定容至 50 mL，混匀备用。

③衍生化：准确移取液体试样溶液、固体、半固体试样溶液 10.0 mL 于 50 mL 带盖离心管中。离心管置试管架上冰浴中 5 min 后，准确加入 5.00 mL 正庚烷，加入 2.5 mL 亚硝酸钠溶液，2.5 mL 硫酸溶液，盖紧离心管盖，摇匀，在冰浴中放置 30 min，其间振摇 3 次 ~ 5 次；加入 2.5g 氯化钠，盖上盖后置旋涡混合器上振动 1 min(或振摇 60 次 ~ 80 次)，低温离心 (3 000 r/min)10 min 分层或低温静置 20 min 至澄清分层后取上清液放置 1 ℃ ~ 4 ℃冰箱冷藏保存以备进样用。

（2）标准溶液系列的制备及衍生化

准确移取 1.00 mg/mL 环己基氨基磺酸标准溶液 0.50 mL、1.00 mL、2.50 mL、5.00 mL、10.0 mL、25.0 mL 于 50 mL 容量瓶中，加水定容。配成标准溶液系列浓度为：0.01 mg/mL、0.02 mg/mL、0.05 mg/mL、0.10 mg/mL、0.20 mg/mL、0.50 mg/mL。临用时配制以备衍生化用。

准确移取标准系列溶液 10.0 mL 同上述③的衍生化。

（3）测 定

①色谱条件 a. 色谱柱：弱极性石英毛细管柱 (内涂 5% 苯基甲基聚硅氧烷，30m×0.53 mm×1.0μm) 或等效柱；b. 柱温升温程序：初温 55 ℃保持 3 min，10 ℃ / min 升温至 90 ℃保持 0.5 min，20 ℃ / min 升温至 200 ℃保持 3 min；c. 进样口：温度 230 ℃；进样量 1μL，不分流 / 分流进样，分流比 1 ∶ 5(分流比及方式可根据色谱仪器条件调整)；d. 检测器：氢火焰离子化检测器 (FID)，温度 260 ℃；e. 载气：高纯氮气，流量 12.0 mL/min，尾吹 20 mL/min；f) 氢气：30 mL/min；空气 330 mL/min(载气、氢气、空气流量大小可根据仪器条件进行调整)。

②色谱分析：分别吸取 1 μL 经衍生化处理的标准系列各浓度溶液上清液，注入气相色谱仪中，可测得不同浓度被测物的响应值峰面积，以浓度为横坐标，以环己醇亚硝酸酯和环己醇两峰面积之和为纵坐标，绘制标准曲线。

在完全相同的条件下进样 1 μL 经衍生化处理的试样待测液上清液，保留时间定性，测得峰面积，根据标准曲线得到样液中的组分浓度；试样上清液响应值若超出线性范围，应用正庚烷稀释后再进样分析。平行测定次数不少于两次。

5. 分析结果的表述

试样中环己基氨基磺酸含量按式 (6-5) 计算：

$$X_1 = \frac{c}{m} \times V \tag{6-5}$$

式中：

X_1——试样中环己基氨基磺酸的含量，单位为克每千克 (g/kg)；

c——由标准曲线计算出定容样液中环己基氨基磺酸的浓度，单位为毫克每毫升 (mg/mL)；

m——试样质量，单位为克 (g)；

V——试样的最后定容体积，单位为毫升 (mL)。

第四节　食品中漂白剂的检测

一、测定漂白剂含量的意义

食品漂白剂是指能够破坏或者抑制食品色泽形成因素，使其色泽褪去或者避免食品褐变的一类添加剂，其具有漂白、增白、防褐变的作用。食品中的漂白剂本身无营养价值，且对人体健康有一定影响，在使用过程中要严格控制使用量。在低剂量下使用食品漂白剂是安全的，但使用过量会对人们的身体造成不同程度的伤害。

二、食品中漂白剂的种类

食品漂白剂按其作用机理可分为氧化型漂白剂和还原型漂白剂两类。氧化型漂白剂是通过本身强烈的氧化作用使着色物质被氧化破坏，从而达到漂白目的，如过氧化氢、过硫酸铵、过氧化苯甲酰、二氧化氯等。还原型漂白剂是通过还原作用发挥漂白作用，如亚硫酸钠、亚硫酸氢钠、低亚硫酸钠、无水亚硫酸钾、焦亚硫酸钾。氧化型漂白剂的作用较强，会破坏食品中的营养成分，残留也较多。还原型漂白剂的作用比较缓和，但是被它漂白的色素一旦再被氧化，可能重新显色，如亚硫酸及其盐类。

三、食品中漂白剂的测定方法

还原型漂白剂的检测方法有盐酸副玫瑰苯胺比色法、滴定法、碘量法、极谱法和高效液相色谱法等；氧化型漂白剂的检测方法有滴定法、比色定量法、高效液相色谱法和极谱法等。下面介绍滴定法、钛盐比色法和盐酸副玫瑰苯胺法测定食品中的漂白剂。

（一）滴定法测定二氧化硫

1. 原　理

在密闭容器中对样品进行酸化并加热蒸馏，蒸出物用乙酸铅溶液吸收。吸收后的溶液用浓盐酸酸化，再用碘标准溶液滴定，根据所消耗的碘标准溶液量计算试样中二氧化硫的含量。

2. 适用范围

适用于果脯、干菜、米粉类、粉条、砂糖、食用菌和葡萄酒等食品中总二氧化硫的测定。

3. 试　剂

（1）色谱柱：弱极性石英毛细管柱(内涂 5% 苯基甲基聚硅氧烷，30m×0.53 mm×1.0μm) 或等效柱；（2）柱温升温程序：初温 55 ℃保持 3 min，10 ℃ / min 升温至 90 ℃保持 0.5 min，20 ℃ / min 升温至 200 ℃保持 3 min；（3）进样口：温度 230 ℃；进样量 1μL，不分流 / 分流进样，分流比 1 ： 5(分流比及方式可根据色谱仪器条件调整)；（4）检测器：氢火焰离子化检测器 (FID)，温度 260 ℃；（5）载气：高纯氮气，流量 12.0 mL/min，尾吹 20 mL/min；（6）氢气:30 mL/min；空气 330 mL/min(载气、氢气、空气流量大小可根据仪器条件进行调整)。

4. 仪器

（1）全玻璃蒸馏器；（2）碘量瓶；（3）酸式滴定管；（4）剪切式粉碎机

5. 操作方法

（1）样品处理：固体样品用刀切或剪刀剪成碎末后混匀，称取约 5.00 g 均匀样品。液体样品可直接吸取 5.0 ~ 10.0 mL 样品。

（2）测定

①蒸馏：将称好的样品置入圆底烧瓶中，加入 250 mL 水，装上冷凝装置，冷凝管下

端应插入碘量瓶中的 25 mL 乙酸铅（20 g/L）吸收液中，然后在蒸馏瓶中加入 10 mL 盐酸（1+1），立即盖塞加热蒸馏。当蒸馏液约为 200L 时，使冷凝管下端离开液面，再蒸馏 1 min，用少量蒸馏水冲洗插入乙酸铅溶液中的装置部分。在检测样品的同时要做试剂空白试验。

②滴定：在取下的碘量瓶中依次加入 10 mL 浓盐酸、1 mL 淀粉指示液，摇匀之后用 0.01 mol/L 碘标准溶液滴定至变为蓝色且在 30 s 内不褪色为止。

6. 结果计算

样品中二氧化硫的含量按公式（6-6）进行计算。

$$X = \frac{V_1 - V_2 \times 0.01 \times 0.032 \times 1\,000}{m} \qquad (6\text{-}6)$$

式中：

X——样品中二氧化硫的总含量，g/kg；

V_1——滴定样品所用碘标准溶液的体积，mL；

V_2——滴定试剂空白所用碘标准溶液的体积，mL；

m——样品的质量，g；

0.01——标准溶液的浓度，mol/L；

0.032——与 1 L 碘标准溶液相当的二氧化硫的质量，g/ mmol。

（二）钛盐比色法测定过氧化氢

1. 原　理

过氧化氢在酸性溶液中，与钛离子生成稳定的橙色过氧化物——钛络合物，在 430 nm 波长下，吸亮度与样品中过氧化氢的含量成正比，可用比色法测定样品中过氧化氢的含量。

2. 试　剂

（1）0.100 mol/L 高锰酸钾标准溶液；（2）2 g/mL 过氧化氢标准使用液；（3）1 mol/L 盐酸：量取 90 mL 盐酸，加入 1 000 mL 水中；（4）硫酸（1+4）：量取 10 mL 硫酸，加入 40 mL 水中；（5）钛溶液：称取 1.00 g 二氧化钛、4.00 g 硫酸铵于 250 mL 锥形瓶中，加入 100 mL 浓硫酸，上面放置一个小漏斗，置于可控温电热套中 150 ℃保温 15～16 h，冷却后以 400 mL 水稀释，最后用滤纸过滤，清液备用。

3. 仪　器

（1）天平：感量为 0.01 g；（2）高速捣碎机；（3）分光光度计。

4. 操作方法

（1）样品处理

①固体样品：称取 10 g 样品，以少量水溶解，置于 100 mL 容量瓶中。对蛋白质、脂肪含量较高的样品，可加入乙酸锌溶液 5 mL、亚铁氰化钾溶液 5 mL，用水稀释至刻度，摇匀。浸泡 30 min，用滤纸过滤，滤液作为试样液备用。

②液体试样：吸取 25 g 样品于 100 mL 容量瓶中。对蛋白质、脂肪含量较高的样品，可加入乙酸锌溶液 5 mL、亚铁氰化钾溶液 5 mL，用水稀释至刻度，摇匀。用滤纸过滤，

淀液作为试样液备用。

③若样品有颜色，加入1 g活性炭，振摇1 min，用滤纸过滤，滤液作为试样液备用，

（2）测　定：

①　吸　取0.00 mL、0.25 mL、0.50 mL、1.00 mL、2.50 mL、5.00 mL、7.50 mL及10.00 mL过氧化氢标准使用液（相当于0μg、5μg、10μg、20μg、50μg、100μg、150μg及200μg过氧化氢），分别置于25 mL比色管中。各加入钛溶液5.0 mL，用水定容至25 mL。摇匀，放置10 min。用5 cm比色皿，以空白管调节终点，于430 nm处测定吸亮度，绘制标准曲线：

②试样测定：吸取10.00 mL样品处理液于25 mL比色管中，按标准曲线绘制实验操作进行，于430 nm处测定吸亮度，同时做试剂空白试验。

如果经活性炭处理后仍有颜色干扰，应扣除试样液的本底色，即用5.0 mL稀硫酸代替钛溶液，其他按上述方法操作。

5. 结果计算

样品中过氧化氢的含量按公式（6-9）进行计算。

$$X = \frac{c \times V_1 \times B}{m \times V_2} \qquad (6\text{-}9)$$

式中：

X ——样品中过氧化氢的含量，mg/kg；

c ——试样测定液中过氧化氢的质量，μg；

V_1 ——试样处理液的体积，mL；

V_2 ——测定用样液的体积，mL；

B ——样品稀释倍数；

m ——样品的质量，g。

（三）盐酸副玫瑰苯胺法测定亚硫酸盐

1. 原　理

亚硫酸盐或二氧化硫，与四氯汞钠反应生成稳定的络合物，再与甲醛及盐酸恩波副品红反应生成紫红色物质，其色泽深浅与亚硫酸的含量成正比，可比色测定。

2. 试　剂

（1）四氯汞钠吸收液：称取27.2 g氯化汞及11.9 g氯化钠，溶于水并定容至1000 mL，放置过夜，过滤后备用;（2）12 g/L氨基磺酸胺溶液；（3）2 g/L甲醛溶液；（4）淀粉指示剂：称取1 g可溶性淀粉，用少许水调成糊状，缓缓倾入100 mL沸水中，随加随搅拌，煮沸，放冷，备用（临用时配制）；5）亚铁氰化钾溶液；（6）乙酸锌溶液：称取22 g乙酸锌溶于少量水中，加入3 mL冰醋酸，用水定容至100 mL；（7）盐酸恩波副品红溶液：称取0.1 g盐酸恩波副品红于研钵中，加少量水研磨，使溶解，并定容至100 mL，取出20 mL置于100 mL容量瓶中，加6 mol/L盐酸，充分摇匀后，使溶液由红变黄，如不变黄再滴加少量盐酸至出现黄色，用水定容至100 mL混匀备用（若无盐酸

恩波副品红，可用碱性品红代替）；（8）0.1 mol/L 碘溶液；（9）0.100 0 mol/L 硫代硫酸钠标准溶液；（10）二氧化硫标准溶液：称取 0.5 g 亚硫酸氢钠，溶于 200 mL 四氯汞钠吸收液中，放置过夜，上清液用定量滤纸过滤备用；（11）二氧化硫标准使用液：取二氧化硫标准液，用四氯汞钠吸收液稀释成 2 mg/mL 二氧化硫溶液，临用时配制；（12）0.5 mol/L 氢氧化钠溶液；（13）0.25 mol/L 硫酸溶液。

3. 仪　器

分光亮度计。

4. 操作方法

（1）样品处理

①水溶性固体试样（如白砂糖）：称取 10 g 样品，以少量水溶解，置于 100 mL 容量瓶中，加入 0.5 mol/L 氢氧化钠溶液 4 mL，5 min 后加入 0.25 mol/L 硫酸溶液 4 mL，加入 20 mL 四氯汞钠吸收液，用水稀释至刻度。

②其他固体样品（如饼干）：称取 5 ~ 10 g 样品，研磨均匀，以少量水湿润，并移入 100 mL 容量瓶中，加入 20 mL 四氯汞钠吸收液，浸泡 4 h 以上。若上层溶液不澄清，可加入亚铁氰化钾及乙酸锌溶液各 2.5 mL，最后用水稀释至刻度。

③液体试样（如葡萄酒）：吸取 5 ~ 10 mL 样品于 100 mL 容量瓶中，以少量水稀释，加入 20 mL 四氯汞钠吸收液，用水稀释至刻度，混匀，备用。

（2）测　定

① 吸 取 0.00 mL、0.20 mL、0.40 mL、0.60 mL、0.80 mL、1.00 mL 1.50 mL 及 2.00 mL 二 氧 化 硫 标 准 使 用 液（ 相 当 于 0.0 mg、0.4 mg、0.8 mg、1.2 mg、1.6 mg、2.0 mg、3.0 mg 及 4.0 mg 二氧化硫），分别置于 25 mL 比色管中。各加入四氯汞钠吸收液至 10 mL，然后再各加入 1 mL 1.2% 氨基磺酸胺溶液、1 mL 0.2% 甲醛溶液及 1 mL 盐酸恩波副品红溶液。摇匀，放置 20 min。用 1 cm 比色皿，以不加二氧化硫标准液的比色管溶液作参比，于 550 nm 处测定吸亮度，绘制标准曲线。

②试样测定：吸取 0.5 ~ 5.0 mL 样品处理液（视含量高低而定）于 25 mL 比色管中，按标准曲线绘制实验操作进行，于 550 nm 处测定吸亮度，由标准曲线查出试液中二氧化硫的含量。

5. 结果计算

样品中二氧化硫的含量按公式（6-8）进行计算。

$$X = \frac{A \times 1\,000}{m \times \dfrac{V}{100} \times 1\,000 \times 1\,000} \qquad (6\text{-}8)$$

式中：

X ——样品中二氧化硫的总含量，g/kg；

V ——测定用样液的体积，mL；

A ——测定用样液中二氧化硫的质量，μg；

m ——样品的质量，g。

6. 说 明

（1）颜色较深样品，需用活性炭脱色。

（2）样品中加入四氯汞钠吸收液以后，溶液中的二氧化硫含量在 24 h 之内稳定，测定需在 24 h 内进行。（四氯汞钠作为萃取剂，如果用水萃取，易造成二氧化硫的丢失，20 ℃时，1 体积水溶解 40 体积二氧化硫。）

（3）四氯汞钠毒性甚大，有人研究用 EDTA 代替。

（4）最适宜反应温度为 20 ℃ ~ 25 ℃，温度低，灵敏度低，故标准管与样品管需在相同温度下显色。若温度为 15 ℃ ~ 16 ℃，放置时间需延长为 25 min。

（5）盐酸恩波副品红中的盐酸用量对显色有影响，加入盐酸量多，显色浅；量少，显色深，所以要按规定进行。

（6）甲醛浓度在 0.15% ~ 0.25% 时，颜色稳定，故选择 0.2% 甲醛溶液。

（7）盐酸恩波副品红加入盐酸调成黄色，放置过夜后使用，以空白管不显色为宜，否则应重新调节。

第五节　食品中抗氧化剂的检测

一、测定抗氧化剂含量的意义

食品在加工、贮藏过程中和空气中的氧发生化学变化会出现褪色、变色，产生异味异臭的现象，在含油脂多的食品中尤其严重。为了阻止或延缓食品氧化变质，提高食品稳定型和延长贮存期，需要采取物理或者化学方法抑制氧化。物理方法包括避光、降温、干燥、密封、除氧、充氮或真空包装等，化学方法需要添加抗氧化剂。抗氧化剂的添加必须符合相关标准的限量要求，如《食品安全国家标准食品添加剂使用标准》（GB 2760-2014）中规定了抗氧化剂的允许使用品种、使用范围以及最大使用量或残留，过量添加会损害人体健康。因此，食品中抗氧化剂的检测非常重要。

二、食品中抗氧化剂的种类

目前，对食品抗氧化剂的分类尚没有统一的标准。由于分类依据不同，会产生不同的分类结果。按其溶解性能，抗氧化剂可分为油溶性的和水溶性的两类；按来源可分为天然的和合成的两类。我国允许使用的油溶性抗氧化剂主要有叔丁基羟基茴香醚（B hA）、2,6-二叔丁基对甲酚（B hT）、没食子酸丙酯（PG）、特丁基对苯二酚（TB hQ）等。

三、食品中抗氧化剂的测定方法

《食品安全国家标准 食品中 9 种抗氧化剂的测定》（GB 5009.32-2016）中规定了食品中没食子酸丙酯 (PG)、2，4，5- 三羟基苯丁酮 (T hBP)、叔丁基对苯二酚 (TB hQ)、去甲二氢愈创木酸（NDGA）、叔丁基对羟基茴香醚（BhA）、2，6- 二叔丁基 -4- 羟甲基苯酚(Ionox-100)、没食子酸辛酯（OG）、2，6- 二叔丁基对甲基苯酚（BhT）、没食子酸十二酯（DG)9 种抗氧化剂的 5 种测定方法：高效液相色谱法、液相色谱串联质谱法、气相色谱质谱法、气相色谱法以及比色法。《食品中叔丁基羟基茴香醚（BhA）和 2，6- 二叔丁基对甲酚（BhT）的测定》（GB/T 5009.30-2003）规定了 BhA 和 BhT 含量的 3 种测定方法：气相色谱法、薄层色谱法和比色法。

下面介绍气相色谱法、液相色谱法、气相色谱质谱法、液相色谱串联质谱法和比色法测定食品中的抗氧化剂。

（一）气相色谱法测定 BhA 和 BhT

1. 原 理

样品中的 BhA 和 BhT 用石油醚提取，通过柱层析净化，用二氯甲烷洗脱，浓缩后，经气相色谱分析，根据样品峰高与标准峰高比较定量。

2. 适用范围

气相色谱法适用于糕点、植物油等食品中 BhA、BhT 含量的测定。

3. 试 剂

（1）石油醚：沸程 30 ℃ ~ 60 ℃；（2）二氯甲烷：分析纯；（3）二硫化碳：分析纯；（4）无水硫酸钠：分析纯；（5）硅胶：60 ~ 800 于 120 ℃活化 4 h，放干燥器备用；（6）弗罗里硅土：60 ~ 80 目，于 120 ℃活化 4 h，放干燥器备用；（7）BhA、BhT 混合标准储备液：准确称取 BhA、BhT 各 0.100 0 g，混合后用二硫化碳溶解，定容至 100 mL 每毫升此溶液分别含有 1.0 mg BhA 和 BhT，置于冰箱内保存；（8）BhA、BhT 混合标准使用液：吸取标准储备液 4 mL 于 100 mL 容量瓶中，用二硫化碳定容至 100 mL 每毫升此溶液分别含有 0.040 mg BhA 和 BhT，置于冰箱内保存。

4. 仪器

（1）气相色谱仪：附 FID 检测器；（2）蒸发器：容积 200 mL；（3）振荡器；（4）层析柱：1 cm × 30 cm 玻璃柱，带活塞；（5）色谱柱：柱长 1.5 m，内径 3 mm，玻璃柱。

5. 操作步骤

（1）试样处理：

①样品的制备：称取 500 g 含油脂较多的试样（含油脂少的试样取 1 000 g），用对角线取四分之二或六分之二，或根据试样情况取有代表性试样，在研钵中研碎，混合均匀后放置于广口瓶内保存于冰箱中。

②脂肪的抽提：含油脂高的试样（如桃酥等）：称取 50 g，混合均匀，置于 250 mL 具塞锥形瓶中，加 50 mL 石油醚，放置过夜，用快速滤纸过滤后，减压回收溶剂，残留脂肪备用。

含油脂中等的试样（如蛋糕、江米条等）：称取 100 g，混合均匀，置于 250 mL 具塞锥形瓶中，加 100 ~ 200 mL 石油醚，放置过夜，用快速滤纸过滤后，减压回收溶剂，残留脂肪备用。

含油脂少的试样（如面包、饼干等）：称取 250 ~ 300 g，混合均匀，置于 500 mL 具塞锥形瓶中，加适量石油醚浸泡试样，放置过夜，用快速滤纸过滤后，减压回收溶剂，残留脂肪备用。

（2）试样液的制备

①层析柱的制备：于层析柱底部加入少量玻璃棉、少量无水硫酸钠，将硅胶 - 弗罗里硅土（6+4）10 g，用石油醚湿法装柱，柱顶部再加入少量无水硫酸钠。

②试样制备：称取上述制备的脂肪 0.5 ~ 1.0 g，用 25 mL 石油醚移至制备好的层析柱上，再以 100 mL 二氯甲烷分五次淋洗，合并淋洗液，减压浓缩近干时，用二硫化碳定容至 2.0 mL，该溶液为待测溶液。

③植物油试样的制备：称取混合均匀试样 2.0g，放入 50 mL 烧杯中，加 30 mL 石油醚溶解，转移至制备好的层析柱上，再用 10 mL 石油醚分数次洗涤烧杯，并转移至层析柱，再以 100 mL 二氯甲烷分五次淋洗，合并淋洗液，减压浓缩近干时，用二硫化碳定容至 2.0 mL 该溶液为待测溶液。

（3）测定注入气相色谱 3.0 μL 标准使用液，绘制色谱图，分别量取各组分峰高或面积；注入 3.0 μL 试样待测溶液，绘制色谱图，分别量取峰高或面积，与标准峰高或面积比较计算含量。

6. 结果计算

样品中的 BhA 或 BhT 的含量按式（6-10）进行计算。

$$X_i = \frac{h_i \times V_m \times V_s \times c_s \times 1\,000}{h_s \times V_i \times m \times 1\,000} \qquad (6\text{-}10)$$

式中：

X_i——样品中 BhA 或 BhT 的含量，g/kg；

m——油脂的质量，g；

h_s——标准使用液中 BhA 或 BhT 的峰高或面积；

h_i——注入色谱试样中 BhA 或 BhT 的峰高或面积；

V_m——待测试样定容的体积 . mL；

V_i——注入色谱试样溶液的体积 . mL；

V_s——注入色谱中标准使用液的体积，mL；

c_s——标准使用液的浓度，mg/mL。

7. 色谱柱参考条件

（1）温度：柱温 140 ℃，进样口温度 200 ℃，检测器温度 200 ℃。

（2）载气流量：氮气 70 mL/min；燃气：氢气 50 mL/min；助燃气：空气 500 mL/min。

（二）液相色谱法测定食品中 9 种抗氧化剂

1. 原　理

油脂样品经有机溶剂溶解后，使用凝胶渗透色谱 (GPC) 净化；固体类食品样品用正己烷溶解，用乙腈提取，固相萃取柱净化。高效液相色谱法测定，外标法定量。

2. 试剂和材料

（1）试剂：①甲酸（hCOOh）；②乙腈（Ch₃CN）；③甲醇（Ch₃Oh）；④正己烷（C₆h₁₄）：分析纯，重蒸；⑤乙酸乙酯（Ch₃COOCh₂Ch₃）；⑥环己烷（C₆h₁₂）；⑦氯化钠（NaCl）：分析纯；⑧无水硫酸钠（Na₂sO₄）：分析纯，650 ℃灼烧 4 h，贮存于干燥器中，冷却后备用。

（2）试剂配制

①乙腈饱和的正己烷溶液：正己烷中加入乙腈至饱和；②正己烷饱和的乙腈溶液：乙腈中加入正己烷至饱和；③乙酸乙酯和环己烷混合溶液 (1+1)：取 50 mL 乙酸乙酯和 50 mL 环己烷混匀；④乙腈和甲醇混合溶液 (2+1)：取 100 mL 乙腈和 50 mL 甲醇混合；⑤饱和氯化钠溶液：水中加入氯化钠至饱和；⑥甲酸溶液 (0.1+99.9)：取 0.1 mL 甲酸移入 100 mL 容量瓶，定容至刻度。

（3）标准品：①叔丁基对羟基茴香醚：纯度 ≥ 98%；②2，6-二叔丁基对甲基苯酚：纯度 ≥ 98%；③没食子酸辛酯：纯度 ≥ 98%；④没食子酸十二酯：纯度 ≥ 98%；⑤没食子酸丙酯：纯度 ≥ 98%；⑥去甲二氢愈创木酸：纯度 ≥ 98%；⑦2，4，5-三羟基苯丁酮：纯度 ≥ 98%；⑧叔丁基对苯二酚：纯度 ≥ 98%；⑨2，6-二叔丁基-4-羟甲基苯酚：纯度 ≥ 98%。

（4）标准溶液配制

①抗氧化剂标准物质混合储备液：准确称取 0.1 g(精确至 0.1 mg) 固体抗氧化剂标准物质，用乙腈溶于 100 mL 棕色容量瓶中，定容至刻度，配制成浓度为 1 000 mg/L 的标准混合储备液，0 ℃～ 4 ℃避光保存。

②抗氧化剂混合标准使用液：移取适量体积的浓度为 1000 mg/L 的抗氧化剂标准物质混合储备液分别稀释至浓度为 20 mg/L、50 mg/L、100 mg/L、200 mg/L、400 mg/L 的混合标准使用液。

（5）材料

①C18 固相萃取柱：2 000 mg/12 mL；②有机系滤膜：孔径 0.22 μm。

3. 仪器和设备

①C18 固相萃取柱：2 000 mg/12 mL；②有机系滤膜：孔径 0.22 μm。

4. 分析步骤

（1）试样制备

固体或半固体样品粉碎混匀，然后用对角线法取四分之二或六分之二，或根据试样情况取有代表性试样，密封保存；液体样品混合均匀，取有代表性试样，密封保存。

（2）测定步骤

①提取：a. 固体类样品：称取 1 g(精确至 0.01 g) 试样 (5.1) 于 50 mL 离心管中，加入 5 mL 乙腈饱和的正己烷溶液，涡旋 1 min 充分混匀，浸泡 10 min。加入 5 mL 饱和氯化钠溶液，用 5 mL 正己烷饱和的乙腈溶液涡旋 2 min，3000 r/min 离心 5 min，收集乙腈层于试管中，再重复使用 5 mL 正己烷饱和的乙腈溶液提取 2 次，合并 3 次提取液，加

0.1% 甲酸溶液调节 pH=4，待净化。同时做空白试验。

b. 油类：称取 1 g(精确至 0.01 g) 试样于 50 mL 离心管中，加入 5 mL 乙腈饱和的正己烷溶液溶解样品，涡旋 1 min，静置 10 min，用 5 mL 正己烷饱和的乙腈溶液涡旋提取 2 min，3000 r/min 离心 5 min，收集乙腈层于试管中，再重复使用 5 mL 正己烷饱和的乙腈溶液提取 2 次，合并 3 次提取液，待净化。同时做空白试验。

②净化：在 C18 固相萃取柱中装入约 2 g 的无水硫酸钠，用 5 mL 甲醇活化萃取柱，再以 5 mL 乙腈平衡萃取柱，弃去流出液。将上述所有提取液倾入柱中，弃去流出液，再以 5 mL 乙腈和甲醇的混合溶液洗脱，收集所有洗脱液于试管中，40 ℃下旋转蒸发至干，加 2 mL 乙腈定容，过 0.22 μm 有机系滤膜，供液相色谱测定。

③凝胶渗透色谱法 (纯油类样品可选)：称取样品 10 g(精确至 0.01 g) 于 100 mL 容量瓶中，以乙酸乙酯和环己烷混合溶液定容至刻度，作为母液；取 5 mL 母液于 10 mL 容量瓶中以乙酸乙酯和环己烷混合溶液定容至刻度，待净化。取 10 mL 待测液加入凝胶渗透色谱 (GPC) 进样管中，使用 GPC 净化，收集流出液，40 ℃下旋转蒸发至干，加 2 mL 乙腈定容，过 0.22μm 有机系滤膜，供液相色谱测定。同时做空白试验。

（3）液相色谱仪条件

①色谱柱：C18 柱，柱长 250 mm，内径 4.6 mm，粒径 5μm，或等效色谱柱；②流动相 A：0.5% 甲酸水溶液，流动相 B：甲醇；③洗脱梯度：0 ～ 5 min 流动相 (A)50%，5 min ～ 15 min：流动相 (A) 从 50% 降至 20%，15 min ～ 20 min 流动相 (A)20%，20 min ～ 25 min：流动相 (A) 从 20% 降至 10%，25 min ～ 27 min：流动相 (A) 从 10% 增至 50%，27 min ～ 30 min：流动相 (A)50%；④柱温：35 ℃；⑤进样量：5 μL；⑥检测波长：280 nm。

（4）标准曲线的制作

将系列浓度的标准工作液分别注入液相色谱仪中，测定相应的抗氧化剂，以标准工作液的浓度为横坐标，以响应值(如峰面积、峰高、吸收值等) 为纵坐标，绘制标准曲线。9 种抗氧化剂标准液相色谱图见 6-3。

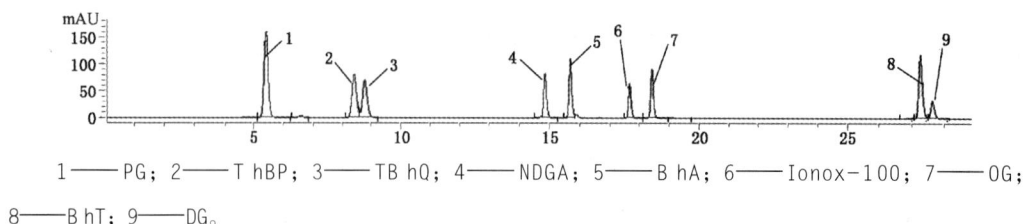

1——PG；2——ThBP；3——TBhQ；4——NDGA；5——BhA；6——Ionox-100；7——OG；8——BhT；9——DG。

图 6-3　50 mg/L 抗氧化剂标准溶液液相色谱图

（5）试样溶液的测定

将试样溶液注入高效液相色谱仪中，得到相应色谱峰的响应值，根据标准曲线得到待测液中抗氧化剂的浓度。

5. 分析结果的表述

.试样中抗氧化剂含量按式 (6-11) 计算：

$$X_i = \rho_i \times \frac{V}{m} \tag{6-11}$$

式中：

X_i——试样中抗氧化剂含量，单位为毫克每千克 (mg/kg)；

ρ_i——从标准曲线上得到的抗氧化剂溶液浓度，单位为微克每毫升 (μg/mL)；

V——样液最终定容体积，单位为毫升 (mL)；

m——称取的试样质量，单位为克 (g)。

（三）气相色谱质谱法测定食品中 9 种抗氧化剂

1. 原　理

油脂样品经有机溶剂溶解后，使用凝胶渗透色谱 (GPC) 净化；固体类食品样品用正己烷溶解，用乙腈提取，固相萃取柱净化。气相色谱—质谱联用仪测定，外标法定量。

2. 试剂和材料

（1）试剂：①甲酸 (hCOOh)；②乙腈 (Ch₃CN)；③甲醇 (Ch₃Oh)；④正己烷 (C₆h₁₄)：分析纯，重蒸；⑤乙酸乙酯 (Ch₃COOCh₂Ch₃)；⑥环己烷 (C₆h₁₂)；⑦氯化钠 (NaCl)：分析纯；⑧无水硫酸钠 (Na₂SO₄)：分析纯，650 ℃灼烧 4 h，贮存于干燥器中，冷却后备用。

（2）试剂配制：①乙腈饱和的正己烷溶液：正己烷中加入乙腈至饱和；②正己烷饱和的乙腈溶液：乙腈中加入正己烷至饱和；③乙酸乙酯和环己烷混合溶液 (1+1)：取 50 mL 乙酸乙酯和 50 mL 环己烷混匀；④乙腈和甲醇混合溶液 (2+1)：取 100 mL 乙腈和 50 mL 甲醇混合；⑤饱和氯化钠溶液：水中加入氯化钠至饱和；⑥甲酸溶液 (0.1+99.9)：取 0.1 mL 甲酸移入 100 mL 容量瓶，定容至刻度。

（3）标准品：①叔丁基对羟基茴香醚：纯度 ≥ 98%；②叔丁基对苯二酚：纯度 ≥ 98%；③2，6- 二叔丁基对甲基苯酚：纯度 ≥ 98%；④2，6- 二叔丁基 -4- 羟甲基苯酚：纯度 ≥ 98%。

（4）标准溶液配制：①叔丁基对羟基茴香醚：纯度 ≥ 98%；②叔丁基对苯二酚：纯度 ≥ 98%；③2,6- 二叔丁基对甲基苯酚：纯度 ≥ 98%；④2,6- 二叔丁基 -4- 羟甲基苯酚：纯度 ≥ 98%。

（5）材料：①C₁₈固相萃取柱：2 000 mg/12 mL；②有机系滤膜：孔径 0.22 μm。

3. 仪器和设备

（1）离心机：转速 ≥ 3 000 r/min；（2）旋转蒸发仪；（3）气相色谱质谱联用仪；（4）凝胶渗透色谱仪；（5）分析天平：感量为 0.01 g 和 0.1 mg；（6）涡旋振荡器。

4. 分析步骤

（1）试样制备

固体或半固体样品粉碎混匀，然后用对角线法取四分之二或六分之二，或根据试样情况取有代表性试样，密封保存；液体样品混合均匀，取有代表性试样，密封保存。

（2）测定步骤

①提取：

a. 固体类样品：称取 1 g(精确至 0.01 g) 试样于 50 mL 离心管中，加入 5 mL 乙腈饱和的正己烷溶液，涡旋 1 min 充分混匀，浸泡 10 min。加入 5 mL 饱和氯化钠溶液，用 5 mL 正己烷饱和的乙腈溶液涡旋 2 min，3000 r/min 离心 5 min，收集乙腈层于试管中，再重复使用 5 mL 正己烷饱和的乙腈溶液提取 2 次，合并 3 次提取液，加 0.1% 甲酸溶液调节 pH=4，待净化。同时做空白试验。b. 油类：称取 1 g(精确至 0.01 g) 试样于 50 mL 离心管中，加入 5 mL 乙腈饱和的正己烷溶液溶解样品，涡旋 1 min，静置 10 min，用 5 mL 正己烷饱和的乙腈溶液涡旋提取 2 min，3000 r/min 离心 5 min，收集乙腈层于试管中，再重复使用 5 mL 正己烷饱和的乙腈溶液提取 2 次，合并 3 次提取液，待净化。同时做空白试验。

②净化：在 C18 固相萃取柱中装入约 2 g 的无水硫酸钠，用 5 mL 甲醇活化萃取柱，再以 5 mL 乙腈平衡萃取柱，弃去流出液。将上述所有提取液倾入柱中，弃去流出液，再以 5 mL 乙腈和甲醇的混合溶液洗脱，收集所有洗脱液于试管中，40 ℃下旋转蒸发至干，加 2 mL 乙腈定容，过 0.22 μm 有机系滤膜，供液相色谱测定。

③凝胶渗透色谱法（纯油类样品可选）：称取样品 10 g(精确至 0.01 g) 于 100 mL 容量瓶中，以乙酸乙酯和环己烷混合溶液定容至刻度，作为母液；取 5 mL 母液于 10 mL 容量瓶中以乙酸乙酯和环己烷混合溶液定容至刻度，待净化。取 10 mL 待测液加入凝胶渗透色谱 (GPC) 进样管中，使用 GPC 净化，收集流出液，40 ℃下旋转蒸发至干，加 2 mL 乙腈定容，过 0.22 μm 有机系滤膜，供液相色谱测定。同时做空白试验。

（3）气相色谱质谱仪条件

①色谱柱：5% 苯基 - 甲基聚硅氧烷毛细管柱，柱长 30 m，内径 0.25 mm，膜厚 0.25 μm，或等效色谱柱；

②色谱柱升温程序：70 ℃保持 1 min，然后以 10 ℃ / min 程序升温至 200 ℃保持 4 min，再以 10 ℃ /min 升温至 280 ℃保持 4 min；

③载气：氦气，纯度≥ 99.999%，流速 1 mL/min；

④进样口温度：230 ℃；

⑤进样量：1 μL；

⑥进样方式：无分流进样，1 min 后打开阀；

⑦电子轰击源：70 eV；

⑧离子源温度：230 ℃；

⑧ GC-M s 接口温度：280 ℃；

⑩溶剂延迟 8 min；

⑪选择离子监测：每种化合物分别选择一个定量离子，2 ~ 3 个定性离子。每组所有需要检测离子按照出峰顺序，分时段分别检测。每种化合物的保留时间、定量离子、定性离子、驻留时间见表 6-4。

表6-4 食品中抗氧化剂的保留时间、定量离子、定性离子及丰度比值和驻留时间

抗氧化剂名称	保留时间 min	定量离子	定性离子 1	定性离子 2	驻留时间 m s
B hA	11.981	165(100)	137(76)	180(50)	20
B hT	12.251	205(100)	145(13)	220(25)	20
TB hQ	12.805	151(100)	123(100)	166(47)	20
Ionox-100	15.598	221(100)	131(8)	236(23)	20

（4）定性测定

在相同试验条件下进行样品测定时，如果检出的色谱峰的保留时间与标准样品相一致，并且在扣除背景后的样品质谱图中，所选择的离子均出现，而且所选择的离子丰度比与标准样品相一致（相对丰度 >50%，允许 ±20% 偏差；相对丰度 >20% ~ 50%，允许 ±25% 偏差；相对丰度 >10% ~ 20%，允许 ±30% 偏差；相对丰度 ≤ 10%，允许 ±50% 偏差），则可判断样品中存在这种抗氧化剂。

（5）标准曲线的制作

将标准系列工作液进行气相色谱质谱联用仪测定，以定量离子峰面积对应标准溶液浓度绘制标准曲线。4 种抗氧化剂选择离子监测 GC-M s 图，如图 6-4。

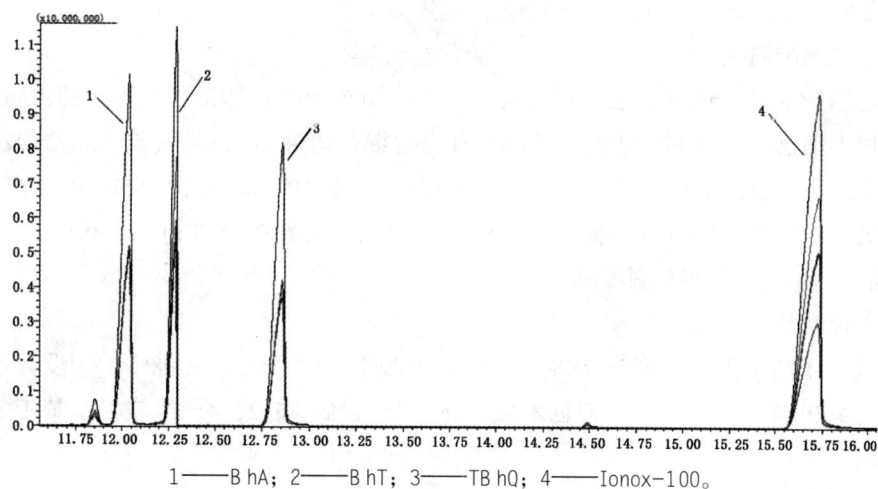

1——B hA；2——B hT；3——TB hQ；4——Ionox-100。

图6-4 食品中 4 种抗氧化剂选择离子监测 GC-M s 图

（6）试样溶液的测定

将试样溶液注入气相色谱质谱联用仪中，得到相应色谱峰响应值，根据标准曲线得到待测液中抗氧化剂的浓度。

5. 分析结果的表述

试样中抗氧化剂含量按式 (6-12) 计算：

$$X_i = \rho_i \times \frac{V}{m} \qquad (6\text{-}12)$$

式中：

X_i——试样中抗氧化剂含量，单位为毫克每千克 (mg/kg)；

ρ_i——从标准曲线上得到的抗氧化剂溶液浓度，单位为微克每毫升 (μg/mL)；

V——样液最终定容体积，单位为毫升 (mL)；

m——称取的试样质量，单位为克 (g)。

（四）液相色谱串联质谱法测定食品中 9 种抗氧化剂

1. 原　理

油脂样品经有机溶剂溶解后，使用凝胶渗透色谱 (GPC) 净化；固体类食品样品用正己烷溶解，用乙腈提取，固相萃取柱净化。液相色谱串联质谱联用仪测定，外标法定量。

2. 试剂和材料

（1）试剂：①甲酸 ($hCOOh$)；②乙腈 (Ch_3CN)；③甲醇 (Ch_3Oh)；④正己烷 (C_6h_{14})：分析纯，重蒸；⑤乙酸乙酯 ($Ch_3COOCh_2Ch_3$)；⑥环己烷 (C_6h_{12})；⑦氯化钠 (NaCl)：分析纯；⑧无水硫酸钠 (Na_2sO_4)：分析纯，650 ℃灼烧 4 h，贮存于干燥器中，冷却后备用。

（2）试剂配制

①乙腈饱和的正己烷溶液：正己烷中加入乙腈至饱和；②正己烷饱和的乙腈溶液：乙腈中加入正己烷至饱和；③乙酸乙酯和环己烷混合溶液 (1+1)：取 50 mL 乙酸乙酯和 50 mL 环己烷混匀；④乙腈和甲醇混合溶液 (2+1)：取 100 mL 乙腈和 50 mL 甲醇混合；⑤饱和氯化钠溶液：水中加入氯化钠至饱和；⑥甲酸溶液 (0.1+99.9)：取 0.1 mL 甲酸移入 100 mL 容量瓶，定容至刻度。

（3）标准品

①没食子酸辛酯：纯度 ≥ 98%；②没食子酸十二酯：纯度 ≥ 98%；③没食子酸丙酯：纯度 ≥ 98%；④去甲二氢愈创木酸：纯度 ≥ 98%；⑤ 2，4，5- 三羟基苯丁酮：纯度 ≥ 98%。

（4）标准溶液配制

①标准物质储备液：准确称取 0.1 g(精确至 0.1 mg) 固体抗氧化剂标准物质，用乙腈溶于 100 mL 棕色容量瓶中，定容至刻度，配置成浓度为 1 000 mg/L 的标准储备液，0 ℃ ~ 4 ℃避光保存；②标准物质中间液：移取标准物质储备液 1.0 mL 于 100 mL 容量瓶中，用乙腈定容，配制成浓度为 10 mg/L 的混合标准中间液，0 ℃ ~ 4 ℃避光保存；③标准物质使用液：移取适量体积的标准物质中间液分别稀释至浓度为 0.01 mg/L、0.02 mg/L、0.05 mg/L、0.1 mg/L、0.2 mg/L、0.5 mg/L、1 mg/L、2 mg/L 的混合标准使用液。

（5）材　料

①C18 固相萃取柱：2 000 mg/12 mL；②有机系滤膜：孔径 0.22μm。

3. 仪器和设备

（1）离心机：转速≥3 000 r/min；（2）旋转蒸发仪；（3）液相色谱串联质谱仪；（4）凝胶渗透色谱仪；（5）分析天平：感量为 0.01 g 和 0.1 mg；（6）涡旋振荡器。

4. 分析步骤

（1）试样制备

固体或半固体样品粉碎混匀，然后用对角线法取四分之二或六分之二，或根据试样情况取有代表性试样，密封保存；液体样品混合均匀，取有代表性试样，密封保存。

（2）测定步骤

①提取：a. 固体类样品：称取 1 g(精确至 0.01g) 试样于 50 mL 离心管中，加入 5 mL 乙腈饱和的正己烷溶液，涡旋 1 min 充分混匀，浸泡 10 min。加入 5 mL 饱和氯化钠溶液，用 5 mL 正己烷饱和的乙腈溶液涡旋 2 min，3000 r/min 离心 5 min，收集乙腈层于试管中，再重复使用 5 mL 正己烷饱和的乙腈溶液提取 2 次，合并 3 次提取液，加 0.1% 甲酸溶液调节 pH=4，待净化。同时做空白试验。b. 油类：称取 1 g(精确至 0.01 g) 试样于 50 mL 离心管中，加入 5 mL 乙腈饱和的正己烷溶液溶解样品，涡旋 1 min，静置 10 min，用 5 mL 正己烷饱和的乙腈溶液涡旋提取 2 min，3000 r/min 离心 5 min，收集乙腈层于试管中，再重复使用 5 mL 正己烷饱和的乙腈溶液提取 2 次，合并 3 次提取液，待净化。同时做空白试验。

②净化：在 C18 固相萃取柱中装入约 2 g 的无水硫酸钠，用 5 mL 甲醇活化萃取柱，再以 5 mL 乙腈平衡萃取柱，弃去流出液。将上述所有提取液倾入柱中，弃去流出液，再以 5 mL 乙腈和甲醇的混合溶液洗脱，收集所有洗脱液于试管中，40 ℃下旋转蒸发至干，加 2 mL 乙腈定容，过 0.22 μm 有机系滤膜，供液相色谱测定。

③凝胶渗透色谱法 (纯油类样品可选)：称取样品 10 g(精确至 0.01 g) 于 100 mL 容量瓶中，以乙酸乙酯和环己烷混合溶液定容至刻度，作为母液；取 5 mL 母液于 10 mL 容量瓶中以乙酸乙酯和环己烷混合溶液定容至刻度，待净化。取 10 mL 待测液加入凝胶渗透色谱 (GPC) 进样管中，使用 GPC 净化，收集流出液，40 ℃下旋转蒸发至干，加 2 mL 乙腈定容，过 0.22μm 有机系滤膜，供液相色谱测定。同时做空白试验。

（3）液相色谱—串联质谱仪条件

①色谱柱：C18 键合硅胶色谱柱，柱长 50 mm，内径 2.0 mm，粒径 1.8μm，或等效色谱柱；

②流动相 A：水，流动相 B：乙腈；③流速：0.2 mL/min；④洗脱梯度：0 ~ 3 min：流动相 (B) 从 10% 至 30%，3 min ~ 5 min：流动相 (B)30%，5 min ~ 10 min：流动相 (B) 从 30% 至 80%，10 min ~ 12 min：流动相 (B)80%，12 min ~ 12.01 min 流动相 (B) 从 80% 至 10%，12.01 min ~ 14 min：流动相 (B)10%；⑤柱温：35 ℃；⑥进样量：2μL；⑦电离源模式：电喷雾离子化；⑧喷雾流速：3L/ min；⑨干燥气流速：15 L/min；⑩离

子喷雾电压：3500 V。

（4）定性测定

在相同试验条件下进行样品测定时，如果检出的色谱峰的保留时间与标准样品相一致，并且在扣除背景后的样品质谱图中，所选择的离子均出现，而且所选择的离子丰度比与标准样品相一致（相对丰度 >50%，允许 ±20% 偏差；相对丰度 >20% ~ 50%，允许 ±25% 偏差；相对丰度 >10% ~ 20%，允许 ±30% 偏差；相对丰度 ≤ 10%，允许 ±50% 偏差），则可判断样品中存在这种抗氧化剂。

（5）标准曲线的制作

将标准系列工作液进行液相色谱串联质谱仪测定，以定量离子对峰面积对应标准溶液浓度绘制标准曲线。

（6）试样溶液的测定

将试样溶液进行液相色谱串联质谱仪测定，根据标准曲线得到待测液中抗氧化剂的浓度。

5. 分析结果的表述

试样中抗氧化剂含量按式 (6-13) 计算：

$$X_i = \rho_i \times \frac{V}{m} \qquad\qquad (6\text{-}13)$$

式中：

X_i——试样中抗氧化剂含量，单位为毫克每千克（mg/kg）；

ρ_i——从标准曲线上得到的抗氧化剂溶液浓度，单位为微克每毫升（μg/mL）；

V——样液最终定容体积，单位为毫升 (mL)；

m——称取的试样质量，单位为克 (g)。

（五）比色法测定食品中 9 种抗氧化剂

1. 原　理

试样经石油醚溶解，用乙酸铵水溶液提取后，没食子酸丙酯 (PG) 与亚铁酒石酸盐起颜色反应，在波长 540 nm 处测定吸亮度，与标准比较定量。

2. 试剂和材料

（1）试剂：①石油醚：沸程 30 ℃ ~ 60 ℃；②乙酸铵 (CH_3COONH_4)；③硫酸亚铁 ($FeSO_4 \cdot 7H_2O$)；④酒石酸钾钠 ($NaKC_4H_4O_4 \cdot 4H_2O$)。

（2）试剂配制

①乙酸铵溶液 (100 g/L)：称取 10 g 乙酸铵加适量水溶解，转移至 100 mL 容量瓶中，加水定容至刻度；②乙酸铵溶液 (16.7 g/L)：称取 16.7g 乙酸铵加适量水溶解，转移至 1 000 mL 容量瓶中，加水定容至刻度；③显色剂：称取 0.1 g 硫酸亚铁和 0.5 g 酒石酸钾钠，加水溶解，稀释至 100 mL，临用前配制。

（3）标准溶液配制

PG 标准溶液：准确称取 0.010 0 gPG 溶于水中，移入 200 mL 容量瓶中，并用水稀释至刻度。此溶液每毫升含 50.0 μgPG。

3. 仪器和设备

（1）分析天平：感量为 0.01 g 和 0.1 mg；（2）分光光度计。

4. 分析步骤

（1）试样制备

称取 10.00 g 试样，用 100 mL 石油醚溶解，移入 250 mL 分液漏斗中，加 20 mL 乙酸铵溶液 (16.7 g/L)，振摇 2 min，静置分层，将水层放入 125 mL 分液漏斗中（如乳化，连同乳化层一起放下），石油醚层再用 20 mL 乙酸铵溶液 (16.7 g/L) 重复提取两次，合并水层。石油醚层用水振摇洗涤两次，每次 15 mL，水洗涤并入同一 125 mL 分液漏斗中，振摇静置。将水层通过干燥滤纸滤入 100 mL 容量瓶中，用少量水洗涤滤纸，加水至刻度，摇匀。将此溶液用滤纸过滤，弃去初滤液的 20 mL。收集滤液供比色测定用。同时做空白试验。

（2）测 定

移取 20.0 mL 上述处理后的试样提取液于 25 mL 具塞比色管中，加入 1 mL 显色剂，加 4 mL 水，摇匀。

另准确吸取 0 mL、1.0 mL、2.0 mL、4.0 mL、6.0 mL、8.0 mL、10.0 mLPG 标准溶液（相当于 0 μg、50 μg、100 μg、200 μg、300 μg、400 μg、500 μgPG），分别置于 25 mL 带塞比色管中，加入 2.5 mL 乙酸铵溶液 (100 g/L)，加入水至约 23 mL，加入 1 mL 显色剂，再准确加水定容至 25 mL，摇匀。

用 1 cm 比色杯，以零管调节零点，在波长 540 nm 处测定吸亮度，绘制标准曲线比较。

5. 分析结果的表述

试样中抗氧化剂的含量按式 (6-14) 计算：

$$X = \frac{A}{m \times (V_2 / V_1)} \tag{6-14}$$

式中：

X——试样中 PG 含量，单位为毫克每千克（mg/kg）；

A——样液中 PG 的质量，单位为微克（μg）；

m——称取的试样质量，单位为克 (g)；

V_2——测定用吸取样液的体积，单位为毫升 (mL)；

V_1——提取后样液总体积，单位为毫升 (mL)。

第六节 食品中防腐剂的检测

一、测定防腐剂含量的意义

防腐剂是加入食品中能防止或延缓食品腐败的一类食品添加剂，其本质是具有抑制微生物增殖或杀死微生物的一类化合物。一般来说，在正常规定的使用范围内使用食品防腐剂对人体没有毒害或毒性极小，而防腐剂的超标准使用对人体的危害很大。因此，食品防腐剂的定性与定量的检测在食品安全方面是非常重要的。

二、食品中防腐剂的种类

根据来源，防腐剂可分为天然防腐剂和化学合成防腐剂两大类。天然防腐剂泛指从自然界的动植物和微生物中分离提取的一类防腐物质，主要有尼生素、纳他霉素、甲壳素、乳酸链球菌素等。化学合成防腐剂包括酸型、酯型和无机盐型。最常用的酸型防腐剂有苯甲酸及其盐类、山梨酸及其盐类以及丙酸等，最常用的酯型防腐剂有尼泊金酯类防腐剂及抗坏血酸棕榈酸酯防腐剂。无机盐类防腐剂主要有二氧化硫、亚硫酸盐、焦亚硫酸盐。

根据作用效果，防腐剂可分为抑菌剂和杀菌剂。抑菌剂是指仅具有抑制微生物生长繁殖的物质，杀菌剂指能够杀死微生物生长繁殖的物质，抑菌剂和杀菌剂并无明显界限。

根据作用范围，防腐剂可分为食品防腐剂和果蔬保鲜剂。

三、食品中防腐剂的测定方法

目前，测定防腐剂的方法主要有薄层色谱法、高效液相色谱法、毛细管电泳法、气相气谱法、紫外分光亮度法、硫代巴比妥酸分光亮度法等，新的食品安全国家标准中主要使用气相色谱法和液相色谱法测定防腐剂。

（一）气相色谱法测定苯甲酸和山梨酸

1. 原　理

样品经酸化后，山梨酸、苯甲酸用乙醚提取浓缩后，用附氢火焰离子化检测器的气相色谱仪进行分离测定，与标准系列比较定量，就可以测定它们的含量。

2. 适用范围

气相色谱法适用于酱油、水果汁、果酱中山梨酸、苯甲酸含量的测定。

3. 试　剂

（1）乙醚：不含过氧化物；（2）石油醚：沸程 30 ℃ ～ 60 ℃；（3）盐酸（1+1）：取 100 mL 盐酸，加水稀释至 200 mL；（4）无水硫酸钠；（5）氯化钠酸性溶液（40 g/L）：于氯化钠溶液（40 g/L）中加少量盐酸（1+1）酸化；（6）山梨酸、苯甲酸标准溶液：准确称取山梨酸、苯甲酸各 0.200 0 g，置于 100 mL 容量瓶中，用石油醚 - 乙醚（3∶1）混合溶剂溶解后稀释至刻度。每毫升此溶液相当于 2 mg 山梨酸或苯甲酸；（7）山梨酸、苯甲酸标准使用液：吸取适量的山梨酸、苯甲酸标准溶液，以石油醚 - 乙醚（3∶1）混合溶剂稀释至每毫升相当于 50 g、100 g、150 g、200 g、250 g 山梨酸或苯甲酸。

4. 仪　器

气相色谱仪：具氢火焰离子化检测器。

5. 操作方法

（1）样品提取：称取 2.5g 事先混合均匀的样品，置于 25 mL 带塞量筒中，加 0.5 mL

盐酸（1+1）酸化，用 15 mL、10 mL 乙醚提取两次，每次振摇 1 min，将上层醚提取液吸入另一个 25 mL 带塞量筒中，合并乙醚提取液。用 3 mL 氯化钠酸性溶液（40g/L）洗涤两次，静止 15 min，用滴管将乙醚层通过无水硫酸钠滤入 25 mL 容量瓶中。加乙醚至刻度，混匀。准确吸取 5 mL 乙醚提取液于 5 mL 带塞刻度试管中，置于 40 ℃水浴上挥干，加入 2 mL 石油醚 - 乙醚（3：1）混合溶剂溶解残渣，备用。

（2）色谱条件：①色谱柱：玻璃柱，内径 3 min，长 2m，内装涂以 5%DEG s+1% 磷酸固定液的 60 ~ 80 目 C hromo sorbWAW；②气流速度：载气为氮气，50 mL/min（氮气和空气、氢气之比按各仪器型号不同选择各自的最佳比例条件）；③温度：进样口 230 ℃；检测器 230 ℃；柱温 170 ℃。

（3）测定：进样 2 μL 标准系列中各浓度标准使用液于气相色谱仪中，可测得不同浓度山梨酸、苯甲酸的峰高，以浓度为横坐标、相应的峰高值为纵坐标，绘制标准曲线。

同时进样 2 μL 样品溶液，测得峰高与标准曲线比较定量。

6. 结果计算

试样中山梨酸或苯甲酸的含量按式（6-15）进行计算。

$$X = \frac{A \times 1\,000}{m \times \frac{5}{25} \times \frac{V_2}{V_1} \times 1\,000} \qquad (6\text{-}15)$$

式中：

X ——样品中山梨酸或苯甲酸的含量，mg/kg；

A ——测定用样品液中山梨酸或苯甲酸的含量，μg；

V_1 ——加入石油醚—乙醚（3：1）混合溶剂的体积，mL；

V_2 ——测定时进样的体积，μL；

m ——样品的质量，g；

5——测定时吸取乙醚提取液的体积，mL；

25——样品乙醚提取液的总体积，mL。

由测得的苯甲酸的量乘以 1.18，即为样品中苯甲酸钠的含量。

（二）液相色谱法测定脱氢乙酸

1. 原　理

用氢氧化钠溶液提取试样中的脱氢乙酸，经脱脂、去蛋白处理，过膜，用配紫外或二极管阵列检测器的高效液相色谱仪测定，以色谱峰的保留时间定性，外标法定量。

2. 试剂和材料

（1）试剂：①甲醇 (C h$_4$O)：色谱纯；②乙酸铵 (C$_2$h$_6$O$_2$N)：优级纯；③氢氧化钠 (NaOh)；④正己烷 (C$_6$h$_{14}$)；⑤甲酸 (Ch$_2$O$_2$)；⑥硫酸锌 (ZnSO$_4$ · 7h$_2$O)。

（2）试剂配制：①乙酸铵溶液 (0.02 mol/L)：称取 1.54 g 乙酸铵，溶于水并稀释至 1 L；②氢氧化钠溶液 (20 g/L)：称取 20g 氢氧化钠，溶于水并稀释至 1 L；③甲酸溶液 (10%)：量取 10 mL 甲酸，加水 90 mL，混匀；④硫酸锌溶液 (120 g/L)：称取 120 g 硫酸锌，溶于水并稀释至 1 L；⑤甲醇溶液 (70%)：量取 70 mL 甲醇，加水 30 mL，混匀。

（3）标准品

脱氢乙酸 (Dehydroacetic Acid，$C_8H_8O_4$，CAs：520-45-6) 标准品：纯度 ≥ 99.5%。

（4）标准溶液的制备

①脱氢乙酸标准贮备液 (1.0 mg/mL)：准确称取脱氢乙酸标准品 0.1000 g(精确至 0.000 1 g) 于 100 mL 容量瓶中，用 10 mL 氢氧化钠溶液溶解，用水定容。4 ℃保存，有效期为 3 个月。

②脱氢乙酸标准工作液：分别吸取脱氢乙酸贮备液 0.1 mL、1.0 mL、5.0 mL、10 mL、20 mL 于 100 mL 容量瓶中，用水定容。配制成浓度为 1.00 μg/mL、10.0 μg/mL、50.0 μg/mL、100 μg/mL、200 μg/mL 标准工作液。4 ℃保存，有效期为 1 个月。

3. 仪器和设备

（1）高效液相色谱仪：配有紫外检测器或二极管阵列检测器；（2）分析天平：感量为 0.1 mg 和 1 mg；（3）粉碎机；（4）不锈钢高速均质器；（5）超声波清洗器：功率 35kW；（6）涡旋混合器；（7）离心机：转速 ≥ 4 000 r/min；（8）pH 计；（9）C_{18} 固相萃取柱：500 mg，6 mL(使用前用 5 mL 甲醇、10 mL 水活化，使柱子保持湿润状态)。

4. 分析步骤

（1）试样制备与提取

①果蔬汁、果蔬浆：称取样品 2 g ~ 5 g(精确至 0.001g)，置于 50 mL 离心管中，加入约 10 mL 水，用氢氧化钠溶液调 pH 至 7.5，转移至 50 mL 容量瓶中，加水稀释至刻度，摇匀。置于离心管中，4000 r/min 离心 10 min。取 20 mL 上清液用 10% 的甲酸溶液调 pH 至 5，定容到 25 mL。取 5 mL 过已活化固相萃取柱，用 5 mL 水淋洗，2 mL　70% 的甲醇溶液洗脱，收集洗脱液 2 mL，涡旋混合，过 0.45μm 有机滤膜，供高效液相色谱测定。

②酱菜、发酵豆制品：样品用不锈钢高速均质器均质。称取样品 2 g ~ 5 g(精确至 0.001 g)，置于 25 mL 离心管中，加入约 10 mL 水、5 mL 硫酸锌溶液，用氢氧化钠溶液调 pH 至 7.5，转移至 25 mL 容量瓶中，加水稀释至刻度，摇匀。置于 25 mL 离心管中，超声提取 10 min，4 000 r/min 离心 10 min，取上清液过 0.45μm 有机滤膜，供高效液相色谱测定。

③面包、糕点、焙烤食品馅料、复合调味料：样品用粉碎机粉碎或不锈钢高速均质器均质。称取样品 2 g ~ 5 g(精确至 0.001 g)，置于 25 mL 离心管 (如需过固相萃取柱则用 50 mL 离心管) 中，加入约 10 mL 水、5 mL 硫酸锌溶液，用氢氧化钠溶液调 pH 至 7.5，转移至 25 mL 容量瓶 (如需过固相萃取柱则用 50 mL 容量瓶) 中，加水稀释至刻度，摇匀。置于离心管中，超声提取 10 min，转移到分液漏斗中，加入 10 mL 正己烷，振摇 1 min，静置分层，弃去正己烷层，加入 10 mL 正己烷重复进行一次，取下层水相置于离心管中，4000 r/min 离心 10 min。取上清液过 0.45μm 有机滤膜，供高效液相色谱测定。若高效液相色谱分离效果不理想，取 20 mL 上清液，用 10% 的甲酸调 pH 至 5，定容到 25 mL，

取 5 mL 过已活化的固相萃取柱，用 5 mL 水淋洗，2 mL 70% 的甲醇溶液洗脱，收集洗脱液 2 mL，涡旋混合，过 0.45μm 有机滤膜，供高效液相色谱测定。

④黄油：称取样品 2 g ~ 5 g(精确至 0.001 g)，置于 25 mL 离心管 (如需过固相萃取柱则用 50 mL 离心管) 中，加入约 10 mL 水、5 mL 硫酸锌溶液，用氢氧化钠溶液调 pH 至 7.5，转移至 25 mL 容量瓶 (如需过固相萃取柱则用 50 mL 容量瓶) 中，加水稀释至刻度，摇匀。置于离心管中，超声提取 10 min，转移到分液漏斗中，加入 10 mL 正己烷，振摇 1 min，静置分层，弃去正己烷层，加入 10 mL 正己烷重复进行一次，取下层水相置于离心管中，4000 r/min 离心 10 min。取上清液过 0.45μm 有机滤膜，供高效液相色谱测定。若高效液相色谱分离效果不理想，取 20 mL 上清液，用 10% 的甲酸调 pH 至 5，定容到 25 mL，取 5 mL 过已活化的固相萃取柱，用 5 mL 水淋洗，2 mL 70% 的甲醇溶液洗脱，收集洗脱液 2 mL，涡旋混合，过 0.45μm 有机滤膜，供高效液相色谱测定。

（2）仪器参考条件：①色谱柱：C_{18} 柱，5μm，250 mm×4.6 mm(内径) 或相当者；②流动相：甲醇 +0.02 mol/L 乙酸铵 (10+90，体积比)；③流速：1.0 mL/min；④柱温：30 ℃；⑤进样量：10μ；⑥检测波长：293 nm。

（3）定性分析

依据保留时间一致性进行定性识别的方法，根据脱氢乙酸标准样品的保留时间，确定样品中脱氢乙酸的色谱峰 (图 6-5)。必要时应采用其他方法进一步定性确证。

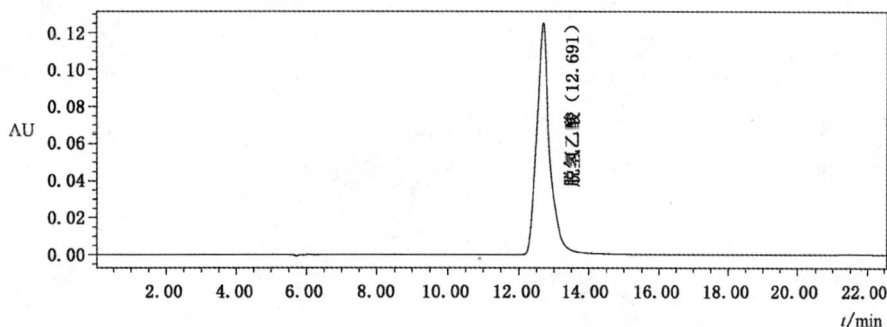

图 6-5　脱氢乙酸标准样品的液相色谱图

（4）标准曲线的制作

将脱氢乙酸标准工作液分别注入液相色谱仪中，测定相应的峰面积，以标准工作液的浓度为横坐标，峰面积为纵坐标，绘制标准曲线。

（5）测　定

将测定溶液注入液相色谱仪中，测得相应峰面积，根据标准曲线得到测定溶液中的脱氢乙酸浓度。

（6）空白试验

除不加试样外，空白试验应与样品测定平行进行，并采用相同的分析步骤分析。

5. 分析结果的表述

试样中脱氢乙酸含量按式 (6-16) 计算：

$$X= \frac{c_1-c_0 \times V \times 1\ 000 \times f}{m \times 1\ 000 \times 1\ 000} \tag{6-16}$$

式中：

　　X——试样中脱氢乙酸的含量，单位为克每千克 (g/kg)；

　　c_1——试样溶液中脱氢乙酸的质量浓度，单位为微克每毫升 (μ g/mL)；

　　c_0——空白试样溶液中脱氢乙酸的质量浓度，单位为微克每毫升 (μ g/mL)；

　　V——试样溶液总体积，单位为毫升 (mL)；

　　f——过固相萃取柱换算系数 (f=0.5)；

　　m——称取试样的质量，单位为克 (g)。

第七章 食品中真菌毒素的检验

第一节 食品中黄曲霉毒素的检测

一、黄曲霉毒素的性质及其危害

(一) 黄曲霉毒素的性质

黄曲霉毒素是由黄曲霉和寄生曲霉在生长后期分泌产生的一类次级代谢产物。目前已经发现的有黄曲霉毒素 B1、B2、G1、G2、B2a、G2a、M1、M2、P1 等。黄曲霉毒素的基本结构是由一个双呋喃环和香豆素构成，几乎是无色，分子量为 312 ~ 346。B 族和 G 族化学结构稳定，耐高温，分解温度达 280 ℃，难溶于水、石油醚和乙醚，易溶于氯仿、甲醇、丙酮、苯、乙腈等多种有机溶剂。在 365 nm 紫外线照射下可产生荧光，B 族毒素显蓝紫色荧光，G 族毒素显黄绿色荧光。B 族和 G 族经常出现在农产品中，而含有 B1、B2 的农产品被奶牛吃了之后，分别有一小部分转化为 M1、M2 进入奶中。B1、B2、G1、G2、M1、M2 在分子结构上十分接近。

在各类粮、油食品中，玉米、花生最易被污染，其次为大米、稻米、小麦、豆类及高粱等。动物类食品中，腌腊制品、灌肠类与乳及乳制品、蛋及蛋制品、肉制品易受污染。另外，霉变的饲料中也广泛存在。

(二) 黄曲霉毒素的危害

黄曲霉毒素是目前为止已知的最强致癌物之一，其毒性远远大于氰化物、砷化物和有机农药，诱发动物肝癌的能力为二甲基亚硝胺的 75 倍。黄曲霉毒素可在动物体内代谢，进行脱甲基、羟化和环氧化反应，形成具有羟致癌活性的物质。

黄曲霉毒素的毒性主要表现为急性毒性、慢性毒性和致癌作用。急性毒性对动物毒害作用的靶器官主要是肝脏，可以出现肝实质细胞坏死、胆管上皮增生、肝出血等病变。慢性毒性主要是使动物肝脏出现亚急性或慢性损伤，引起肝脏纤维细胞增生，肝硬化；动物表现生长发育缓慢、体重减轻等生长障碍现象。

二、黄曲霉毒素的检测

黄曲霉毒素的检测方法主要有薄层色谱法、高效液相色谱法、微柱筛选法、酶联免疫吸附法、免疫亲和层析净化高效液相色谱法、免疫亲和层析净化荧光亮度法等。下面介绍同位素稀释液相色谱—串联质谱法、高效液相色谱—柱前衍生法和高效液相色谱—

柱后衍生法测定食品中的黄曲霉毒素。

（一）同位素稀释液相色谱—串联质谱法

1. 原　理

试样中的黄曲霉毒素 B1、黄曲霉毒素 B2、黄曲霉毒素 G1、黄曲霉毒素 G2，用乙腈水溶液或甲醇水溶液提取，提取液用含 1% TritonX-100(或吐温 -20) 的磷酸盐缓冲溶液稀释后，通过免疫亲和柱净化和富集，净化液浓缩、定容和过滤后经液相色谱分离，串联质谱检测，同位素内标法定量。

2. 试剂和材料

（1）试剂：①乙腈 (Ch_3CN)：色谱纯；②甲醇 (Ch_3Oh)：色谱纯；③乙酸铵 (Ch_3COONh_4)：色谱纯；④氯化钠 (NaCl)；⑤磷酸氢二钠 (Na_2hPO_4)；⑥磷酸二氢钾 (Kh_2PO_4)；⑦氯化钾 (KCl)；⑧盐酸 (hCl)；⑨ TritonX-100[$C_{14}h_{22}O(C_2h_4O)n$](或吐温 -20, $C_{58}h_{114}O_{26}$)。

（2）试剂配制：①乙酸铵溶液 (5 mmol/L)：称取 0.39 g 乙酸铵，用水溶解后稀释至 1000 mL，混匀；②乙腈 - 水溶液 (84+16)：取 840 mL 乙腈加入 160 mL 水，混匀；③甲醇 - 水溶液 (70+30)：取 700 mL 甲醇加入 300 mL 水，混匀；④乙腈 - 水溶液 (50+50)：取 50 mL 乙腈加入 50 mL 水，混匀；⑤乙腈 - 甲醇溶液 (50+50)：取 50 mL 乙腈加入 50 mL 甲醇，混匀；⑥ 10% 盐酸溶液：取 1 mL 盐酸，用纯水稀释至 10 mL，混匀；⑦磷酸盐缓冲溶液 (以下简称 PB s)：称取 8.00g 氯化钠、1.20g 磷酸氢二钠 (或 2.92g 十二水磷酸氢二钠)、0.20g 磷酸二氢钾、0.20g 氯化钾，用 900 mL 水溶解，用盐酸调节 pH 至 7.4±0.1，加水稀释至 1 000 mL；⑧ 1%TritonX-100(或吐温 -20) 的 PB s：取 10 mLTritonX-100(或吐温 -20)，用 PB s 稀释至 1 000 mL。

（3）标准品

① AFTB1 标准品 (C17 h12O6，CA s：1162-65-8)：纯度 ≥ 98%，或经国家认证并授予标准物质证书的标准物质；② AFTB2 标准品 (C17 h14O6，CA s：7220-81-7)：纯度 ≥ 98%，或经国家认证并授予标准物质证书的标准物质；③ AFTG1 标准品 (C17 h12O7，CA s：1165-39-5)：纯度 ≥ 98%，或经国家认证并授予标准物质证书的标准物质；④ AFTG2 标准品 (C17 h14O7，CA s：7241-98-7)：纯度 ≥ 98%，或经国家认证并授予标准物质证书的标准物质；⑤同位素内标 13C17-AFTB1(C17 h12O6，CA s：157449-45-0)：纯度 ≥ 98%，浓度为 0.5 μg/mL；⑥同位素内标 13C17-AFTB2(C17 h14O6，CA s：157470-98-8)：纯度 ≥ 98%，浓度为 0.5 μg/mL；⑦同位素内标 13C17-AFTG1(C17 h12O7, CA s：157444-07-9)：纯度 ≥ 98%，浓度为 0.5 μg/mL；⑧同位素内标 13C17-AFTG2(C17 h14O7，CA s：157462-49-7)：纯度 ≥ 98%，浓度为 0.5 μg/mL。

（4）标准溶液配制

①标准储备溶液 (10 μg/mL)：分别称取 AFTB1、AFTB2、AFTG1 和 AFTG2 1 mg(精确至 0.01 mg)，用乙腈溶解并定容至 100 mL。此溶液浓度约为 10 μg/mL。溶液转移至试剂瓶中后，在 –20 ℃下避光保存，备用。

②混合标准工作液 (100 ng/mL)：准确移取混合标准储备溶液 (1.0 μg/mL)1.00 mL 至 100 mL 容量瓶中，乙腈定容。此溶液密封后避光 –20 ℃下保存，三个月有效。

③混合同位素内标工作液 (100 ng/mL)：准确移取 0.5 μg/mL $^{13}C_{17}$-AFTB1、$^{13}C_{17}$-AFTB2、$^{13}C_{17}$-AFTG1 和 $^{13}C_{17}$-AFTG2 各 2.00 mL，用乙腈定容至 10 mL。在 –20 ℃下避光保存，备用。

④标准系列工作溶液：准确移取混合标准工作液 (100 ng/mL)10 μL、50 μL、100 μL、200 μL、500 μL、800 μL、1000 μL 至 10 mL 容量瓶中，加入 200 μL 100 ng/mL 的同位素内标工作液，用初始流动相定容至刻度，配制浓度点为 0.1 ng/mL、0.5 ng/mL、1.0 ng/mL、2.0 ng/mL、5.0 ng/mL、8.0 ng/mL、10.0 ng/mL 的系列标准溶液。

3. 仪器和设备

（1）匀浆机；（2）高速粉碎机；（3）组织捣碎机；（4）超声波/涡旋振荡器或摇床；（5）天平：感量 0.01 g 和 0.000 01 g；（6）涡旋混合器；（7）高速均质器：转速 6500 r/min ~ 24000 r/min；（8）离心机：转速 ≥ 6 000 r/min；（9）玻璃纤维滤纸：快速、高载量、液体中颗粒保留 1.6 μm；（10）固相萃取装置(带真空泵)；（11）氮吹仪；（12）液相色谱—串联质谱仪：带电喷雾离子源；（13）液相色谱柱；（14）免疫亲和柱：AFTB1 柱容量 ≥ 200 ng，AFTB1 柱回收率 ≥ 80%，AFTG2 的交叉反应率 ≥ 80%；（15）黄曲霉毒素专用型固相萃取净化柱或功能相当的固相萃取柱(以下简称净化柱)：对复杂基质样品测定时使用；（16）微孔滤头：带 0.22 μm 微孔滤膜；（17）筛网：1 mm ~ 2 mm 试验筛孔径；（18）pH 计。

4. 分析步骤

使用不同厂商的免疫亲和杜，在样品上样、淋洗和洗脱的操作方面可能会略有不同，应该按照供应商所提供的操作说明书要求进行操作。

整个分析操作过程应在指定区域内进行。该区域应避光(直射阳光)、具备相对独立的操作台和废弃物存放装置。在整个实验过程中，操作者应按照接触剧毒物的要求采取相应的保护措施。

（1）样品制备

①液体样品(植物油、酱油、醋等)：采样量需大于 1 L，对于袋装、瓶装等包装样品需至少采集 3 个包装(同一批次或号)，将所有液体样品在一个容器中用匀浆机混匀后，其中任意的 100 g 样品进行检测。

②固体样品(谷物及其制品、坚果及籽类、婴幼儿谷类辅助食品等)：采样量需大于 1 kg，用高速粉碎机将其粉碎，过筛，使其粒径小于 2 mm 孔径试验筛，混合均匀后缩分至 100 g，储存于样品瓶中，密封保存，供检测用。

③半流体(腐乳、豆豉等)：采样量需大于 1 kg，对于袋装、瓶装等包装样品需至少采集 3 个包装(同一批次或号)，用组织捣碎机捣碎混匀后，储存于样品瓶中，密封保存，供检测用。

（2）样品提取

①液体样品：a. 植物油脂

称取 5 g 试样（精确至 0.01 g）于 50 mL 离心管中，加入 100 μL 同位素内标工作液 (3.4.3) 振荡混合后静置 30 min。加入 20 mL 乙腈 - 水溶液 (84+16) 或甲醇 - 水溶液 (70+30)，涡旋混匀，置于超声波 / 涡旋振荡器或摇床中振荡 20 min（或用均质器均质 3 min），在 6000 r/min 下离心 10 min，取上清液备用。

b. 酱油、醋：称取 5g 试样（精确至 0.01 g）于 50 mL 离心管中，加入 125 μL 同位素内标工作液振荡混合后静置 30 min。用乙腈或甲醇定容至 25 mL（精确至 0.1 mL），涡旋混匀，置于超声波 / 涡旋振荡器或摇床中振荡 20 min（或用均质器均质 3 min），在 6000 r/min 下离心 10 min（或均质后经玻璃纤维滤纸过滤），取上清液备用。

②固体样品：a. 一般固体样品：称取 5 g 试样（精确至 0.01 g）于 50 mL 离心管中，加入 100 μL 同位素内标工作液振荡混合后静置 30 min。加入 20.0 mL 乙腈 - 水溶液 (84+16) 或甲醇 - 水溶液 (70+30)，涡旋混匀，置于超声波 / 涡旋振荡器或摇床中振荡 20 min（或用均质器均质 3 min），在 6000 r/min 下离心 10 min（或均质后玻璃纤维滤纸过滤），取上清液备用。

b. 婴幼儿配方食品和婴幼儿辅助食品：称取 5 g 试样（精确至 0.01 g）于 50 mL 离心管中，加入 100 μL 同位素内标工作液振荡混合后静置 30 min。加入 20.0 mL 乙腈 - 水溶液 (50+50) 或甲醇 - 水溶液 (70+30)，涡旋混匀，置于超声波 / 涡旋振荡器或摇床中振荡 20 min（或用均质器均质 3 min），在 6000 r/min 下离心 10 min（或均质后经玻璃纤维滤纸过滤），取上清液备用。

③半流体样品：称取 5 g 试样（精确至 0.01 g）于 50 mL 离心管中，加入 100 μL 同位素内标工作液振荡混合后静置 30 min。加入 20.0 mL 乙腈 - 水溶液 (84+16) 或甲醇 - 水溶液 (70+30)，置于超声波 / 涡旋振荡器或摇床中振荡 20 min（或用均质器均质 3 min），在 6000 r/min 下离心 10 min（或均质后经玻璃纤维滤纸过滤），取上清液备用。

（3）样品净化

①免疫亲和柱净化：a. 上样液的准备：准确移取 4 mL 上清液，加入 46 mL 1% TritionX-100（或吐温 -20）的 PBs（使用甲醇 - 水溶液提取时可减半加入），混匀。

b. 免疫亲和柱的准备：将低温下保存的免疫亲和柱恢复至室温。

c. 试样的净化：待免疫亲和柱内原有液体流尽后，将上述样液移至 50 mL 注射器筒中，调节下滴速度，控制样液以 1 mL/min ~ 3 mL/min 的速度稳定下滴。待样液滴完后，往注射器筒内加入 2×10 mL 水，以稳定流速淋洗免疫亲和柱。待水滴完后，用真空泵抽干亲和柱。脱离真空系统，在亲和柱下部放置 10 mL 刻度试管，取下 50 mL 的注射器筒，加入 2×1 mL 甲醇洗脱亲和柱，控制 1 mL/min ~ 3 mL/min 的速度下滴，再用真空泵抽干亲和柱，收集全部洗脱液至试管中。在 50 ℃下用氮气缓缓地将洗脱液吹至近干，加入 1.0 mL 初始流动相，涡旋 30 s 溶解残留物，0.22 μm 滤膜过滤，收集滤液于进样瓶中以备进样。

②黄曲霉毒素固相净化柱和免疫亲和柱同时使用（对花椒、胡椒和辣椒等复杂基

质）：a.净化柱净化：移取适量上清液，按净化柱操作说明进行净化，收集全部净化液。

b.免疫亲和柱净化：用刻度移液管准确吸取上述净化液 4 mL，加入 46 mL 1% TritionX-100(或吐温 -20) 的 PB s（使用甲醇 - 水溶液提取时，可减半加入），混匀。

注意：全自动 (在线) 或半自动 (离线) 的固相萃取仪器可优化操作参数后使用。

（4）液相色谱参考条件：①流动相：A 相：5 mmol/L 乙酸铵溶液；B 相：乙腈 - 甲醇溶液 (50+50)；②梯度洗脱：32%B(0 min ～ 0.5 min)，45%B(3 min ～ 4 min)，100%B(4.2 min ～ 4.8 min)，32%B(5.0 min ～ 7.0 min)；③色谱柱：C18 柱 (柱长 100 mm，柱内径 2.1 mm；填料粒径 1.7μm)，或相当者；④流速：0.3 mL/min；⑤柱温：40 ℃；⑥进样体积：10μL。

（5）质谱参考条件

质谱参考条件列出如下：

①检测方式：多离子反应监测 (MRM)；

②离子源控制条件：参见表 7-1；

③离子选择参数：参见表 7-2；

⑤液相色谱—质谱图：参见图 7-1。

表7-1　离子源控制条件

电离方式	E sI+
毛细管电压 /kV	3.5
锥孔电压 /V	30
射频透镜 1 电压 /V	14.9
射频透镜 2 电压 /V	15.1
离子源温度 / ℃	150
锥孔反吹气流量 /(L/ h)	50
脱溶剂气温度 / ℃	500
脱溶剂气流量 /(L/ h)	800
电子倍增电压 /V	650

表7-2　离子选择参数表

化合物名称	母离子 (m/z)	定量离子 (m/z)	碰撞能量 eV	定性离子 (m/z)	碰撞能量 eV	离子化方式
AFTB1	313	285	22	241	38	E sI+

续 表

化合物名称	母离子 (m/z)	定量离子 (m/z)	碰撞能量 eV	定性离子 (m/z)	碰撞能量 eV	离子化方式
$^{13}C_{17}$–AFTB1	330	255	23	301	35	E sI$^+$
AFTB2	315	287	25	259	28	E sI$^+$
$^{13}C_{17}$–AFTB2	332	303	25	273	28	E sI$^+$
AFTG1	329	243	25	283	25	E sI$^+$
$^{13}C_{17}$–AFTG1	346	257	25	299	25	E sI$^+$
AFTG2	331	245	30	285	27	E sI$^+$
$^{13}C_{17}$–AFTG2	348	259	30	301	27	E sI$^+$

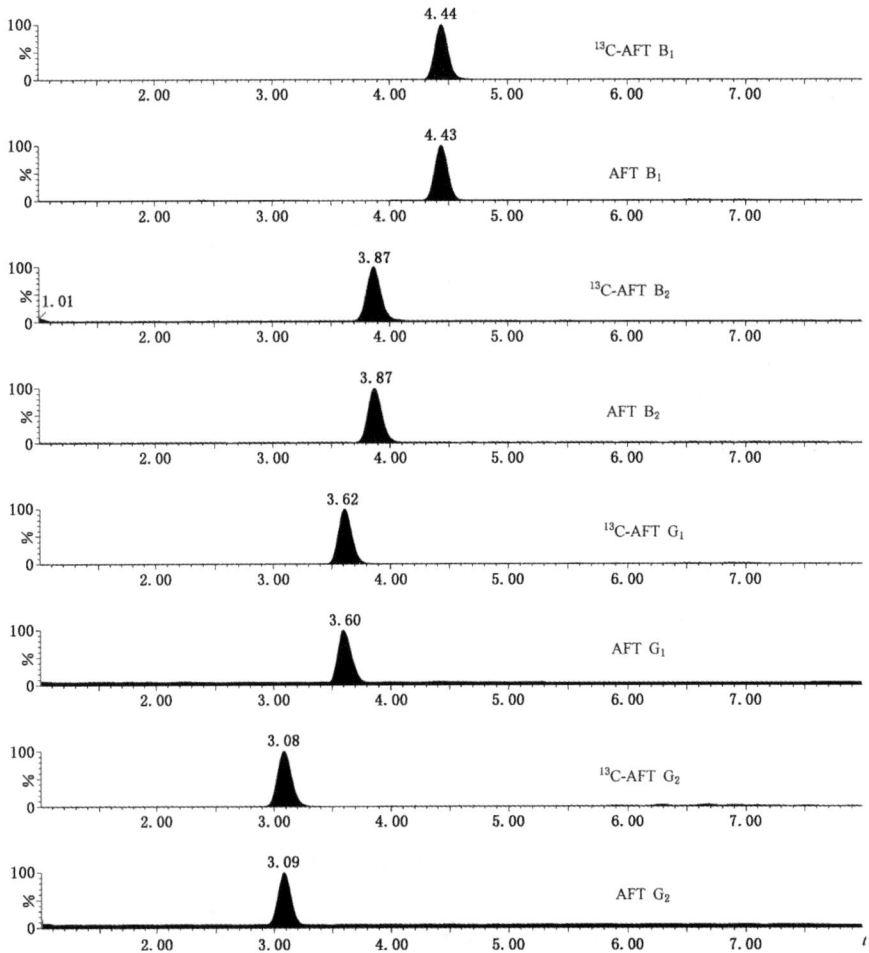

图 7-1 四种黄曲霉毒素及其同位素内标化合物的串联质谱图

（6）定性测定

试样中目标化合物色谱峰的保留时间与相应标准色谱峰的保留时间相比较，变化范围应在 ±2.5% 之内。

每种化合物的质谱定性离子必须出现，至少应包括一个母离子和两个子离子。同一检测批次，对同一化合物，样品中目标化合物的两个子离子的相对丰度比与浓度相当的标准溶液相比，其允许偏差不超过表 7-3 规定的范围。

表7-3　定性时相对离子丰度的最大允许偏差

相对离子丰度 /%	>50	20 ~ 50	10 ~ 20	≤ 10
允许相对偏差 /%	± 20	± 25	± 30	± 50

（7）标准曲线的制作

在液相色谱串联质谱仪分析条件下，将标准系列溶液由低到高浓度进样检测，以 AFTB1、AFTB2、AFTG1 和 AFTG2 色谱峰与各对应内标色谱峰的峰面积比值—浓度作图，得到标准曲线回归方程，其线性相关系数应大于 0.99。

（8）试样溶液的测定

取已处理得到的待测溶液进样，内标法计算待测液中目标物质的质量浓度，计算样品中待测物的含量。待测样液中的响应值应在标准曲线线性范围内，超过线性范围则应适当减少取样量重新测定。

（9）空白试验

不称取试样，按上述步骤做空白实验。应确认不含有干扰待测组分的物质。

5. 分析结果的表述

试样中 AFTB1、AFTB2、AFTG1 和 AFTG2 的残留量按式 (7-1) 计算：

$$X = \frac{\rho \times V_1 \times V_3 \times 1\,000}{V_2 \times m \times 1\,000} \tag{7-1}$$

式中：

X——试样中 AFTB$_1$、AFTB$_2$、AFTG$_1$ 或 AFTG$_2$ 的含量，单位为微克每千克 (μg/kg)；

ρ——进样溶液中 AFTB$_1$、AFTB$_2$、AFTG$_1$ 或 AFTG$_2$ 按照内标法在标准曲线中对应的浓度，单位为纳克每毫升 (ng/mL)；

V_1——试样提取液体积 (植物油脂、固体、半固体按加入的提取液体积；酱油、醋按定容总体积)，单位为毫升 (mL)；

V_3——样品经净化洗脱后的最终定容体积，单位为毫升 (mL)；

1 000——换算系数；

V_2——用于净化分取的样品体积，单位为毫升 (mL)；

m——试样的称样量，单位为克 (g)。

（二）高效液相色谱—柱前衍生法

1. 原　理

试样中的黄曲霉毒素 B1、黄曲霉毒素 B2、黄曲霉毒素 G1、黄曲霉毒素 G2，用乙腈 - 水溶液或甲醇 - 水溶液的混合溶液提取，提取液经黄曲霉毒素固相净化柱净化去除脂肪、蛋白质、色素及碳水化合物等干扰物质，净化液用三氟乙酸柱前衍生，液相色谱分离，荧光检测器检测，外标法定量。

2. 试剂和材料

（1）试剂：①甲醇（CH_3OH）：色谱纯；②乙腈（CH_3CN）：色谱纯；③正己烷（C_6H_{14}）：色谱纯；④三氟乙酸（CF_3COOH）。

（2）试剂配制

①乙腈 - 水溶液（84+16）：取 840 mL 乙腈加入 160 mL 水；②甲醇 - 水溶液（70+30）：取 700 mL 甲醇加入 300 mL 水；③乙腈 - 水溶液（50+50）：取 500 mL 乙腈加入 500 mL 水；④乙腈 - 甲醇溶液（50+50）：取 500 mL 乙腈加入 500 mL 甲醇。

（3）标准品

① AFTB1 标准品（$C_{17}H_{12}O_6$，CAs 号：1162-65-8）：纯度 ≥ 98%，或经国家认证并授予标准物质证书的标准物质；② AFTB2 标准品（$C_{17}H_{14}O_6$，CAs 号：7220-81-7）：纯度 ≥ 98%，或经国家认证并授予标准物质证书的标准物质；③ AFTG1 标准品（$C_{17}H_{12}O_7$，CAs 号：1165-39-5）：纯度 ≥ 98%，或经国家认证并授予标准物质证书的标准物质；④ AFTG2 标准品（$C_{17}H_{14}O_7$，CAs 号：7241-98-7）：纯度 ≥ 98%，或经国家认证并授予标准物质证书的标准物质。

（4）标准溶液配制

①标准储备溶液（10 μg/mL）：分别称取 AFTB1、AFTB2、AFTG1 和 AFTG2 1 mg（精确至 0.01 mg），用乙腈溶解并定容至 100 mL。此溶液浓度约为 10 μg/mL。溶液转移至试剂瓶中后，在 -20 ℃下避光保存，备用。临用前进行浓度校准（校准方法参见附录 A）。

②混合标准工作液（AFTB1 和 AFTG1：100 ng/mL，AFTB2 和 AFTG2：30 ng/mL）：准确移取 AFTB1 和 AFTG1 标准储备溶液各 1 mL，AFTB2 和 AFTG2 标准储备溶液各 300 μL 至 100 mL 容量瓶中，乙腈定容。密封后避光 -20 ℃下保存，三个月内有效。

③标准系列工作溶液：分别准确移取混合标准工作液 10 μL、50 μL、200 μL、500 μL、1000 μL、2000 μL、4000 μL 至 10 mL 容量瓶中，用初始流动相定容至刻度（含 AFTB1 和 AFTG1 浓度为 0.1 ng/mL、0.5 ng/mL、2.0 ng/mL、5.0 ng/mL、10.0 ng/mL、20.0 ng/mL、40.0 ng/mL，AFTB2 和 AFTG2 浓度为 0.03 ng/mL、0.15 ng/mL、0.6 ng/mL、1.5 ng/mL、3.0 ng/mL、6.0 ng/mL、12 ng/mL 的系列标准溶液）。

3. 仪器和设备

（1）匀浆机；（2）高速粉碎机；（3）组织捣碎机；（4）超声波 / 涡旋振荡器或摇床；（5）天平：感量 0.01 g 和 0.000 01 g；（6）涡旋混合器；（7）高速均质器：转速 6500 r/min ~

24000 r/min；（8）离心机：转速 ≥ 6000 r/min；（9）玻璃纤维滤纸：快速、高载量、液体中颗粒保留 $1.6\mu m$；（10）氮吹仪；（11）液相色谱仪：配荧光检测器；（12）色谱分离柱；（13）黄曲霉毒素专用型固相萃取净化柱，或相当者；（14）一次性微孔滤头：带 $0.22\mu m$ 微孔滤膜；（15）筛网：$1 mm \sim 2 mm$ 试验筛孔径；（16）恒温箱；（17）pH 计。

4. 分析步骤

（1）样品制备

①液体样品（植物油、酱油、醋等）：采样量需大于 1 L，对于袋装、瓶装等包装样品需至少采集 3 个包装（同一批次或号），将所有液体样品在一个容器中用匀浆机混匀后，其中任意的 100 g 样品进行检测。

②固体样品（谷物及其制品、坚果及籽类、婴幼儿谷类辅助食品等）：采样量需大于 1 kg，用高速粉碎机将其粉碎，过筛，使其粒径小于 2 mm 孔径试验筛，混合均匀后缩分至 100 g，储存于样品瓶中，密封保存，供检测用。

③半流体（腐乳、豆豉等）

采样量需大于 1 kg，对于袋装、瓶装等包装样品需至少采集 3 个包装（同一批次或号），用组织捣碎机捣碎混匀后，储存于样品瓶中，密封保存，供检测用。

（2）样品提取

①液体样品 a. 植物油脂：称取 5 g 试样（精确至 0.01 g）于 50 mL 离心管中，加入 20 mL 乙腈 - 水溶液 (84+16) 或甲醇 - 水溶液 (70+30)，涡旋混匀，置于超声波 / 涡旋振荡器或摇床中振荡 20 min(或用均质器均质 3 min)，在 6000 r/min 下离心 10 min，取上清液备用。

b. 酱油、醋：称取 5 g 试样（精确至 0.01 g）于 50 mL 离心管中，用乙腈或甲醇定容至 25 mL(精确至 0.1 mL)，涡旋混匀，置于超声波 / 涡旋振荡器或摇床中振荡 20 min(或用均质器均质 3 min)，在 6 000 r/min 下离心 10 min(或均质后玻璃纤维滤纸过滤)，取上清液备用。

②固体样品 a. 一般固体样品：称取 5 g 试样（精确至 0.01 g)于 50 mL 离心管中，加入 20.0 mL 乙腈 - 水溶液 (84+16) 或甲醇 - 水溶液 (70+30)，涡旋混匀，置于超声波 / 涡旋振荡器或摇床中振荡 20 min(或用均质器均质 3 min)，在 6000 r/min 下离心 10 min(或均质后玻璃纤维滤纸过滤)，取上清液备用。

b. 婴幼儿配方食品和婴幼儿辅助食品：称取 5 g 试样（精确至 0.01 g)于 50 mL 离心管中，加入 20.0 mL 乙腈 - 水溶液 (50+50) 或甲醇 - 水溶液 (70+30)，涡旋混匀，置于超声波 / 涡旋振荡器或摇床中振荡 20 min(或用均质器均质 3 min)，在 6000 r/min 下离心 10 min(或均质后经玻璃纤维滤纸过滤)，取上清液备用。

③半流体样品：称取 5 g 试样（精确至 0.01 g)于 50 mL 离心管中，加入 20.0 mL 乙腈 - 水溶液 (84+16) 或甲醇 - 水溶液 (70+30)，置于超声波 / 涡旋振荡器或摇床中振荡 20 min(或用均质器均质 3 min)，在 6 000 r/min 下离心 10 min(或均质后经玻璃纤维滤纸过滤)，取上清液备用。

（3）样品黄曲霉毒素固相净化柱净化

移取适量上清液，按净化柱操作说明进行净化，收集全部净化液。

（4）衍　生

用移液管准确吸取 4.0 mL 净化液于 10 mL 离心管后在 50 ℃下用氮气缓缓地吹至近干，分别加入 200 μL 正己烷和 100 μL 三氟乙酸，涡旋 30 s，在 40 ℃ ±1 ℃的恒温箱中衍生 15 min。衍生结束后，在 50 ℃下用氮气缓缓地将衍生液吹至近干，用初始流动相定容至 1.0 mL，涡旋 30 s 溶解残留物，过 0.22 μm 滤膜，收集滤液于进样瓶中以备进样。

（5）色谱参考条件：①流动相：A 相：水，B 相：乙腈 - 甲醇溶液 (50+50)；②梯度洗脱：24%B(0 min ~ 6 min)，35%B(8.0 min ~ 10.0 min)，100%B(10.2 min ~ 11.2 min)，24%B(11.5 min ~ 13.0 min)；③色谱柱：C18 柱 (柱长 150 mm 或 250 mm，柱内径 4.6 mm，填料粒径 5.0 μm)，或相当者；④流速：1.0 mL/min；⑤柱温：40 ℃；⑥进样体积：50 μL；⑦检测波长：激发波长 360 nm；发射波长 440 nm。参见图 7-2.

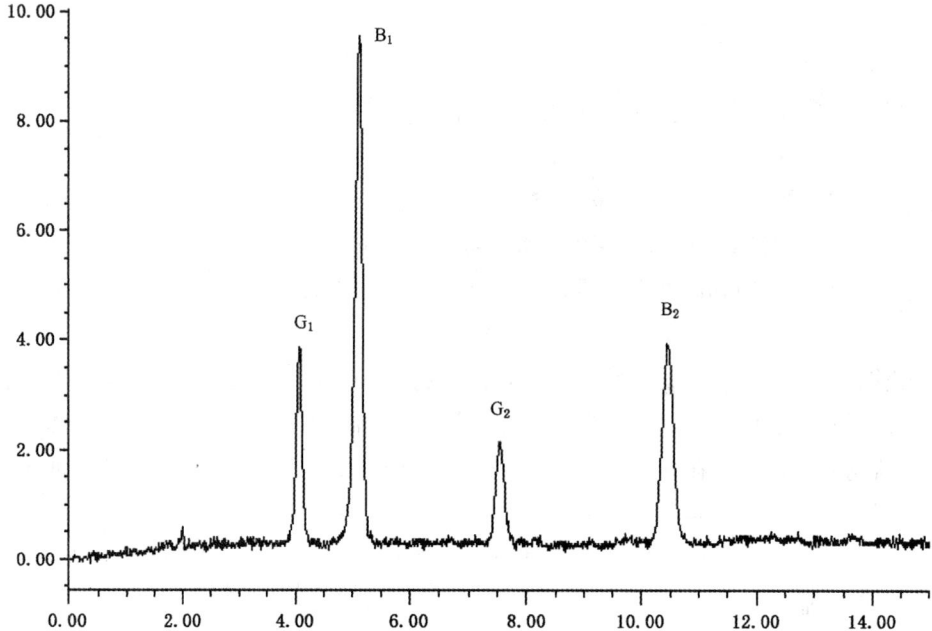

图 7-2　四种黄曲霉毒素柱前衍生液相色谱图 (0.5 ng/mL 标准溶液)

（6）样品测定

①标准曲线的制作：系列标准工作溶液由低到高浓度依次进样检测，以峰面积为纵坐标，浓度为横坐标作图，得到标准曲线回归方程。

②试样溶液的测定：待测样液中待测化合物的响应值应在标准曲线线性范围内，浓度超过线性范围的样品则应稀释后重新进样分析。

③空白试验：不称取试样，按上述的步骤做空白实验。应确认不含有干扰待测组分的物质。

5. 分析结果的表述

试样中 AFTB1、AFTB2、AFTG1 和 AFTG2 的残留量的计算与同位素稀释液相色谱—串联质谱法相同，按式 (7-1) 计算。

（三）高效液相色谱—柱后衍生法

1. 原　理

试样中的黄曲霉毒素 B1、黄曲霉毒素 B2、黄曲霉毒素 G1、黄曲霉毒素 G2，用乙腈 - 水溶液或甲醇 - 水溶液的混合溶液提取，提取液经免疫亲和柱净化和富集，净化液浓缩、定容和过滤后经液相色谱分离，柱后衍生 (碘或溴试剂衍生、光化学衍生、电化学衍生等)，经荧光检测器检测，外标法定量。

2. 试剂和材料

（1）试剂：①甲醇 (Ch_3Oh)：色谱纯；②乙腈 (Ch_3CN)：色谱纯；③氯化钠 (NaCl)；④磷酸氢二钠 (Na_2hPO_4)；⑤磷酸二氢钾 (Kh_2PO_4)；⑥氯化钾 (KCl)；⑦盐酸 (hCl)；⑧ TritonX-100[$C_{14}h_{22}O(C_2h_4O)n$](或吐温 -20，$C_{58}h_{114}O_{26}$)；⑨碘衍生使用试剂：碘 (I_2)；⑩溴衍生使用试剂：三溴化吡啶 ($C_5h_6Br_3N_2$)；⑪电化学衍生使用试剂：溴化钾 (KBr)；浓硝酸 (hNO_3)。

（2）标准品：① AFTB1 标准品 ($C_{17}h_{12}O_6$，CAs 号：1162-65-8)：纯度 ≥ 98%，或经国家认证并授予标准物质证书的标准物质；② AFTB2 标准品 ($C_{17}h_{14}O_6$，CAs 号：7220-81-7)：纯度 ≥ 98%，或经国家认证并授予标准物质证书的标准物质；③ AFTG1 标准品 ($C_{17}h_{12}O_7$，CAs 号：1165-39-5)：纯度 ≥ 98%，或经国家认证并授予标准物质证书的标准物质；④ AFTG2 标准品 $C_{17}h_{14}O_7$，CAs 号：7241-98-7)：纯度 ≥ 98%，或经国家认证并授予标准物质证书的标准物质。

（3）标准溶液配制

① 标 准 储 备 溶 液 (10 μg/mL)：分 别 称 取 AFTB1、AFTB2、AFTG1 和 AFTG2 1mg(精确至 0.01 mg)，用乙腈溶解并定容至 100 mL。此溶液浓度约为 10 μg/mL。溶液转移至试剂瓶中后，在 -20 ℃下避光保存，备用。临用前进行浓度校准。

②混合标准工作液 (AFTB1 和 AFTG1：100 ng/mL，AFTB2 和 AFTG2：30 ng/mL)：准确移取 AFTB1 和 AFTG1 标准储备溶液各 1 mL，AFTB2 和 AFTG2 标准储备溶液各 300 μL 至 100 mL 容量瓶中，乙腈定容。密封后避光 –20 ℃下保存，三个月内有效。

③标准系列工作溶液：分别准确移取混合标准工作液 10 μL、50 μL、200 μL、500 μL、1000 μL、2000 μL、4000 μL 至 10 mL 容量瓶中，用初始流动相定容至刻度 (含 $AFTB_1$ 和 $AFTG_1$ 浓 度 为 0.1 ng/mL、0.5 ng/mL、2.0 ng/mL、5.0 ng/mL、10.0 ng/mL、20.0 ng/mL、40.0 ng/mL，AFTB2 和 AFTG2 浓度为 0.03 ng/mL、0.15 ng/mL、0.6 ng/mL、1.5 ng/mL、3.0 ng/mL、6.0 ng/mL、12 ng/mL 的系列标准溶液)。

3. 仪器和设备

（1）匀浆机；（2）高速粉碎机；（3）组织捣碎机；（4）超声波 / 涡旋振荡器或摇床；（5）天平：感量 0.01 g 和 0.000 01 g；（6）涡旋混合器；（7）高速均质器：转速 6500 r/

min ~ 24 000 r/min；（8）离心机：转速 ≥ 6 000 r/min；（9）玻璃纤维滤纸：快速、高载量、液体中颗粒保留 1.6 μm；（10）固相萃取装置；（11）氮吹仪；（12）液相色谱仪：配荧光检测器；（13）液相色谱柱；（14）光化学柱后衍生器 (适用于光化学柱后衍生法)；（15）溶剂柱后衍生装置 (适用于碘或溴试剂衍生法)；（16）电化学柱后衍生器 (适用于电化学柱后衍生法)；（17）免疫亲和柱：AFTB1 柱容量 ≥ 200 ng，AFTB1 柱回收率 ≥ 80%，AFTG2 的交叉反应率 ≥ 80%；（18）黄曲霉毒素固相净化柱或功能相当的固相萃取柱 (以下简称净化柱)：对复杂基质样品测定时使用；（19）一次性微孔滤头：带 0.22 μm 微孔滤膜 (所选用滤膜应采用标准溶液检验确认无吸附现象，方可使用)；（20）筛网：1 mm ~ 2 mm 试验筛孔径。

4. 分析步骤

使用不同厂商的免疫亲和柱，在样品的上样、淋洗和洗脱的操作方面可能略有不同，应该按照供应商所提供的操作说明书要求进行操作。

整个分析操作过程应在指定区域内进行。该区域应避光 (直射阳光)、具备相对独立的操作台和废弃物存放装置。在整个实验过程中，操作者应按照接触剧毒物的要求采取相应的保护措施。

（1）样品制备

①液体样品 (植物油、酱油、醋等)：采样量需大于 1 L，对于袋装、瓶装等包装样品需至少采集 3 个包装 (同一批次或号)，将所有液体样品在一个容器中用匀浆机混匀后，其中任意的 100 g 样品进行检测。

②固体样品 (谷物及其制品、坚果及籽类、婴幼儿谷类辅助食品等)：采样量需大于 1 kg，用高速粉碎机将其粉碎，过筛，使其粒径小于 2 mm 孔径试验筛，混合均匀后缩分至 100 g，储存于样品瓶中，密封保存，供检测用。

③半流体 (腐乳、豆豉等)：采样量需大于 1 kg，对于袋装、瓶装等包装样品需至少采集 3 个包装 (同一批次或号)，用组织捣碎机捣碎混匀后，储存于样品瓶中，密封保存，供检测用。

（2）样品提取

①液体样品：a. 植物油脂

称取 5 g 试样 (精确至 0.01 g) 于 50 mL 离心管中，加入 20 mL 乙腈 - 水溶液 (84+16) 或甲醇 - 水溶液 (70+30)，涡旋混匀，置于超声波 / 涡旋振荡器或摇床中振荡 20 min(或用均质器均质 3 min)，在 6 000 r/min 下离心 10 min，取上清液备用。

b. 酱油、醋：称取 5 g 试样 (精确至 0.01 g) 于 50 mL 离心管中，用乙腈或甲醇定容至 25 mL(精确至 0.1 mL)，涡旋混匀，置于超声波 / 涡旋振荡器或摇床中振荡 20 min(或用均质器均质 3 min)，在 6000 r/min 下离心 10 min(或均质后玻璃纤维滤纸过滤)，取上清液备用。

②固体样品：a. 一般固体样品

称取 5 g 试样 (精确至 0.01 g) 于 50 mL 离心管中，加入 20.0 mL 乙腈 - 水溶液 (84+16) 或甲醇 - 水溶液 (70+30)，涡旋混匀，置于超声波 / 涡旋振荡器或摇床中振荡 20 min(或用均质器均质 3 min)，在 6 000 r/min 下离心 10 min(或均质后玻璃纤维滤纸过滤)，取上清液备用。

b. 婴幼儿配方食品和婴幼儿辅助食品：称取 5 g 试样 (精确至 0.01 g) 于 50 mL 离心管中，加入 20.0 mL 乙腈 - 水溶液 (50+50) 或甲醇 - 水溶液 (70+30)，涡旋混匀，置于超声波 / 涡旋振荡器或摇床中振荡 20 min(或用均质器均质 3 min)，在 6000 r/min 下离心 10 min(或均质后经玻璃纤维滤纸过滤)，取上清液备用。

③半流体样品：称取 5 g 试样 (精确至 0.01 g) 于 50 mL 离心管中，加入 20.0 mL 乙腈 - 水溶液 (84+16) 或甲醇 - 水溶液 (70+30)，置于超声波 / 涡旋振荡器或摇床中振荡 20 min(或用均质器均质 3 min)，在 6000 r/min 下离心 10 min(或均质后经玻璃纤维滤纸过滤)，取上清液备用。

（3）样品净化

①免疫亲和柱净化：a. 上样液的准备：准确移取 4 mL 上述上清液，加入 46 mL 1% TritonX-100(或吐温 -20) 的 PB s(使用甲醇 - 水溶液提取时可减半加入)，混匀。

b. 免疫亲和柱的准备：将低温下保存的免疫亲和柱恢复至室温。

c. 试样的净化：免疫亲和柱内的液体放弃后，将上述样液移至 50 mL 注射器筒中，调节下滴速度，控制样液以 1 mL/min ~ 3 mL/min 的速度稳定下滴。待样液滴完后，往注射器筒内加入 2×10 mL 水，以稳定流速淋洗免疫亲和柱。待水滴完后，用真空泵抽干亲和柱。脱离真空系统，在亲和柱下部放置 10 mL 刻度试管，取下 50 mL 的注射器筒，2×1 mL 甲醇洗脱亲和柱，控制 1 mL/min ~ 3 mL/min 的速度下滴，再用真空泵抽干亲和柱，收集全部洗脱液至试管中。在 50 ℃下用氮气缓缓地将洗脱液吹至近干，用初始流动相定容至 1.0 mL，涡旋 30 s 溶解残留物，0.22 μm 滤膜过滤，收集滤液于进样瓶中以备进样。

②黄曲霉毒素固相净化柱和免疫亲和柱同时使用 (对花椒、胡椒和辣椒等复杂基质)：a. 净化柱净化：移取适量上清液，按净化柱操作说明进行净化，收集全部净化液。

b. 免疫亲和柱净化：用刻度移液管准确吸取上部净化液 4 mL，加入 46 mL 1% TritonX-100(或吐温 -20) 的 PB s(使用甲醇 - 水溶液提取时可减半加入)，混匀。

（4）液相色谱参考条件

①无衍生器法 (大流通池直接检测)：液相色谱参考条件：a. 流动相：A 相，水；B 相，乙腈 - 甲醇 (50+50)；b. 等梯度洗脱条件：A，65%；B，35%；c. 色谱柱：C_{18} 柱 (柱长 100 mm，柱内径 2.1 mm，填料粒径 1.7 μm)，或相当者；d. 流速：0.3 mL/min；e. 柱温：40 ℃；f. 进样量：10 μL；g) 激发波长：365 nm；发射波长：436 nm(AFTB1、AFTB2)，463 nm(AFTG1、AFTG2)。

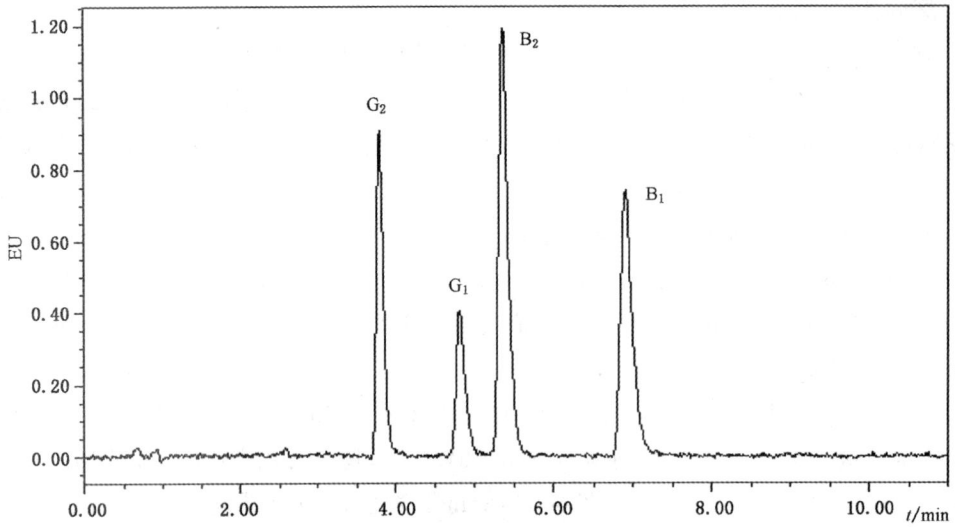

图 7-3 四种黄曲霉毒素大流通池检测色谱图（双波长检测）(2 ng/mL 标准溶液）

②柱后光化学衍生法：液相色谱参考条件：a. 流动相：A 相，水；B 相，乙腈 - 甲醇 (50+50)；b. 等梯度洗脱条件：A，68%；B，32%；c. 色谱柱：C18 柱（柱长 150 mm 或 250 mm，柱内径 4.6 mm，填料粒径 5 μm)，或相当者；d. 流速：1.0 mL/min；e. 柱温：40 ℃；f. 进样量：50 μL；g. 光化学柱后衍生器；h. 激发波长：360 nm；发射波长：440 nm。参见图 7-4。

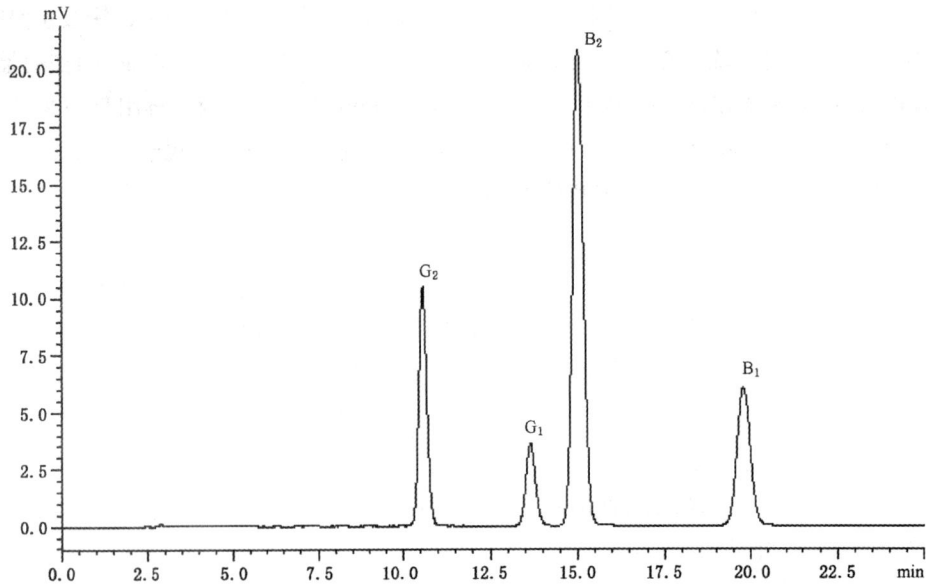

图 7-4 四种黄曲霉毒素柱后光化学衍生法色谱图 (5 ng/mL 标准溶液）

③柱后碘衍生法：液相色谱参考条件列出如下：a. 流动相：A 相，水；B 相，乙腈 - 甲醇 (50+50)；b. 等梯度洗脱条件：A，68%；B，32%；c. 色谱柱：C18 柱（柱长 150 mm

或 250 mm，柱内径 4.6 mm，填料粒径 5 μm)，或相当者；d. 流速：1.0 mL/min；e. 柱温：40 ℃；f. 进样量：50 μL；g. 光化学柱后衍生器；h. 激发波长：360 nm；发射波长：440 nm。参见图 7-5。

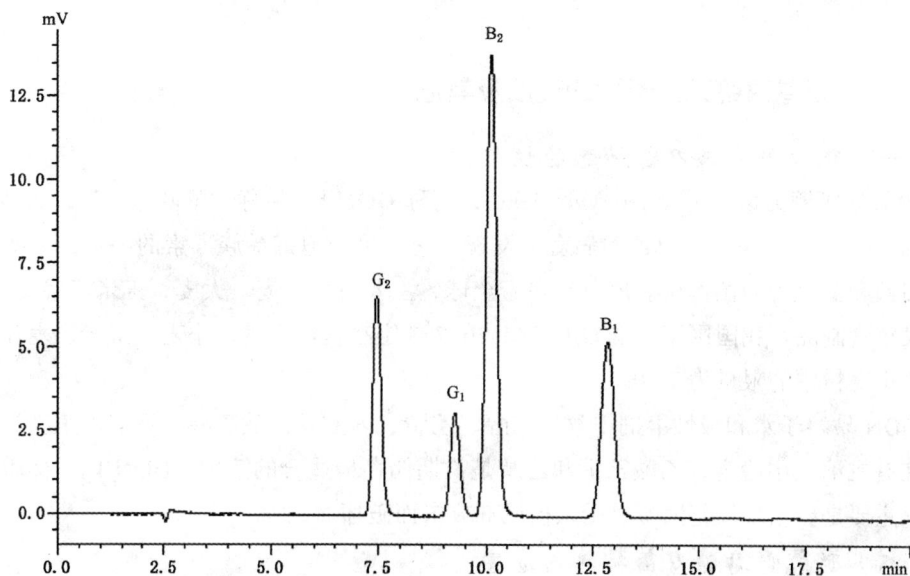

图 7-5 四种黄曲霉毒素柱后碘衍生色谱图 (5 ng/mL 标准溶液)

④柱后电化学衍生法：液相色谱参考条件：a. 流动相：A 相，水 (1 L 水中含 119 mg 溴化钾，350 μL 4 mol/L 硝酸)；B 相，甲醇；b. 等梯度洗脱条件：A，60%；B，40%；c. 色谱柱：C18 柱 (柱长 150 mm 或 250 mm，柱内径 4.6 mm，填料粒径 5 μm)，或相当者；d. 柱温：40 ℃；e. 流速：1.0 mL/min；f. 进样量：50 μL；g. 电化学柱后衍生器：反应池工作电流 100 μA；1 根 PEEK 反应管路 (长度 50 cm，内径 0.5 mm)；h. 激发波长：360 nm；发射波长：440 nm。。

（5）样品测定

①标准曲线的制作：系列标准工作溶液由低到高浓度依次进样检测，以峰面积为纵坐标、浓度为横坐标作图，得到标准曲线回归方程。

②试样溶液的测定：待测样液中待测化合物的响应值应在标准曲线线性范围内，浓度超过线性范围的样品则应稀释后重新进样分析。

③空白试验：不称取试样，按上述的步骤做空白实验。应确认不含有干扰待测组分的物质。

5. 分析结果的表述

试样中 AFTB1、AFTB2、AFTG1 和 AFTG2 的残留量的计算与同位素稀释液相色谱—串联质谱法相同，按式 (7-1) 计算。

第二节　食品中脱氧雪腐镰刀菌烯醇的检测

一、脱氧雪腐镰刀菌烯醇的性质及其危害

（一）脱氧雪腐镰刀菌烯醇的性质

脱氧雪腐镰刀菌烯醇（deoxynivalenol，简称 DON），俗称"呕吐毒素"，最早在日本香川县一次赤霉病大麦中毒的病麦中发现。它是单端孢霉烯族毒素的一种，主要由禾谷镰刀菌和黄色镰刀菌产生。广泛存在于全球，主要污染小麦、大麦、玉米等谷类作物，也污染粮食制品。我国国家标准 GB 2761-2017 规定在食用大麦、小麦、玉米、麦片、玉米面、小麦粉中的限量为 1 000 μg/kg。

DON 易溶于水和极性溶剂甲醇、乙醇、乙腈、丙酮及乙酸乙酯，不溶于正己烷和乙醚。在有机溶剂中稳定，乙酸乙酯和乙腈是长期储存最适合的溶剂。DON 化学性质十分稳定，主要是由于环氧基团不易受亲核试剂攻击而破坏。

（二）脱氧雪腐镰刀菌烯醇的危害

1. DON 对植物的危害

DON 具有较强的生物活性，能损伤小麦组织的细胞膜，引起细胞质外渗，使细胞崩解，抑制小麦体细胞内蛋白质的合成，抑制小麦胚根、胚芽及芽鞘的生长，导致麦苗枯萎，麦穗的穗轴组织黄褐病变，维管束导管及韧皮部细胞被褐变物质充满堵塞，最终造成麦穗枯黄萎蔫。

2. DON 对人和动物的危害

DON 的急性毒性与动物的种属、年龄、性别、染毒途径有关。猪对 DON 很敏感，尤其是母猪，牛羊次之，家禽对其有较高的耐受力。雄性动物比较敏感，经口毒性小于皮下注射。对于敏感动物，急性中毒的症状表现为食欲减退、呕吐、体重减轻、流产、免疫机能下降。例如，日粮中含 2 ~ 4 mg/kg DON 便可引起猪采食减少；含 3 ~ 6 mg/kg DON 时，生长猪的采食量降低 20%；含 10 mg/kg DON 时完全拒食。

人的急性中毒主要表现为呕吐、拒食、体重降低和腹泻，人群 DON 中毒事件报道的中毒症状包括恶心、呕吐、胃肠紊乱、头晕、头痛和腹泻。慢性毒性表现为摄食减少、生长缓慢及血清免疫球蛋白水平改变。

二、脱氧雪腐镰刀菌烯醇的检测

脱氧雪腐镰刀菌烯醇的检测方法有薄层层析法、高效液相色谱法、液相色谱—串联质谱法和酶联免疫吸附检测法等。下面介绍同位素稀释液相色谱—串联质谱法和免疫亲和层析净化高效液相色谱法测定食品中的脱氧雪腐镰刀菌烯醇。

（一）同位素稀释液相色谱—串联质谱法

1. 原　理

试样中的脱氧雪腐镰刀菌烯醇、3-乙酰脱氧雪腐镰刀菌烯醇和15-乙酰脱氧雪腐镰刀菌烯醇用水和乙腈的混合溶液提取，提取上清液经固相萃取柱或免疫亲和柱净化，浓缩、定容和过滤后，超高压液相色谱分离，串联质谱检测，同位素内标法定量。

2. 试剂和材料

（1）试剂：①乙腈（CH_3CN）：色谱纯；②甲醇（CH_3OH）：色谱纯；③正己烷（C_6H_{14}）；④氨水（$NH_3 \cdot H_2O$）；⑤甲酸（$HCOOH$）；⑥氮气（N_2）：纯度≥99.9%。

（2）试剂配制

①乙腈-水溶液（84+16）：量取160 mL水加入到840 mL乙腈中，混匀；②乙腈饱和的正己烷溶液：量取200 mL正己烷于250 mL分液漏斗中，加入少量乙腈，剧烈振摇数分钟，静置分层，弃去下层乙腈层即得；③甲醇-水溶液（5+95）：量取5 mL甲醇加入到95 mL水中，混匀；④0.01%氨水溶液：取100 μL氨水加入到1 000 mL水中，混匀（仅供离子源模式为ESI-时使用）；⑤0.1%甲酸溶液：取1 mL甲酸加入到1000 mL水中，混匀（仅供离子源模式为ESI+时使用）。

（3）标准品

①脱氧雪腐镰刀菌烯醇（DON，$C_{15}H_{20}O_6$，CAS号：51481-10-8）：纯度≥99%，或经国家认证并授予标准物质证书的标准物质；②3-乙酰脱氧雪腐镰刀菌烯醇（3-ADON，$C_{17}H_{22}O_6$，CAS号：50722-38-8）：纯度≥99%，或经国家认证并授予标准物质证书的标准物质；③15-乙酰脱氧雪腐镰刀菌烯醇（15-ADON，$C_{17}H_{22}O_6$，CAS号：88337-96-6）：纯度≥99%，或经国家认证并授予标准物质证书的标准物质；④$^{13}C_{15}$-脱氧雪腐镰刀菌烯醇同位素标准溶液（13C-DON，$^{13}C_{15}H_{20}O_6$）：25 μg/mL，纯度≥99%；⑤$^{13}C_{17}$-3-乙酰-脱氧雪腐镰刀菌烯醇同位素标准溶液（13C-3-ADON，$^{13}C_{17}H_{22}O_6$）：25 μg/mL，纯度≥99%。

（4）标准溶液配制

①标准储备溶液（100 μg/mL）：分别称取DON、3-ADON和15-ADON 1 mg（准确至0.01 mg），分别用乙腈溶解并定容至10 mL。将溶液转移至试剂瓶中，在-20 ℃下密封保存，有效期1年。

②混合标准工作溶液（10 μg/mL）：准确吸取100 μg/mL DON、3-ADON和15-ADON标准储备液各1.0 mL于同一10 mL容量瓶中，加乙腈定容至刻度。在–20 ℃下密封保存，有效期半年。

③混合同位素内标工作液（1 μg/mL）：准确吸取$^{13}C_{15}$-DON和$^{13}C_{17}$-3-ADON同位素内标（25 μg/mL）各1 mL于同一25 mL容量瓶中，加乙腈定容至刻度。在–20 ℃下密封保存，有效期半年。

④标准系列工作溶液：准确移取适量混合标准工作溶液和混合同位素内标工作液，用初始流动相配制成10 ng/mL、20 ng/mL、40 ng/mL、80 ng/mL、160 ng/mL、320 ng/mL、640 ng/mL的混合标准系列，其中同位素内标浓度为100 ng/mL。标准系列溶液于

4 ℃保存，有效期 7 日。

3. 仪器和设备

（1）液相色谱—串联质谱仪：带电喷雾离子源；（2）电子天平：感量 0.01 g 和 0.000 01 g；（3）高速粉碎机：转速 10000 r/min；（4）匀浆机；（5）筛网：0.5 mm ~ 1 mm 孔径；（6）超声波 / 涡旋振荡器或摇床；（7）氮吹仪；（8）高速离心机：转速不低于 12 000 r/min；（9）移液器：量程 10 μL ~ 100 μL 和 100 μL ~ 1 000 μL；（10）固相萃取装置；（11）通用型固相萃取柱：兼具亲水基团（吡咯烷酮基团）和疏水基团（二乙烯基苯）吸附剂填料的固相萃取小柱，200 mg，6 mL，或相当者；（12）DONs 专用型固相净化柱，或相当者；（13）脱氧雪腐镰刀菌烯醇免疫亲和柱：柱容量 ≥ 1 000 ng；（14）水相微孔滤膜：0.22 μm。

4. 分析步骤

（1）试样制备

①谷物及其制品：取至少 1 kg 样品，用高速粉碎机将其粉碎，过筛，使其粒径小于 0.5 mm ~ 1 mm 孔径试验筛，混合均匀后缩分至 100 g，储存于样品瓶中，密封保存，供检测用。

②酒类：取散装酒至少 1 L，对于袋装、瓶装等包装样品至少取 3 个包装（同一批次或号），将所有液体试样在一个容器中用均质机混匀后，缩分至 100 g 储存于样品瓶中，密封保存，供检测用。含二氧化碳的酒类样品使用前应先置于 4 ℃冰箱冷藏 30 min，过滤或超声脱气后方可使用。

③酱油、醋、酱及酱制品：取至少 1 L 样品，对于袋装、瓶装等包装样品至少取 3 个包装（同一批次或号），将所有液体样品在一个容器中用匀浆机混匀后，缩分至 100 g 储存于样品瓶中，密封保存，供检测用。

（2）试样提取

①谷物及其制品：称取 2g（准确至 0.01g）试样于 50 mL 离心管中，加入 400 μL 混合同位素内标工作液振荡混合后静置 30 min。加入 20.0 mL 乙腈 - 水溶液 (84+16)，置于超声波 / 涡旋振荡器或摇床中超声或振荡 20 min。10000 r/min 离心 5 min，收集上清液 A 于干净的容器中备用。

②酒类：称取 5 g（准确至 0.01 g）试样于 50 mL 离心管中，加入 200 μL 混合同位素内标工作液振荡混合后静置 30 min，用乙腈定容至 10 mL，混匀，置于超声波 / 涡旋振荡器或摇床中超声或振荡 20 min。10 000 r/min 离心 5 min，收集上清液 B 于干净的容器中备用。

③酱油、醋、酱及酱制品：称取 2 g（准确至 0.01 g）试样于 50 mL 离心管中，加入 400 μL 混合同位素内标工作液振荡混合后静置 30 min。加入 20.0 mL 乙腈 - 水溶液 (84+16)，置于超声波 / 涡旋振荡器或摇床中超声或振荡 20 min。10 000 r/min 离心 5 min，收集上清液 C 于干净的容器中备用。

（3）试样净化

可根据实际情况，选择其中一种方法即可。

①通用型固相萃取柱净化：取 5 mL 上清液 A 或上清液 B 或上清液 C 置于 50 mL 离心管中，加入 10 mL 乙腈饱和正己烷溶液，涡旋混合 2 min，5000 r/min 离心 2 min，弃去正己烷层后，于 40 ℃ ~ 50 ℃下氮气吹干，加入 4 mL 水充分溶解残渣，待净化。

将固相萃取柱连接到固相萃取装置，先后用 3 mL 甲醇和 3 mL 水活化平衡。将 4 mL 上述水复溶液上柱，控制流速为每秒 1 滴 ~ 2 滴。用 3 mL 水、1 mL 5% 甲醇 - 水溶液依次淋洗柱子后彻底抽干。用 4 mL 甲醇洗脱，收集全部洗脱液后在 40 ℃ ~ 50 ℃下氮气吹干。加入 1.0 mL 初始流动相溶解残留物，涡旋混匀 10 s，用 0.22 μm 微孔滤膜过滤于进样瓶中，待进样。

② DON s 专用型固相净化柱净化：取 8 mL 上清液 A 或上清液 B 或上清液 C 至 DON s 专用型固相净化柱的玻璃管内，将净化柱的填料管插入玻璃管中并缓慢推动填料管至净化液析出。移取 5 mL 净化液于 40 ℃ ~ 50 ℃下氮气吹干。加入 1.0 mL 初始流动相溶解残留物，涡旋混匀 10 s，用 0.22 μm 微孔滤膜过滤于进样瓶中，待进样。

③免疫亲和柱净化：事先将低温下保存的免疫亲和柱恢复至室温。准确移取 5 mL 上清液 A 或上清液 B 或上清液 C，于 40 ℃ ~ 50 ℃下氮气吹干，加入 2 mL 水充分溶解残渣，待免疫亲和柱内原有液体流尽后，将上述样液移至玻璃注射器筒中。将空气压力泵与玻璃注射器相连接，调节下滴速度，控制样液以每秒 1 滴的流速通过免疫亲和柱，直至空气进入亲和柱中。用 5 mL PBs 缓冲盐溶液和 5 mL 水先后淋洗免疫亲和柱，流速约为每秒 1 滴 ~ 2 滴，直至空气进入亲和注中，弃去全部流出液，抽干小柱。

准确加入 2 mL 甲醇洗脱亲和柱，控制每秒 1 滴的下滴速度，收集全部洗脱液至试管中，在 50 ℃下用氮气缓缓地将洗脱液吹至近干，加入 1.0 mL 初始流动相，涡旋 30 s 溶解残留物，0.22 μm 滤膜过滤，收集滤液于进样瓶中以备进样。

（4）液相色谱—串联质谱参考条件

①离子源模式：EsI+ 液相色谱—质谱参考条件：a. 液相色谱柱：C18 柱 (柱长 100 mm，柱内径 2.1 mm；填料粒径 1.7 μm)，或相当者；b. 流动相：A 相：0.1% 甲酸溶液；B 相：0.1% 甲酸 - 乙腈；c. 梯度洗脱：2%B(0 min ~ 0.8 min)，24%B(3.0 min ~ 4.0 min)，100%B(6.0 min ~ 6.9 min)，2%B(6.9 min ~ 7.0 min)；d. 流速：0.35 mL/min；e. 柱温：40 ℃；f. 进样体积：10 μL；g) 毛细管电压：3.5 kV；锥孔电压：30 V；脱溶剂气温度：350 ℃；脱溶剂气流量：900 L/ h；

②离子源模式：E sI-：液相色谱—质谱参考条件：a. 液相色谱柱：C18 柱 (柱长 100 mm，柱内径 2.1 mm；填料粒径 1.7 μm)，或相当者；b. 流动相：A 相：0.01% 氨水溶液；B 相：乙腈；c. 梯度洗脱：2%B(0 min ~ 0.8 min)，24%B(3.0 min ~ 4.0 min)，100%B(6.0 min ~ 6.9 min)，2%B(6.9 min ~ 7.0 min)；d. 流速：0.35 mL/min；e. 柱温：40 ℃；f. 进样体积：10 μL；g. 毛细管电压：2.5 kV；锥孔电压：45 V；脱溶剂气温度：500 ℃；脱溶剂气流量：900 L/h。

（5）定性测定

试样中目标化合物色谱峰的保留时间与相应标准色谱峰的保留时间相比较，变化范围应在 ±2.5% 之内。

每种化合物的质谱定性离子应出现，至少应包括一个母离子和两个子离子。同一检测批次，对同一化合物，样品中目标化合物的两个子离子的相对丰度比与浓度相当的标准溶液相比，其允许偏差不超过规定的范围。

（6）标准曲线的制作

在上述液相色谱串联质谱仪分析条件下，将标准系列溶液由低到高浓度进样检测，以 DON、3-ADON 和 15-ADON 色谱峰与各对应内标色谱峰的峰面积比值—浓度作图，得到标准曲线回归方程，其线性相关系数应大于 0.99。

（7）试样溶液的测定

取已处理得到的待测溶液进样，内标法计算待测液中目标物质的质量浓度，计算样品中待测物的含量。试液中待测物的响应值应在标准曲线线性范围内，超过线性范围则应适当减少取样量后重新测定。

（8）空白试验

除不加试样外，按上述步骤做空白实验。应确认不含有干扰待测组分的物质。

5. 分析结果的表述

试样中 DON、3-ADON 或 15-ADON 的含量按式 (7-2) 计算：

$$X = \frac{\rho \times V_1 \times V_3 \times 1\,000}{V_2 \times m \times 1\,000} \tag{7-2}$$

式中：

X——试样中 DON、3-ADON 或 15-ADON 的含量，单位为微克每千克（μg/kg）；

ρ——试样中 DON、3-ADON 或 15-ADON 按照内标法在标准曲线中对应的质量浓度，单位为纳克每毫升（ng/mL）；

V_1——试样提取液体积，单位为毫升（mL）；

V_3——试样最终定容体积，单位为毫升（mL）；

1 000——换算系数；

V_2——用于净化的分取体积，单位为毫升（mL）；

m——试样的称样量，单位为克（g）。

（二）免疫亲和层析净化高效液相色谱法

1. 原　理

试样中的脱氧雪腐镰刀菌烯醇用水提取，经免疫亲和柱净化后，用高效液相色谱—紫外检测器测定，外标法定量。

2. 试剂和材料

（1）试剂：①甲醇（Ch_3Oh）：色谱纯；②乙腈（Ch_3CN）：色谱纯；③聚乙二醇 [相对分子质量为 8000，$hO(Ch_2Ch_2O)nh$]；④氯化钠（NaCl）；⑤磷酸氢二钠（Na_2hPO_4）；⑥磷

酸二氢钾 (Kh$_2$PO$_4$)；⑦氯化钾 (KCl)；⑧盐酸 (hCl)。

（2）试剂配制

①磷酸盐缓冲溶液（以下简称 PBs）：称取 8.00 g 氯化钠、1.20 g 磷酸氢二钠、0.20 g 磷酸二氢钾、0.20 g 氯化钾，用 900 mL 水溶解，用盐酸调节 pH 至 7.0，用水定容至 1000 mL。

②甲醇—水溶液 (20+80)：量取 200 mL 甲醇加入到 800 mL 水中，混匀。

③乙—水溶液 (10+90)：量取 100 mL 乙腈加入到 900 mL 水中，混匀。

（3）标准品

脱氧雪腐镰刀菌烯醇 (C$_{15}$h$_{20}$O$_6$，CA s 号：51481-10-8)：纯度 ≥ 99%，或经国家认证并授予标准物质证书的标准物质。

（4）标准溶液配制

①标准储备溶液 (100 μg/mL)：称取脱氧雪腐镰刀菌烯醇 1 mg(准确至 0.01 mg)，用乙腈溶解并定容至 10 mL。将溶液转移至试剂瓶中，在 –20 ℃下密封保存，有效期 1 年。

②标准系列工作溶液：准确移取适量脱氧雪腐镰刀菌烯醇标准储备溶液，用初始流动相稀释，配制成 100 ng/mL、200 ng/mL、500 ng/mL、1000 ng/mL、2000 ng/mL、5000 ng/mL 的标准系列工作液，4 ℃保存，有效期 7 日。

3. 仪器和设备

（1）高效液相色谱仪：配有紫外检测器或二极管阵列检测器；（2）电子天平：感量 0.01 g 和 0.000 01 g；（3）高速粉碎机：转速 10 000 r/min；（4）筛网：1 mm ~ 2 mm 孔径；（5）超声波 / 涡旋振荡器或摇床；（6）氮吹仪；（7）高速离心机：转速 ≥ 12000 r/min；（8）移液器：量程 10 μL ~ 100 μL 和 100 μL ~ 1000 μL；（9）脱氧雪腐镰刀菌烯醇免疫亲和柱：柱容量 ≥ 1 000 ng；（10）玻璃纤维滤纸：直径 11 cm，孔径 1.5 μm；（11）水相微孔滤膜：0.45 μm；（12）聚丙烯刻度离心管：具塞，50 mL；（13）玻璃注射器：10 mL；（14）空气压力泵。

4. 分析步骤

（1）试样制备

①谷物及其制品：取至少 1 kg 样品，用高速粉碎机将其粉碎，过筛，使其粒径小于 0.5 mm ~ 1 mm 孔径试验筛，混合均匀后缩分至 100 g，储存于样品瓶中，密封保存，供检测用。

②酒类：取散装酒至少 1 L，对于袋装、瓶装等包装样品至少取 3 个包装 (同一批次或号)，将所有液体试样在一个容器中用均质机混匀后，缩分至 100 g 储存于样品瓶中，密封保存，供检测用。含二氧化碳的酒类样品使用前应先置于 4 ℃冰箱冷藏 30 min，过滤或超声脱气后方可使用。

③酱油、醋、酱及酱制品：取至少 1 L 样品，对于袋装、瓶装等包装样品至少取 3 个包装 (同一批次或号)，将所有液体样品在一个容器中用匀浆机混匀后，缩分至 100 g

储存于样品瓶中，密封保存，供检测用。

（2）试样提取

①谷物及其制品：称取 25 g(准确到 0.1 g) 磨碎的试样于 100 mL 具塞三角瓶中加入 5 g 聚乙二醇，加水 100 mL，混匀，置于超声波 / 涡旋振荡器或摇床中超声或振荡 20 min。以玻璃纤维滤纸过滤至滤液澄清 (或 6 000 r/min 下离心 10 min)，收集滤液 A 于干净的容器中。10 000 r/min 离心 5 min。

②酒类：取酒样 20 g(准确到 0.1 g)，加入 1 g 聚乙二醇，用水定容至 25.0 mL，混匀，置于超声波 / 涡旋振荡器或摇床中超声或振荡 20 min。用玻璃纤维滤纸过滤至滤液澄清 (或 6 000 r/min 下离心 10 min)，收集滤液 B 于干净的容器中。

③酱油、醋、酱及酱制品：称取样品 25 g(准确到 0.1 g)，加入 5 g 聚乙二醇，用水定容至 100 mL，混匀，置于超声波 / 涡旋振荡器或摇床中超声或振荡 20 min。以玻璃纤维滤纸过滤至滤液澄清 (或 6000 r/min 下离心 10 min)，收集滤液 C 于干净的容器中。

（3）净　化

事先将低温下保存的免疫亲和柱恢复至室温。待免疫亲和柱内原有液体流尽后，将上述样液移至玻璃注射器筒中，准确移取上述滤液 A 或滤液 B 或滤液 C2.0 mL，注入玻璃注射器中。将空气压力泵与玻璃注射器相连接，调节下滴速度，控制样液以每秒 1 滴的流速通过免疫亲和柱，直至空气进入亲和柱中。用 5 mLPB s 缓冲盐溶液和 5 mL 水先后淋洗免疫亲和柱，流速约为每秒 1 滴 ~ 2 滴，直至空气进入亲和柱中，弃去全部流出液，抽干小柱。

（4）洗　脱

准确加入 2 mL 甲醇洗脱亲和柱，控制每秒 1 滴的下滴速度，收集全部洗脱液至试管中，在 50 ℃下用氮气缓缓地将洗脱液吹至近干，加入 1.0 mL 初始流动相，涡旋 30 s 溶解残留物，0.45 μm 滤膜过滤，收集滤液于进样瓶中以备进样。

（5）液相色谱参考条件：a. 液相色谱柱：C18 柱 (柱长 150 mm，柱内径 4.6 mm；填料粒径 5 μm)，或相当者；b. 流动相：甲醇 + 水 (20+80)；c. 流速；0.8 mL/min；d. 柱温：35 ℃；e. 进样量：50 μL；f. 检测波长：218 nm。

（6）定量测定

①标准曲线的制作：以脱氧雪腐镰刀菌烯醇标准工作液浓度为横坐标，以峰面积积分值纵坐标，将系列标准溶液由低到高浓度依次进样检测，得到标准曲线回归方程。

②试样溶液的测定：试样液中待测物的响应值应在标准曲线线性范围内，超过线性范围则应适当减少称样量，重新处理后再进样分析。

（7）空白试验

除不称取试样外，按上述方法做空白试验。确认不含有干扰待测组分的物质。

5. 分析结果的表述

试样中脱氧雪腐镰刀菌烯醇的含量按式 (7-3) 计算：

$$X = \frac{(\rho_1 - \rho_0) \times V \times f \times 1\,000}{m \times 1\,000} \tag{7-3}$$

式中：

　　X——试样中脱氧雪腐镰刀菌烯醇的含量，单位为微克每千克（μg/kg）；

　　ρ_1——试样中脱氧雪腐镰刀菌烯醇的质量浓度，单位纳克每毫升（ng/mL）；

　　ρ_0——空白试样中脱氧雪腐镰刀菌烯醇的质量浓度，单位纳克每毫升（ng/mL）；

　　V——样品洗脱液的最终定容体积，单位毫升（mL）；

　　f——样液稀释因子；

　　1 000——换算系数；

　　m——试样的称样量，单位克（g）。

第三节　食品中展青霉素的检测

一、展青霉素的性质及其毒害

（一）展青霉素的性质

展青霉素的化学名称为 4- 羟基 -4- 氢 - 呋喃（3，2- 碳）并吡喃 -2（6- 氢）酮，分子式为 $C_7h_6O_4$，分子量 154，其晶体为无色菱形，熔点 110.5 ℃。易溶于水、乙腈、三氯甲烷、丙酮、乙醇和乙酸乙酯等大部分有机溶剂中，微溶于乙醚、苯，不溶于石油醚、戊烷。酸性环境下较稳定，而在碱性条件下稳定性差。20 世纪 40 年代作为一种广谱的抗真菌抗生素被发现，随后又发现它对 70 多种不同的细菌有抑制作用，包括革兰氏阳性菌和阴性菌。然而之后的临床研究表明，展青霉素不仅对真菌和细菌有毒性，对动物和高等植物也具有毒性作用。

（二）展青霉素的毒害作用

展青霉素是由某些真菌产生的一种有毒次级代谢产物，在多种食品中均有发现，苹果及其制品中尤为严重。通过过去 50 多年对展青霉素广泛的研究，发现展青霉素具有急性毒性、亚急性毒性、慢性毒性和细胞毒性。急性毒性常表现为急躁、抽搐、呼吸困难、肺部充血、上皮细胞退化、组织坏死、呕吐、肠出血、肠炎以及其他的一些肠胃疾病。慢性毒性表现为致癌、致畸、致突变、神经毒性、免疫毒性、遗传毒性等。细胞毒性表现为质膜的破坏、抑制蛋白质的合成、抑制 Na^+ 偶联的氨基酸转运、阻断翻译与转录过程、抑制 DNA 的合成、抑制产干扰素的辅助型 T 细胞的形成。展青霉素之所以能够引起细胞毒性，是因为它可以与细胞内的巯基成分发生反应，如谷胱甘和含半胱氨酸的蛋白。事实上，许多活性位点具有巯基的酶也对展青霉素十分敏感，如 RNA 聚合酶、氨酰基 -t RNA 合成酶、肌醛缩酶以及依赖 $Na^+\text{-}K^+$ 的 ATP 酶，这些酶的活性都可以被展青霉素所抑制。另外，展青霉素的毒性还与活体细胞中游离谷胱甘肽的缺失有关。通过加入外源的半胱氨酸或谷胱甘肽，可以解除展青霉素对肠道上皮细胞的毒性作用。另有研究表明展青霉素可以与 Nh_2 基团反应，并能够抑制蛋白质的异戊二烯化。异戊二烯化是蛋白质翻译后加工的一种重要修饰过程，许多蛋白质包括原癌基因的激活都必须经过异戊二烯化的修饰过程。然而，有些活性位点缺少巯基的酶如脲酶，也可以与展青霉素反应；展青霉素对转录和翻译的抑制也是通过与 RNA 和 DNA 的直接作用来实现的。因此展青霉素主要通过与巯基相关的反应引起毒性作用，但也有例外。

二、展青霉素的检测方法

展青霉素的检测方法有薄层色谱法、液相色谱法、免疫学检测方法和高效液相色谱法等。下面介绍同位素稀释—液相色谱—串联质谱法和高效液相色谱法测定食品中的展青霉素。

（一）同位素稀释—液相色谱—串联质谱法

1. 原　理

样品中的展青霉素经溶剂提取，展青霉素固相净化柱或混合型阴离子交换柱净化、浓缩后，经反相液相色谱柱分离，电喷雾离子源离子化，多反应离子监测检测，内标法定量。

2. 试剂和材料

（1）试剂：①乙腈 (CH_3CN)：色谱纯；②甲醇 (CH_3Oh)：色谱纯；③乙酸 (CH_3COOh)：色谱纯；④乙酸铵 (CH_3COONh_4)；⑤果胶酶（液体）：活性 ≥ 1500U/g，2 ℃ ~ 8 ℃ 避光保存。

（2）试剂配制

①乙酸溶液：取 10 mL 乙酸加入 250 mL 水，混匀；②乙酸铵溶液 (5 mmol/L)：称取 0.38g 乙酸铵，加 1 000 mL 水溶解。

（3）标准品

①展青霉素标准品 ($C_7H_6O_4$，CAs 号：149-29-1)：纯度 ≥ 99%，或经国家认证并授予标准物质证书的标准物质；② $^{13}C_7^-$ 展青霉素同位素内标：25 μg/mL，或经国家认证并授予标准物质证书的标准物质。

（4）标准溶液配制

①标准储备溶液 (100 μg/mL)：用 2 mL 乙腈溶解展青霉素标准品 1.0 mg 后，移入 10 mL 的容量瓶，乙腈定容至刻度。溶液转移至试剂瓶中后，在 -20 ℃ 下冷冻保存，备用，有效期 6 个月。展青霉素标准溶液浓度的标定参见附录 A。

②标准工作液 (1 μg/mL)：准确吸取 100 μL 经标定过的展青霉素标准储备溶液至 10 mL 容量瓶中，用乙酸溶液定容至刻度。溶液转移至试剂瓶中后，在 4 ℃ 下避光保存，有效期 3 个月。

③ $^{13}C_7^-$ 展青霉素同位素内标工作液 (1 μg/mL)：准确移取展青霉素同位素内标 (25 μg/mL)0.40 mL 至 10 mL 容量瓶中，用乙酸溶液定容。在 4 ℃ 下避光保存，备用，3 个月内有效。

④标准系列工作溶液：分别准确移取标准工作液适量至 10 mL 容量瓶中，加入

500 μL 1.0 μg/mL 的同位素内标工作液，用乙酸溶液定容至刻度，配制展青霉素浓度为 5 ng/mL、10 ng/mL、25 ng/mL、50 ng/mL、100 ng/mL、150 ng/mL、200 ng/mL、250 ng/mL 系列标准溶液。

3. 仪器和设备

（1）液相色谱—质谱联用仪：带电喷雾离子源；（2）匀浆机；（3）高速粉碎机；（4）组织捣碎机；（5）涡旋振荡器；（6）pH 计：测量精度 ±0.02；（7）天平：感量为 0.01 g 和 0.000 01 g；（8）50 mL 具塞 PVC 离心管；（9）离心机：转速 ≥ 6 000 r/min；（10）展青霉素固相净化柱（以下简称净化柱）：混合填料净化柱 Myco sepTM228，或相当者；（11）混合型阴离子交换柱：N- 乙烯吡咯烷酮 - 二乙烯基苯共聚物基质 -C h2N(C h3)2C4 h9+ 为填料的固相萃取柱（6 mL，150 mg），或相当者。使用前分别用 6 mL 甲醇和 6 mL 水预淋洗并保持柱体湿润；（12）100 mL 梨形烧瓶；（13）固相萃取装置；（14）旋转蒸发仪；（15）氮吹仪。

4. 分析步骤

（1）试样制备

①液体样品（苹果汁、山楂汁等）：样品倒入匀浆机中混匀，取其中任意的 100 g(或 mL) 样品进行检测。

酒类样品需超声脱气 1 小时或 4 ℃低温条件下存放过夜脱气。

②固体样品（山楂片、果丹皮等）：样品用高速粉碎机将其粉碎，混合均匀后取样品 100 g 用于检测。果丹皮等高黏度样品经液氮冻干后立即用高速粉碎机将其粉碎，混合均匀后取样品 100 g 用于检测。

③半流体（苹果果泥、苹果果酱、带果粒果汁等）：样品在组织捣碎机中捣碎混匀后，取 100 g 用于检测。

（2）试样提取及净化

①混合型阴离子交换柱法：a. 试样提取：澄清果汁：称取 2 g 试样（准确至 0.01 g），加入 50 μL 同位素内标工作液混匀待净化。

苹果酒：称取 1 g 试样（准确至 0.01 g），加入 50 μL 同位素内标工作液，加水至 10 mL 混匀后待净化。

固体、半流体试样：称取 1 g 试样（准确至 0.01 g) 于 50 mL 离心管中，加入 50 μL 同位素内标工作液，静置片刻后，再加入 10 mL 水与 75 μL 果胶酶混匀，室温下避光放置过夜后，加入 10.0 mL 乙酸乙酯，涡旋混合 5 min，在 6 000 r/min 下离心 5 min，移取乙酸乙酯层至 100 mL 梨形烧瓶。再用 10.0 mL 乙酸乙酯提取一次，合并两次乙酸乙酯提取液，在 40 ℃水浴中用旋转蒸发仪浓缩至干，以 5.0 mL 乙酸溶液溶解残留物，待净化处理。

b. 净化：将待净化液转移至预先活化好的混合型阴离子交换柱中，控制样液以约 3 mL/min 的速度稳定过柱。上样完毕后，依次加入 3 mL 的乙酸铵溶液、3 mL 水淋洗。抽干混合型阴离子交换柱，加入 4 mL 甲醇洗脱，控制流速约 3 mL/min，收集洗脱液。在洗脱液中加入 20μL 乙酸，置 40℃下用氮气缓缓吹至近干，用乙酸溶液定容至 1.0 mL，涡旋 30 s，溶解残留物，0.22μm 滤膜过滤，收集滤液于进样瓶中以备进样。按同一操作方法做空白试验。

②净化柱法：a. 试样提取：液体试样：称取 4 g 试样（准确至 0.01g）于 50 mL 离心管中，加入 250μL 同位素内标工作液，加入 21 mL 乙腈，混合均匀，在 6 000 r/min 下离心 5 min，待净化。

固体、半流体试样：称取 1 g 试样（准确至 0.01 g）于 50 mL 离心管中，加入 100μL 同位素内标工作液，混匀后静置片刻，再加入 10 mL 水与 150μL 果胶酶溶液混匀，室温下避光放置过夜后，加入 10.0 mL 乙酸乙酯，涡旋混合 5 min，在 6000 r/min 下离心 5 min，移取乙酸乙酯层至梨形烧瓶。再用 10.0 mL 乙酸乙酯提取一次，合并两次乙酸乙酯提取液，在 40℃水浴中用旋转蒸发仪浓缩至干，以 2.0 mL 乙酸溶液溶解残留物，再加入 8 mL 乙腈，混匀后待净化。

b. 净化：按照所使用净化柱的说明书操作，将提取液通过净化柱净化，弃去初始的 1 mL 净化液，收集后续部分。

用吸量管准确吸取 5.0 mL 净化液，加入 20μL 乙酸，在 40℃下用氮气缓缓地吹至近干，加入乙酸溶液定容至 1 mL，涡旋 30 s 溶解残渣，过 0.22μm 滤膜，收集滤液于进样瓶中以备进样。按同一操作方法做空白试验。

（3）仪器参考条件

①色谱参考条件：a. 色谱柱：T3 色谱柱，柱长 100 mm，内径 2.1 mm，粒径 1.8μm，或相当者；b. 流动相：A 相：水，B 相：乙腈；c. 梯度洗脱条件：5%B(0 min ~ 7 min)，100%B(7.2 min ~ 9 min)，5%B(9.2 min ~ 13 min)；d. 流速：0.3 mL/min；e. 色谱柱柱温：30℃；f. 进样量：10μL。

②质谱参考条件：a. 检测方式：多离子反应监测 (MRM)；b. 质谱参数及离子选择参数参见表 7-3；c) 子离子扫描图参见图 7-6 和图 7-7；d. 液相色谱 - 质谱图参见图 7-8。

表7-3　离子选择参数表

展青霉素	母离子	定量离子	碰撞能量	定性离子	碰撞能量	离子化方式
展青霉素	153	109	−7	81	−12	ESI-
$^{13}C_7-$ 展青霉素	160	115	−7	86	−12	ESI-

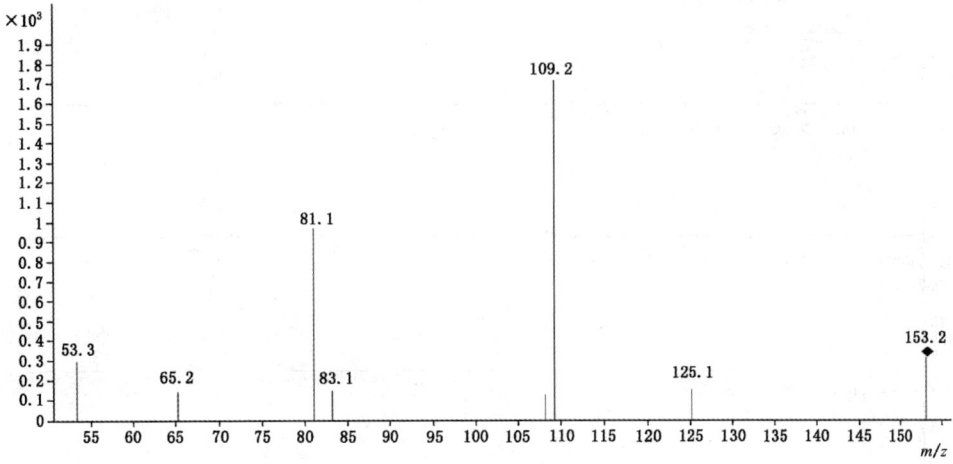

图 7-6 展青霉素的质谱图

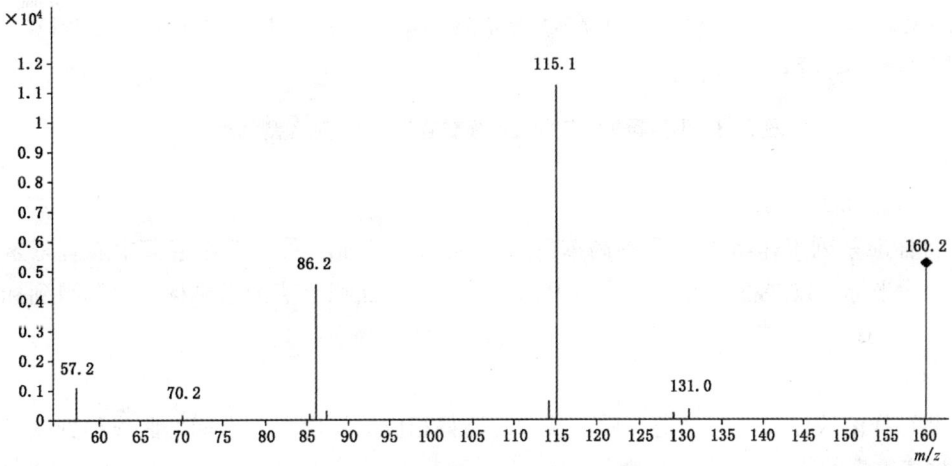

图 7-7 $^{13}C_7-$展青霉素的质谱图

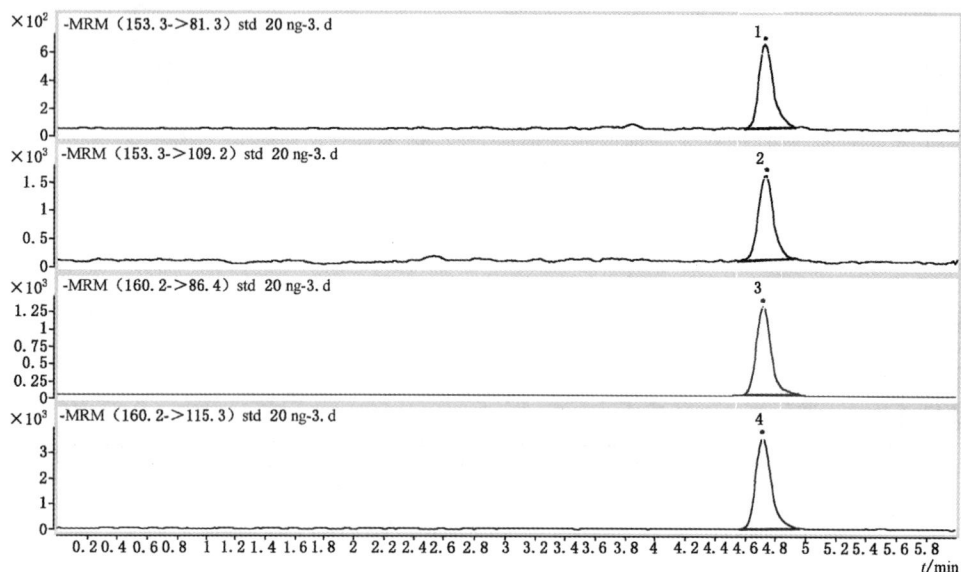

1- 展青霉素定性离子色谱峰；2- 展青霉素定量离子色谱峰；3- 展青霉素同位素定性离子色谱峰；4- 展青霉素同位素定量离子色谱峰。

图 7-8 展青霉素及其同位素标准溶液的多反应监测色谱图

（4）标准曲线的制作

将标准系列工作溶液由低到高浓度进样检测，以标准系列工作溶液中展青霉素的浓度为横坐标，以展青霉素色谱峰与内标色谱峰的峰面积比值为纵坐标，绘制得到标准曲线。

（5）测 定

将试样溶液注入液相色谱—质谱仪中，测得相应的峰面积，由标准曲线得到试样溶液中展青霉素的浓度。

（6）定 性

试样中目标化合物色谱峰的保留时间与相应标准色谱峰的保留时间相比较，变化范围在 ±2.5% 之内。

每种化合物的质谱定性离子必须出现，至少应包括一个母离子和两个子离子。同一检测批次，对同一化合物，样品中目标化合物的两个子离子的相对丰度比与浓度相当的标准溶液相比，其允许偏差不超过规定的范围。

5. 分析结果的表述

试样中展青霉素的含量按式 (7-4) 计算：

$$X= \frac{\rho \times V}{m} \times f \tag{7-4}$$

式中：

X——试样中展青霉素的含量，单位为微克每千克或微克每升 ($\mu g/kg$ 或 $\mu g/L$)；

ρ——由标准曲线计算所得的试样溶液中展青霉素的浓度，单位为纳克每毫升 (ng/mL)；

V——最终定容体积，单位毫升 (mL)；

m——试样的称样量，单位克 (g)；

f——稀释倍数。

（二）高效液相色谱法

1. 原 理

样品中的展青霉素经提取，展青霉素固相净化柱净化、浓缩后，液相色谱分离，紫外检测器检测，外标法定量。

2. 试剂和材料

（1）试剂：①乙腈 (CH_3CN)：色谱纯；②甲醇 (CH_3OH)：色谱纯；③乙酸 (CH_3COOH)：色谱纯；④乙酸乙酯 ($CH_3COOCH_2CH_3$)；⑤乙酸铵 (CH_3COONH_4)；⑥果胶酶 (液体)：活性不低于 1 500 U/g，2 ℃ ~ 8 ℃避光保存。

（2）试剂配制

乙酸溶液：取 10 mL 乙酸加入 250 mL 水，混匀。

（3）标准品

展青霉素标准品 ($C_7H_6O_4$，CAS 号：149-29-1)：纯度≥ 99%，或经国家认证并授予标准物质证书的标准物质。

（4）标准溶液配制

①标准储备溶液 (100 μg/mL)：用 2 mL 乙腈溶解展青霉素标准品 1.0 mg 后，移入 10 mL 的容量瓶，乙腈定容至刻度。溶液转移至试剂瓶中后，在 –20 ℃下冷冻保存，备用，6 个月内有效。

②标准工作液 (1 μg/mL)：移取 100 μL 经标定过的展青霉素标准储备溶液，用乙酸溶液溶解并转移至 10 mL 容量瓶中，定容至刻度。溶液转移至试剂瓶中后，在 4 ℃下避光保存，3 个月内有效。

③标准系列工作溶液：分别准确移取标准工作液适量至 5 mL 容量瓶中，用乙酸溶液定容至刻度，配制展青霉素浓度为 5 ng/mL、10 ng/mL、25 ng/mL、50 ng/mL、100 ng/mL、150 ng/mL、200 ng/mL、250 ng/mL 系列标准溶液。

3. 仪器和设备

（1）液相色谱仪：配紫外检测器；（2）匀浆机；（3）高速粉碎机；（4）组织捣碎机；（5）涡旋振荡器；（6）pH 计：测量精度 ±0.02；（7）天平：感量为 0.01 g 和 0.000 01 g；（8）50 mL 具塞 PVC 离心管；（9）离心机：转速≥ 6 000 r/min；（10）展青霉素固相净化柱：混合填料净化柱 Myco sepTM228，或相当者；（11）100 mL 梨形烧瓶；（12）固相萃取装置；（13）旋转蒸发仪；（14）氮吹仪；（15）一次性水相微孔滤头：带 0.22 μm 微孔滤膜。

4. 分析步骤

（1）试样制备

①液体样品（苹果汁、山楂汁等）：样品倒入匀浆机中混匀，取其中任意的100g（或mL）样品进行检测。酒类样品需超声脱气1小时或4℃低温条件下存放过夜脱气。

②固体样品（山楂片、果丹皮等）

样品用高速粉碎机将其粉碎，混合均匀后取样品100g用于检测。果丹皮等高黏度样品经液氮冻干后立即用高速粉碎机将其粉碎，混合均匀后取样品100g用于检测。

③半流体（苹果果泥、苹果果酱、带果粒果汁等）：样品在组织捣碎机中捣碎混匀后，取100g用于检测。

（2）净化柱法

①试样提取：液体试样：称取4g试样（准确至0.01g）于50mL离心管中，加入250μL同位素内标工作液，加入21mL乙腈，混合均匀，在6000r/min下离心5min，待净化。

固体、半流体试样：称取1g试样（准确至0.01g）于50mL离心管中，加入100μL同位素内标工作液，混匀后静置片刻，再加入10mL水与150μL果胶酶溶液混匀，室温下避光放置过夜后，加入10.0mL乙酸乙酯，涡旋混合5min，在6000r/min下离心5min，移取乙酸乙酯层至梨形烧瓶。再用10.0mL乙酸乙酯提取一次，合并两次乙酸乙酯提取液，在40℃水浴中用旋转蒸发仪浓缩至干，以2.0mL乙酸溶液溶解残留物，再加入8mL乙腈，混匀后待净化。

②净化：按照所使用净化柱的说明书操作，将提取液通过净化柱净化，弃去初始的1mL净化液，收集后续部分。

用吸量管准确吸取5.0mL净化液，加入20μL乙酸，在40℃下用氮气缓缓地吹至近干，加入乙酸溶液定容至1mL，涡旋30s溶解残渣，过0.22μm滤膜，收集滤液于进样瓶中以备进样。按同一操作方法做空白试验。

（3）仪器参考条件：①液相色谱柱：T3柱，柱长150mm，内径4.6mm，粒径3.0μm，或相当者；②流动相：A相：水，B相：乙腈；③梯度洗脱条件：5%B(0min～13min)，100%B(13min～15min)，5%B(15min～20min)；④流速：0.8mL/min；⑤色谱柱柱温：40℃；⑥进样量：100μL；⑦紫外检测器条件：检测波长为276nm。

（4）标准曲线的制作

将标准系列溶液由低到高浓度依次进样检测，以标准溶液的浓度为横坐标，以峰面积为纵坐标，绘制标准曲线。

（5）测　定

将试样溶液注入液相色谱—质谱仪中，测得相应的峰面积，由标准曲线得到试样溶液中展青霉素的浓度。

5. 分析结果的表述

试样中展青霉素含量的计算方法与同位素稀释—液相色谱—串联质谱法相同，根据式 (7-4) 计算。

第四节　食品中赭曲霉毒素 A 的检测

一、赭曲霉毒素 A 的性质及其危害

（一）赭曲霉毒素的性质

赭曲霉毒素（Oc hratoxin，简称 OT）是曲霉菌属和青霉菌属的某些种产生的二级代谢产物，包含 7 种结构类似的化合物。赭曲霉毒素对农作物的污染在全球范围内都比较严重，其中赭曲霉毒素 A（OTA）在自然界分布最广泛，毒性最强，对人类和动物的影响最大。赭曲霉毒素 A 是一种无色结晶的化合物，化学名称为 7-（L-β-苯基丙氨基 - 羰基）- 羧基 -5- 氯代 -8- 羟基 3，4- 二氢化 -3R- 甲基异氧杂奈邻酮，分子式为 $C_2O h_{18}ClNO_6$。在紫外灯下呈蓝色荧光，易溶于极性有机溶剂和稀碳酸氢钠溶液，微溶于水，呈弱酸性，有很高的化学稳定性和热稳定性。其紫外吸收光谱随 pH 酸碱度和溶剂极性的不同而有别，在苯溶液中的最大吸收波长为 333 nm；在乙醇溶液中的最大吸收波长是 213 nm 和 332 nm。它是一种常见的污染农作物的真菌毒素，对动物和人类的健康构成了严重的危害。

（二）赭曲霉毒素 A 的危害

1993 年，国际致癌研究机构（IARC）将 OTA 确定为 2B 类致癌物的一种真菌毒素，其在世界范围内造成的经济损失仅次于黄曲霉毒素。许多研究发现，OTA 最主要的毒性是肾毒性、肝毒性、免疫毒性、致畸性及致癌性，而肝脏和肾脏是 OTA 毒性作用的主要靶器官，它可以导致急性或者慢性肾脏和肝脏的损伤。OTA 能引起动物中毒，对肾脏造成不可逆的毒害，还可导致胎儿畸形、流产甚至死亡，对人类的潜在危害备受关注。

二、赭曲霉毒素 A 的检测方法

赭曲霉毒素 A 的检测方法主要有免疫亲和柱—高效液相色谱法、免疫亲和值—液相色谱—质谱连用法、离子交换固相萃取柱净化高效液相色谱法、免疫亲和层析净化液相色谱法、加速溶剂萃取法—高效液相色谱光检测法、酶联免疫法、超高效液相色谱—串联质谱法等。下面介绍免疫亲和层析净化液相色谱法和离子交换固相萃取柱净化高效液相色谱法测定赭曲霉毒素 A。

（一）免疫亲和层析净化液相色谱法

1. 原　理

用提取液提取试样中的赭曲霉毒素 A，经免疫亲和柱净化后，采用高效液相色谱结

合荧光检测器测定赭曲霉毒素 A 的含量，外标法定量。

2. 试剂和材料

（1）试剂：①甲醇 (Ch₃Oh)：色谱纯；②乙腈 (Ch₃CN)：色谱纯；③冰乙酸 (C₂h₄O₂)：色谱纯；④氯化钠 (NaCl)；⑤聚乙二醇 [hOCh₂(Ch₂O·Ch₂)nCh₂Oh]；⑥吐温 20(C₅₈h₁₁₄O₂₆)；⑦碳酸氢钠 (NahCO₃)；⑧磷酸二氢钾 (Kh₂PO₄)；⑨浓盐酸 (hCl)；⑩氮气 (N₂)：纯度 ≥ 99.9%。

（2）试剂配制：①提取液 I：甲醇 - 水 (80+20)；②提取液 II：称取 150.0 g 氯化钠、20.0 g 碳酸氢钠溶于约 950 mL 水中，加水定容至 1L；③提取液 III：乙腈 - 水 (60+40)；④冲洗液：称取 25.0 g 氯化钠、5.0 g 碳酸氢钠溶于约 950 mL 水中，加水定容至 1L；⑤真菌毒素清洗缓冲液：称取 25.0 g 氯化钠、5.0 g 碳酸氢钠溶于水中，加入 0.1 mL 吐温 20，用水稀释至 1L；⑥磷酸盐缓冲液：称取 8.0 g 氯化钠、1.2 g 磷酸氢钠、0.2 g 磷酸二氢钾、0.2 g 氯化钾溶解于约 990 mL 水中，用浓盐酸调节 pH 至 7.0，用水稀释至 1L；⑦碳酸氢钠溶液 (10 g/L)：称取 1.0 g 碳酸氢钠，用水溶解并稀释到 100 mL；⑧淋洗缓冲液：在 1000 mL 磷酸盐缓冲液中加入 1.0 mL 吐温 20。

（3）标准品

赭曲霉毒素 A(C₂₀h₁₈ClNO₆，CA s 号：303-47-9)，纯度 ≥ 99%，或经国家认证并授予标准物质证书的标准物质。

（4）标准溶液配制

①赭曲霉毒素 A 标准储备液：准确称取一定量的赭曲霉毒素 A 标准品，用甲醇 - 乙腈 (50+50) 溶解，配成 0.1 mg/mL 的标准储备液，在 –20 ℃保存，可使用 3 个月。

②赭曲霉毒素 A 标准工作液：根据使用需要，准确移取一定量的赭曲霉毒素 A 标准储备液，用流动相稀释，分别配成相当于 1 ng/mL、5 ng/mL、10 ng/mL、20 ng/mL、50 ng/mL 的标准工作液，4 ℃保存，可使用 7 日。

（5）材料：①赭曲霉毒素 A 免疫亲和柱：柱规格 1 mL 或 3 mL，柱容量 ≥ 100ng，或等效柱；②定量滤纸；③玻璃纤维滤纸：直径 11 cm，孔径 1.5μm，无荧光特性。

3. 仪器和设备

（1）分析天平：感量 0.001 g；（2）高效液相色谱仪，配荧光检测器；（3）高速均质器：≥ 12000 r/min；（4）玻璃注射器：10 mL；（5）试验筛：孔径 1 mm；（6）空气压力泵；（7）超声波发生器：功率 >180W；（8）氮吹仪；（9）离心机：≥ 10 000 r/min；（10）涡旋混合器；（11）往复式摇床：≥ 250 r/min；（12）pH 计：精度为 0.01。

4. 分析步骤

（1）试样制备与提取：①谷物、油料及其制品

a. 粮食和粮食制品：颗粒状样品需全部粉碎通过试验筛 (孔径 1 mm)，混匀后备用。

提取方法 1：称取试样 25.0 g(精确到 0.1 g)，加入 100 mL 提取液 III，高速均质 3 min 或振荡 30 min，定量滤纸过滤，移取 4 mL 滤液加入 26 mL 磷酸盐缓冲液混合均匀，混匀后于 8000 r/min 离心 5 min，上清作为滤液 A 备用。

提取方法 2：称取试样 25.0 g(精确到 0.1 g)，加入 100 mL 提取液Ⅰ，高速均质 3 min 或振荡 30 min，定量滤纸过滤，移取 10 mL 滤液加入 40 mL 磷酸盐缓冲液稀释至 50 mL，混合均匀，经玻璃纤维滤纸过滤，滤液 B 收集于干净容器中，备用。

b. 食用植物油：准确称取试样 5.0 g(精确到 0.1 g)，加入 1g 氯化钠及 25 mL 提取液Ⅰ，振荡 30 min，于 6000 r/min 离心 10 min，移取 15 mL 上层提取液，加入 30 mL 磷酸盐缓冲液混合均匀，经玻璃纤维滤纸过滤，滤液 C 收集于干净容器中，备用。

c. 大豆、油菜籽：准确称取试样 50.0 g(精确到 0.1 g)(大豆需要磨细且粒度≤ 2 mm) 于均质器配置的搅拌杯中，加入 5g 氯化钠及 100 mL 甲醇 (适用于油菜籽) 或 100 mL 提取液Ⅰ，以均质器高速均质提取 1 min。定量滤纸过滤，移取 10 mL 滤液并加入 40 mL 水稀释，经玻璃纤维滤纸过滤至滤液澄清，滤液 D 收集于干净容器中，备用。

②酒类：取脱气酒类试样 (含二氧化碳的酒类样品使用前先置于 4 ℃冰箱冷藏 30 min，过滤或超声脱气)。取其他不含二氧化碳的酒类试样 20.0 g(精确到 0.1 g)，置于 25 mL 容量瓶中，加提取液Ⅱ定容至刻度，混匀，经玻璃纤维滤纸过滤至滤液澄清，滤液 E 收集于干净容器中，备用。

③酱油、醋、酱及酱制品：称取 25.0g(精确到 0.1g) 混匀的试样，加提取液Ⅰ定容至 50 mL，超声提取 5 min。定量滤纸过滤，移取 10 mL 滤液于 50 mL 容量瓶中，加水定容至刻度，混匀，经玻璃纤维滤纸过滤至滤液澄清，滤液 F 收集于干净容器中，备用。

④葡萄干：称取粉碎试样 50.0 g(精确到 0.1 g) 于均质器配置的搅拌杯中，加入 100 mL 碳酸氢钠溶液，将搅拌杯置于均质器上，以 22000 r/min 高速均质提取 1 min。定量滤纸过滤，准确移取 10 mL 滤液并加入 40 mL 淋洗缓冲液稀释，经玻璃纤维滤纸过滤至滤液澄清，滤液 G 收集于干净容器中，备用。

⑤胡椒粒 / 粉：称取粉碎试样 25.0 g(精确到 0.1 g) 于均质器配置的搅拌杯中，加入 100 mL 碳酸氢钠溶液，将搅拌杯置于均质器上，以 22 000 r/min 高速均质提取 1 min。将提取物置离心杯中以 4000 r/min 离心 15 min。移取 20 mL 滤液并加入 30 mL 淋洗缓冲液稀释，经玻璃纤维滤纸过滤至滤液澄清，滤液 h 收集于干净容器中，备用。

（2）试样净化

①谷物、油料及其制品：a. 粮食和粮食制品：将免疫亲和柱连接于玻璃注射器下，准确移取全部滤液 A 或 20 mL 滤液 B，注入玻璃注射器中。将空气压力泵与玻璃注射器相连接，调节压力，使溶液以约每秒 1 滴的流速通过免疫亲和柱，直至空气进入亲和柱中，依次用 10 mL 真菌毒素清洗缓冲液、10 mL 水先后淋洗免疫亲和柱，流速为每秒 1 滴～ 2 滴，弃去全部流出液，抽干小柱。

b. 食用植物油：将免疫亲和柱连接于玻璃注射器下，准确移取 30 mL 滤液 C，注入玻璃注射器中。将空气压力泵与玻璃注射器相连接，调节压力，使溶液以约每秒 1 滴的流速通过免疫亲和柱，直至空气进入亲和柱中，依次用 10 mL 真菌毒素清洗缓冲液、10 mL 水先后淋洗免疫亲和柱，流速为每秒 1 滴～ 2 滴，弃去全部流出液，抽干小柱。

c. 大豆、油菜籽：将免疫亲和柱连接于玻璃注射器下，准确移取 10 mL 滤液 D，注入玻璃注射器中。将空气压力泵与玻璃注射器相连接，调节压力，使溶液以约 1 滴 / s 的流速通过免疫亲和柱，直至空气进入亲和柱中，依次用 10 mL 真菌毒素清洗缓冲液、10 mL 水先后淋洗免疫亲和柱，流速为每秒 1 滴 ~ 2 滴，弃去全部流出液，抽干小柱。

②酒类：将免疫亲和柱连接于玻璃注射器下，准确移取 10 mL 滤液 E，注入玻璃注射器中。将空气压力泵与玻璃注射器相连接，调节压力，使溶液以约每秒 1 滴的流速通过免疫亲和柱，直至空气进入亲和柱中，依次用 10 mL 冲洗液、10 mL 水先后淋洗免疫亲和柱，流速为每秒 1 滴 ~ 2 滴，弃去全部流出液，抽干小柱。

③酱油、醋、酱及酱制品：将免疫亲和柱连接于玻璃注射器下，准确移取 10 mL 滤液 F，注入玻璃注射器中。将空气压力泵与玻璃注射器相连接，调节压力，使溶液以约每秒 1 滴的流速通过免疫亲和柱，直至空气进入亲和柱中，依次用 10 mL 真菌毒素清洗缓冲液、10 mL 水先后淋洗免疫亲和柱，流速为每秒 1 滴 ~ 2 滴，弃去全部流出液，抽干小柱。

④葡萄干：将免疫亲和柱连接于玻璃注射器下，准确移取 10 mL 滤液 G，注入玻璃注射器中。将空气压力泵与玻璃注射器相连接，调节压力，使溶液以约每秒 1 滴的流速通过免疫亲和柱，直至空气进入亲和柱中，依次用 10 mL 淋洗缓冲液、10 mL 水先后淋洗免疫亲和柱，流速为每秒 1 滴 ~ 2 滴，弃去全部流出液，抽干小柱。

⑤胡椒粒 / 粉：将免疫亲和柱连接于玻璃注射器下，准确移取 10 mL 滤液 h，注入玻璃注射器中。将空气压力泵与玻璃注射器相连接，调节压力，使溶液以约每秒 1 滴的流速通过免疫亲和柱，直至空气进入亲和柱中，依次用 10 mL 淋洗缓冲液、10 mL 水先后淋洗免疫亲和柱，流速为每秒 1 滴 ~ 2 滴，弃去全部流出液，抽干小柱。

（3）洗　脱

准确加入 1.5 mL 甲醇或免疫亲和柱厂家推荐的洗脱液进行洗脱，流速约为每秒 1 滴，收集全部洗脱液于干净的玻璃试管中，45 ℃下氮气吹干。用流动相溶解残渣并定容到 500 μL，供检测用。

（4）试样测定

①高效液相色谱参考条件：a. 色谱柱：C18 柱，柱长 150 mm，内径 4.6 mm，粒径 5 μm，或等效柱；b. 流动相：乙腈 - 水 - 冰乙酸（96+102+2）；c）流速：1.0 mL/min；d. 柱温：35 ℃；e. 进样量：50 μL；f. 检测波长：激发波长 333 nm，发射波长 460 nm。

②色谱测定：在①色谱条件下，将赭曲霉毒素 A 标准工作溶液按浓度从低到高依次注入高效液相色谱仪，待仪器条件稳定后，以目标物质的浓度为横坐标 (x 轴)，目标物质的峰面积积为纵坐标 (y 轴)，对各个数据点进行最小二乘线性拟合，标准工作曲线按式 (7-5) 计算：

$$y=ax+b \tag{7-5}$$

式中：

y——目标物质的峰面积比；

a——回归曲线的斜率；

x——目标物质的浓度；

b——回归曲线的截距。

③空白试验：不称取试样按上述步骤做空白试验。应确认不含有干扰待测组分的物质。

5.分析结果的表述

试样中赭曲霉毒素 A 的含量按式 (7-6) 计算：

$$X = \frac{\rho \times V \times 1\,000}{m \times 1\,000} \times f \tag{7-6}$$

式中：

X——试样中赭曲霉毒素 A 的含量，单位为微克每千克 (μg/kg)；

ρ——试样测定液中赭曲霉毒素 A 的浓度，单位为纳克每毫升 (ng/mL)；

V——试样测定液最终定容体积，单位为毫升 (mL)；

1 000——单位换算常数；

m——试样的质量，单位为克 (g)；

f——稀释倍数。

（二）离子交换固相萃取柱净化高效液相色谱法

1.原　理

用提取液提取试样中的赭曲霉毒素 A，经离子交换固相萃取柱净化后，采用高效液相色谱仪结合荧光检测器测定赭曲霉毒素 A 的含量，外标法定量。

2.试剂和材料

（1）试剂：①乙腈 (C h$_3$CN)：色谱纯；②甲醇 (C h$_3$O h)：色谱纯；③冰乙酸 (C$_2$ h$_4$O$_2$)；④石油醚：分析纯，60 ℃ ~ 90 ℃；⑤甲酸 (C h$_2$O$_2$)；⑥三氯甲烷 (ChCl$_3$)；⑦碳酸氢钠 (Na hCO$_3$)；⑧磷酸 (h$_3$PO$_4$)；⑨氢氧化钾 (KO h)。

（2）试剂配制：①氢氧化钾溶液 (0.1 mol/L)：称取氢氧化钾 0.56g，溶于 100 mL 水；②磷酸水溶液 (0.1 mol/L)：移取 0.68 mL 磷酸，溶于 100 mL 水；③碳酸氢钠溶液 (30 g/L)：称取碳酸氢钠 30.0g，溶于 1000 mL 水；④乙酸水溶液 (2%)：移取 20 mL 冰乙酸，溶于 980 mL 水；⑤提取液：氢氧化钾溶液 (0.1 mol/L)- 甲醇 - 水 (2+60+38)；⑥淋洗液：氢氧化钾溶液 (0.1 mol/L)- 乙腈 - 水 (3+50+47)；⑦洗脱液：甲醇 - 乙腈 - 甲酸 - 水 (40+50+5+5)；⑧甲醇 - 碳酸氢钠溶液 (30 g/L)(50+50)；⑨乙腈 -2% 乙酸水溶液 (50+50)。

（3）标准品

赭曲霉毒素 A(C$_{20}$ h$_{18}$ClNO$_6$，CA s 号：303-47-9)，纯度 ≥ 99%。或经国家认证并授予标准物质证书的标准物质。

（4）标准溶液配制：①赭曲霉毒素 A 标准储备液：准确称取一定量的赭曲霉毒素 A 标准品，用甲醇溶解配制成 100 μg/mL 的标准储备液，于 –20 ℃避光保存；②赭曲霉毒素 A 标准工作液：准确移取一定量的赭曲霉毒素 A 标准储备液，用甲醇溶解配制成 1 μg/mL 的标准储备液，于 4 ℃避光保存；③赭曲霉毒素 A 系列标准工作液：准确移取适量赭曲霉毒素 A 标准工作液，用甲醇稀释配制成 1 ng/mL、2.5 ng/mL、5 ng/mL、10 ng/mL、50 ng/mL 的系列标准工作液。

3. 仪器和设备

（1）高效液相色谱仪配荧光检测器；（2）分析天平：感量 0.01 g 和 0.000 1 g；（3）固相萃取柱：高分子聚合物基质阴离子交换固相萃取柱，柱规格 3 mL，柱床重量 200 mg，或等效柱；（4）氮吹仪；（5）涡旋振荡器；（6）旋转蒸发仪；（7）高速万能粉碎机：≥ 12 000 r/min；（8）20 目筛；（9）有机滤膜：孔径 0.45 μm；（10）快速定性滤纸。

4. 分析步骤

（1）试样制备

玉米、稻谷(糙米)、小麦、小麦粉、大豆及咖啡豆等用高速万能粉碎机将样品粉碎，过 20 目筛后混匀备用。

（2）试样提取

①玉米：称取试样 10.0 g(精确至 0.01 g)，加入 50 mL 三氯甲烷和 5 mL 0.1 mol/L 的磷酸水溶液，于涡旋振荡器上振荡提取 3 min ~ 5 min，提取液用定性滤纸过滤，取 10 mL 下层滤液至 100 mL 平底烧瓶中，于 40 ℃水浴中用旋转蒸发仪旋转蒸发至近干，用 20 mL 石油醚溶解残渣后加入 10 mL 提取液，再用涡旋振荡器振荡提取 3 min ~ 5 min，静置分层后取下层溶液，用滤纸过滤，取 5 mL 滤液进行固相萃取净化。

②稻谷 (糙米)、小麦、小麦粉、大豆：称取试样 10.0 g(精确至 0.01 g)，加入 50 mL 提取液，于涡旋振荡器上振荡提取 3 min ~ 5 min，用定性滤纸过滤，取 10 mL 滤液至 100 mL 平底烧瓶中，加入 20 mL 石油醚，涡旋振荡器振荡提取 3 min ~ 5 min，静置分层后取下层溶液，用滤纸过滤，取 5 mL 滤液进行固相萃取净化。

③咖啡：称取试样 2.5 g(精确至 0.01 g) 于 50 mL 聚丙烯锥形试管 (带盖) 中，加入 25 mL 甲醇 - 碳酸氢钠溶液于涡旋振荡器振荡提取 3 min ~ 5 min，4 000 r/min 离心 10 min 后上清液用滤纸过滤，取 10 mL 滤液进行固相萃取净化。

④葡萄酒：移取试样 10.0 g(精确至 0.01 g) 于烧杯中，加入 6 mL 提取液，混匀，再用氢氧化钾溶液调 pH 至 9.0 ~ 10.0 进行固相萃取净化。

（3）试样净化

分别用 5 mL 甲醇、3 mL 提取液活化固相萃取柱，然后将样品提取液加入固相萃取柱，调节流速以每秒 1 滴 ~ 2 滴的速度通过柱子，分别依次用 3 mL 淋洗液、3 mL 水、3 mL 甲醇淋洗柱，抽干，用 5 mL 洗脱液洗脱，收集洗脱液于玻璃试管中，于 45 ℃下氮气吹干，用 1 mL 乙腈 -2% 乙酸水溶液溶解，过滤后备用。

（4）高效液相色谱参考条件：①色谱柱：C18 柱，柱长 150 mm，内径 4.6 mm，粒径 5 μm，或等效柱；②柱温：30 ℃；③进样量：10 μL；④流速：1 mL/min；⑤检测波长：激发波长：333 nm，发射波长：460 nm；⑥流动相及洗脱条件：流动相：A：冰乙酸 - 水 (2+100)，B：乙腈；⑦等度洗脱条件：A-B(50+50)；⑧梯度洗脱条件。见表 7-3。

表7-3　流动相及梯度洗脱条件

时间 / min	流动相 A/%	流动相 B/%
0	88	12
2	88	12
10	80	20
12	70	30
19	50	50
30	50	50
31	0	100
39	0	100
40	88	12
45	88	12

咖啡和葡萄酒样品测定采用梯度洗脱程序，其他样品采用等度洗脱程序。

（5）色谱测定

在上述色谱条件下，将赭曲霉毒素 A 标准工作溶液按浓度从低到高依次注入高效液相色谱仪；待仪器条件稳定后，以目标物质的浓度为横坐标 (x 轴)，目标物质的峰面积为纵坐标 (y 轴)，对各个数据点进行最小二乘线性拟合，标准工作曲线按式 (7-5) 计算。

5. 分析结果的表述

试样中赭曲霉毒素 A 的含量的计算方法与免疫亲和层析净化液相色谱法相同，按式 (7-6) 计算。

第八章　食品中转基因成分的检验

20世纪80年代，转基因乙肝疫苗被研制成功。其原理是将乙肝病毒基因中负责表达表面抗原的那一段"剪切"下来，转入酵母菌里。被转入乙肝病毒基因的酵母菌生长时，就会生产出乙肝表面抗原。而酵母菌是一种能快速生长繁殖的生物，于是乙肝表面抗原就被大量生产出来。之后技术接着发展，美国最早对转基因植物进行研究。首例转基因生物于1983年问世，转基因作物1986年批准进行田间试验，1993年延熟保鲜西红柿在美国批准上市，开创了转基因植物商业应用的先例。

转基因食品就是利用现代分子生物技术，将某些生物的基因转移到其他物种中去，改造生物的遗传物质，使其在性状、营养品质、消费品质等方面向人们所需要的目标转变。转基因食品有着诸多的优点，如增加作物产量、降低生产成本、增强作物抗虫害的能力等，大大方便和提升了我们的生活，但由于技术创新带来的不可预知的缺点也在不停地提醒人们要谨慎对待。

迄今为止，没有任何科学证据能够证明转基因食品不会影响人的身体健康，只有口头的辩白。从1998年到2009年几乎每年都有转基因食品的负面消息。从美国批准"星联"转基因玉米仅用于动物喂养，加拿大的转基因油菜周围杂草泛滥，到墨西哥的转基因玉米污染了其他物种的基因等，越来越多的事实都表明，转基因食品的安全性值得我们每个人关注。世界粮农组织、世界卫生组织及经济合作组织等国际权威机构都表示，这种转基因物种可能令生物产生"非预期后果"。正是这种"非预期后果"说明目前对这种产品的安全性并无定论，国际消费者联会也表明"到目前为止还没有任何证据能够证明转基因食品是安全的"。

第一节　食品中转基因成分概述

一、转基因食品的定义

转基因就是通过生物技术，将某个基因从生物中分离出来，然后植入另一种生物体内，从而创造一种新的人工生物。转基因技术就是将人工分离和修饰过的基因导入到生物体基因组中，由于导入基因的表达，引起生物体的性状的可遗传的修饰，这一技术称为转基因技术。

转基因食品主要指利用基因工程技术，将某些外源基因转移到动物、植物或微生物中，进行该物种的遗传密码改造，使其性状、营养价值或品质向人们所需目标转变。由这些转基因物种所生产的食品即为转基因食品，也称为基因改造食品或基因修饰食品。

二、转基因食品的特点

转基因食品具有食品或食品添加剂的特征，产品的基因组构成发生了改变，并存在外源 DNA。产品的成分中存在外源 DNA 表达产物及其生物活性，外源 DNA 表达产物主要包括目的基因、标记基因和报告基因表达的蛋白，或意外表达的蛋白。正是由于存在这些蛋白，才使转基因食品具有与相对应传统食品不同的生物特征，并可能导致安全性问题的出现。此外，产品还具有基因工程所设计的性状和功能，如转基因植物具有抗虫、抗病毒、耐除草剂等。

转基因食品与传统食品比较：传统食品是通过自然选择或人为的杂交育种来进行的；转基因技术着眼于从分子水平上，进行基因操作（通过重组 DNA 技术做基因的修饰或转移），因而更加精致、严密，具有更高的可控制性。人们可以利用现代生物技术改变生物的遗传性状，可以创造自然界中不存在的新物种。比如，可以杀死害虫的食品植物，抗除草剂的食品植物，可以产生人体疫苗的食品植物等。其具有如下特点。

1. 成本低、产量高。成本是传统产品的 40% ~ 60%，产量至少增加 20%，有的增加几倍甚至几 + 倍。

2. 具有抗草、抗虫、抗逆境等特征。其一可以降低农业生产成本；其二可以提高农作物的产量。2000 年的转基因食品种植面积达 4 420 万公顷，其中抗除草剂的使用面积有 3280 万公顷，占 74%；抗虫性状的有 830 万公顷，占 19%；抗虫兼抗除草剂的占 7%。

3. 食品的品质和营养价值提高。例如，通过转基因技术可以提高谷物食品赖氨酸含量以增加其营养价值，通过转基因技术改良小麦中谷蛋白的含量比以提高烘焙性能的研究也取得一定的成果。

4. 保鲜性能增强。例如，利用反义 DNA 技术抑制酶活力来延迟成熟和软化的反义 RAN 转基因西红柿，延长贮藏和保鲜时间。

第二节　食品转基因成分的检测

转基因食品中转基因成分主要包括外源 DNA 及其表达产物（蛋白质），因此食品中转基因成分的检测主要是针对外源 DNA 及蛋白质检测。

一是核酸水平，即检测遗传物质中是否含有插入的外源基因。对食品中转基因成分的核酸检测首先要进行核酸的提取。由于食品成分复杂，除含有多种原料组分外，还含有盐、糖、油、色素等食品添加剂。另外，食品加工过程会使原料中的 DNA 受到不同程度的破坏，因此食品中转基因成分的核酸提取，尤其是 DNA 的提取有特殊性，其提取效果受转基因食品的种类和加工工艺等影响。DNA 检测主要有聚合酶链式反应（PCR）检测技术、基因芯片技术。

二是蛋白质水平，即通过插入外源基因表达的蛋白质产物或其功能进行检测，或者是检测插入外源基因对载体基因表达的影响。由于转基因食品中导入的外源 DNA 片段会表达产生特异蛋白，因此可针对该特异蛋白制备相应抗体，依据抗原与其抗体能特异性结合的免疫学特性，就能通过抗原抗体反应来判断是否含有外源蛋白的存在。蛋白质检测方法主要有免疫测定法、分子印迹法。

一、PCR 技术检测外源 DNA

PCR（聚合酶链式反应）是利用 DNA 在体外摄氏 95 ℃高温时变性成为单链，低温（经常是 60 ℃左右）时引物与单链按碱基互补配对的原则结合，再调温度至 DNA 聚合酶最适反应温度（72 ℃左右），DNA 聚合酶沿着磷酸到五碳糖的方向合成互补链。基于聚合酶制造的 PCR 仪实际就是一个温控设备，能在变性温度、复性温度、延伸温度之间很好地进行控制。

DNA 的半保留复制是生物进化和传代的重要途径。双链 DNA 在多种酶的作用下可以变性解旋成单链，在 DNA 聚合酶的参与下，根据碱基互补配对原则复制成同样的两分子拷贝。在实验中发现，DNA 在高温时也可以发生变性解链，当温度降低后又可以复性成为双链。因此，通过温度变化控制 DNA 的变性和复性，加入设计引物，DNA 聚合酶、dNTP（脱氧核糖核酸）就可以完成特定基因的体外复制。但是，DNA 聚合酶在高温时会失活，因此，每次循环都得加入新的 DNA 聚合酶。

PCR 技术的基本原理类似于 DNA 的天然复制过程，其特异性依赖于与靶序列两端互补的寡核苷酸引物。PCR 由变性 – 退火 – 延伸三个基本反应步骤构成：①模板 DNA 的变性：模板 DNA 经加热至 93 ℃左右，一定时间后，使模板 DNA 双链或经 PCR 扩增形成的双链 DNA 解离，成为单链，以便它与引物结合，为下一轮反应做准备；②模板 DNA 与引物的退火（复性）：模板 DNA 经加热变性成单链后，温度降至 55 ℃左右，引物与模板 DNA 单链的互补序列配对结合；③引物的延伸：DNA 模板—引物结合物在 DNA 聚合酶的作用下，以 dNTP 为反应原料，靶序列为模板，按碱基互补配对与半保留复制原理，合成一条新的与模板 DNA 链互补的半保留复制链，重复循环变性—退火—延伸的过程就可获得更多的"半保留复制链"，而且这种新链又可成为下次循环的模板。每完成一个循环需 2 ~ 4 min，2 ~ 3 h 就能将待扩目的基因扩增放大几百万倍。

根据不同的检测目的可选择特异性水平不同的目标序列作为检测对象。例如，对于筛选目的，选择特异性不高的通用组件；而对于鉴定（确认）目的，则选择特异性较强的序列，即常用插入序列与植物基因组之间的连接序列。利用 PCR 检测技术可实现对上述目的序列的定性和定量检测。下面以玉米转基因成分检测为例重点介绍 PCR 技术。

样品经过提取 DNA 后，针对转基因植物所插入的外源基因的基因序列设计引物，通过 PCR 技术，特异性扩增外源基因的 DNA 片断，根据 PCR 扩增结果，判断样品中是否含有转基因成分。称取约 50 g 玉米样品，在经干热灭菌（150 ℃干热预处理 2 h）或

120 ℃、30 min 高压消毒处理的碾钵或粉碎机中碾磨，至样品粉末颗粒约 0.5 mm 大小。

（一）试剂

（1）引物：检测转基因玉米内、外源基因的引物；（2）Taq（水生热栖菌）DNA 聚合酶；（3）dNTP s：dATP、dTTP、dCTP、dGTP、dUTP；（4）琼脂糖：电泳纯；（5）溴化乙锭（EB）或其他染色剂；（6）三氯甲烷；（7）异戊醇；（8）异丙醇；（9）70% 乙醇；（10）CTAB 裂解液：3%（质量浓度）CTAB，1.4 mol/LNaCl，0.2%（体积分数）巯基乙醇，20 mmol/L EDTA，100 mmol/L Tris[三（羟甲基）氨基甲烷]-hCl，pH8.0；（11）Tri s-hCl、EDTA 缓冲液：10 mmol/LTris-hCl，pH8.0；1 mmol/LEDTA，pH8.0；（12）10×PCR 缓冲液：100 mmol/L KCl，160 mmol/L（Nh4）$_2$SO4，20 mmol/L mgSO$_4$，200 mmol/L Tris-hCl（pH8.8），1%TritionX-100，1 mg/mLB sA；（13）5×TBE 缓冲液：Tris54 g，硼酸 275 g，0.5 mol/LEDTA（pH8.0）20 mL，加蒸馏水至 1000 mL；（14）10×上样缓冲液：0.25% 溴酚蓝，40% 蔗糖；（15）RNA 酶（10 μg/mL）；（16）UNG 酶。

（二）仪器

（1）固体粉碎机及研钵；（2）高速冷冻离心机；（3）台式小型离心机；（4）Mini 个人离心机；（5）水浴培养箱、恒温培养箱、恒温孵育箱；（6）天平，感量 0.001 g；（7）高压灭菌锅；（8）高温干燥箱；（9）纯水器或双蒸水器；（10）冷藏、冷冻冰箱；（11）制冷机；（12）旋涡振荡器；（13）微波炉；（14）基因扩增仪；（15）电泳仪；（16）PCR 工作台；（17）核酸蛋白分析仪；（18）微量移液器；（19）凝胶成像系统；（20）离心管（21）PCR 反应管。

（三）检测步骤

1. 对照的设置

阴性目标 DNA 对照：不含外源目标核酸序列的 DNA 片段。

阳性目标 DNA 对照：参照 DNA 或从可溯源的标准物质提取的 DNA 或从含有已知序列阳性样品（或生物）中提取的 DNA。

扩增试剂对照：该对照包括除了测试样品 DNA 模板以外所有的反应试剂，在 PCR 反应体系中用相同体积的水（不含核酸）取代模板 DNA。

2. 模板 DNA 提取

称取 1 g 粉样于 10 mL 离心管中，加入 5 mL CTAB 裂解液（含适量 RNA 酶），混匀，60 ℃水浴振荡保温 1 h，2000 r/min 离心 5 min；取上清液，加等体积三氯甲烷 / 异戊醇（体积分数 24/1）混匀，静置 5 min，8000 r/min 离心 5 min，小心离心上清液，再加等体积三氯甲烷 / 异戊醇（体积分数 24/1）混匀，静置 5 min，8000 r/min 离心 5 min，取离心上清液加 0.65 倍体积的异丙醇，混匀，12000 r/min4 ℃离心 10 min；弃上清液，加 500 μL 70% 冰乙酸洗涤一次，12 000 r/min 4 ℃离心 5 min；弃上清液，将沉淀晾干，加入 50 μL TBE，溶解沉淀（4 ℃过夜或 37 ℃保温 1 h）；此即为总 DNA 提取液。也可用相应市售 DNA 提取试剂盒提取 DNA。

3.PCR 扩增

PCR 反应体系见表 8-1，每个样品各做两个平行管。加样时应使样品 DNA 溶液完全落入反应液中，不要黏附于管壁上，加样后应尽快盖紧管盖。

表8-1　PCR反应体系表

试剂名称	贮备液浓度	25 μL 反应体系加样体积 /μL	50 μL 反应体系加样体积 /μL
10×PCR 缓冲液		2.5	5.0
mgCl$_2$	25 mmol/L	2.5	5.0
dNTP（含 dUTP）	2.5 mmol/L	2.5	5.0
Taq 酶	5 U/μL	0.2	0.4
UNG 酶	1 U/μL	0.2	0.4
引物	20 pmol/μL	0.5	1.0
		0.5	1.0
模板 DNA	0.3 ~ 6 μg/mL	1.0	2.0
双蒸水		补至 25μL	补至 50μL

表中 DNA 模板为原料的模板量，加工产品可视加工程度适当增加模板量；也可以根据具体情况或不同的反应总体积进行适当调整。

PCR 反应循环参数：50℃ PCR 前去污染 2 min，94℃预变性 2 min。94℃变性 40 s，55 ~ 58℃退火 60 s，72℃延伸 60 s，35 个循环。72℃延伸 5 min。4℃保存。也可根据不同的基因扩散仪对 PCR 反应循环参数做适当调整。

PCR 扩增产物电泳检测：用电泳缓冲液（1×TBE 或 TAE）制备 2% 琼脂糖凝胶（其中在 55℃ ~ 60℃左右加入 E8 或其他染色剂至终浓度为 0.5 μg/mL，也可以在电泳后进行染色）。将 10 ~ 15μLPCR 扩增产物分别和 2μL 上样缓冲液混合，进行点样。用100 bp Ladder DNA Marker 或相应合适的 DNA Marker 做相对分子质量标记。3 ~ 5 V/cm 恒压，电泳 20 ~ 40 min。凝胶成像仪观察并分析记录。

4. 结果判断

内源基因的检测。用针对玉米内源基因Ⅳ R 基因（或玉米醇溶蛋白基因）设计的引物对玉米 DNA 提取液进行 PCR 测试，待测样品应被扩增出 226bP（或 173bP）的 PCR 产物。如未见有该 PCR 产物扩增，则说明 DNA 提取质量有问题，或 DNA 提取液中有抑制 PCR 反应的因子存在，应重新提取 DNA，直到扩增出该 PCR 产物。

外源基因的检测。对玉米样品 DNA 提取液进行外源基因的 PCR 测试，如果阴性目标 DNA 对照和扩增试剂对照未出现扩增条带，阳性目标 DNA 对照和待测样品均出现预期大小的扩增条带，则可初步判断待测样品中含有可疑的该外源基因，应进一步进行确证试验。依据确证试样的结果最终报告，如果待测样品中未出现 PCR 扩增产物，则可断定该待测样品中不含有该外源基因。

筛选检测和鉴定检测的选择。对玉米样品中转基因成分的检测，先筛选检测 CaMV35 s、NO s、NPT Ⅱ、PAT、BAR 基因，筛选检测结果为阴性，则直接报告结果。若筛选检测结果阳性，则需进一步鉴定检测 MON810、Bt11、Bt176、T14/T25、CB h351、GA21、TC1507、MON863、NK603、Bt10 的结构特异性基因或品系特异性基因，以确定是何种转基因玉米品系。

二、分子印迹法

分子印迹法是指为获得在空间结构和结合位点上与某一分子（模板分子）完全匹配的聚合物的实验制备技术。它可通过以下方法实现：首先将具有适当功能的功能单体与模板分子混合，在一定条件下结合成某种单体—模板分子复合物；然后加入适当的交联剂和引发剂将功能模板、单体交联起来形成聚合物，从而使功能单体上的功能基在空间排列和空间定向上固定下来，最后通过一定的物理或化学方法将模板分子从聚合物中洗脱出来，以获得一个具有识别功能并与模板分子相匹配的三维空穴（图8-1）。

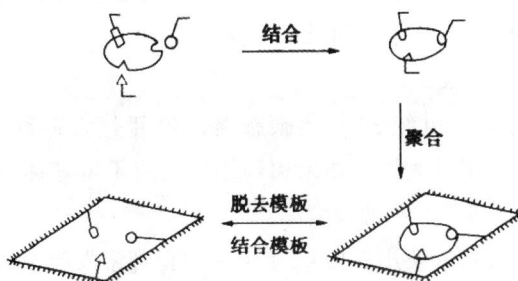

图 8-1 分子印迹示意图

第九章　食品中药物残留的检验

第一节　食品中药物残留概述

一、食品中兽药残留概述

（一）兽药残留概述

联合国粮农组织和世界卫生组织（FAO/WhO）的食品中兽药残留委员会对兽药残留的定义为：兽药残留是指动物产品的任何可食部分中药物或化学物的原形、代谢产物和杂质的残留。兽药残留超标不仅对人体直接产生急慢性毒性作用，引起细菌耐药性增强，还可以通过环境和食物链作用间接对人体造成危害。

兽药残留按其用途主要分为抗生素类、抗寄生虫药、生长促进剂、杀虫剂和激素药。其中，最主要的兽药残留是指抗生素和激素药。

（二）兽物残留的途径

（1）畜禽防治用药。20世纪30年代磺胺类，40年代青霉素用于乳牛疾病的治疗。改革开放后，兽用抗生素用量大增。如果用药不当，或不遵守休药期，则药物就在动物体内发生超标的残留，而污染动物源性食品。

（2）饲料添加剂中兽药的使用。1943年美国用青霉素发酵废渣作为饲料来喂猪，发现比普通饲料喂的猪生长更快。1946年又发现添加少量链霉素，能促进雏鸡的生长。之后所有抗生素发酵都被用作禽畜的饲料添加剂。长时间使用，药物残留在动物体内，使动物源食品受到污染。驱寄生虫剂在禽畜业广泛使用。20世纪50年代起，英美在牛的饲养中采用雌性激素己烯雌酚和己烷雌酚，作为饲料添加剂，使禽畜日增体重提高10%以上，饲料转化率、瘦肉率也有提高，带来的经济效应十分可观，滥用动物促生长激素相当普遍。20世纪90年代末，国内错误地将克伦特罗（瘦肉精）作为饲料添加剂，引起"瘦肉精"猪肉中毒事件。

（3）食物保鲜中引入药物。在经济利益的驱使，在食品（如牛奶、鲜鱼）中直接加入某些抗微生物制剂，不可避免地造成药物污染。

（4）无意中带入的污染。食品加工中，有些操作人员为了自身预防或控制疾病而使用某些抗生素（如出口虾仁中检出氯霉素事件）。

（三）兽药残留超标的主要原因

造成兽药残留超标的因素很多，一般来讲，主要原因有以下三个。

（1）非法使用违禁药品。氯霉素、己烯雌酚和克伦特罗等一直作为药物添加剂使用，其具有良好的抗病和促生长作用。但后来发现它们具有严重的残留毒性，各个国家都逐渐禁止在畜牧生产中使用这些药物。由此引发的围绕药物添加剂及其残留危害性的争论使各国普遍加强了对药物亚治疗用途的评价，特别是撤销了一些具有潜在致癌和高毒性药物添加剂的登记。但某些不法商人为获得较高的利益，仍然在养殖生产中使用被明令禁止添加的药物，为此一些发达国家，如美国及欧盟各成员国已开始实施国家残留监控计划，定期向社会公布市场监测结果。在我国这一工作也已逐渐开展，但因为相关法律体系的薄弱及市场监管的不力，非法使用违禁药物（如激素、镇静剂等）在畜牧生产中仍很常见。

（2）不遵守休药期。在目前高密度集约化饲料条件下，传染性疾病特别是一些仍无法用疫苗预防的疾病（如某些细菌病、球虫病等）对畜禽健康的威胁仍然是巨大的。因为以现有的技术手段我们很难把这些病原从环境和畜群中完全清除，需要维持一定的药压以控制它们的繁衍，防止其暴发，所以养殖者往往不愿在离上市还有一段时间就开始停止用药，使畜群置于危险之中，从而导致休药期难以被执行，出现兽药残留超标现象。

（3）其他原因。除使用违禁药物和不遵守休药期外，还有其他导致食品中兽药残留超标的因素，如饲料加工的交叉污染、非靶动物用药、动物个体代谢差异等。

（四）兽药残留的危害

（1）抗菌药物残留的危害。①过敏反应：当动物性食品中残留的抗菌药物随食物链进入人体后，由于许多抗菌药物，如青霉素、四环素类、磺胺类等均具有抗原性，能刺激体内抗体的形成而引起许多人的过敏反应。其症状多种多样，轻者体表出现红疹、发热，关节肿痛、蜂窝组织炎以及急性血管水肿，严重者休克甚至危及生命。②对人类胃肠道微生物的不良影响：残留的抗菌药可抑制或杀死胃肠道内正常的菌群，导致人们正常的免疫机能下降，体外病原更易侵入。③人类病原菌耐药性的增加：抗菌药在动物性食品中的残留，可使人类的病原菌长期接触这些低浓度的药物而产生耐药性。细菌的耐药基因可以在人群中的细菌、动物群中的细菌和生态系统中的细菌间相互传递，由此而使致病菌（沙门氏菌、肠球菌、大肠杆菌等）产生越来越强的耐药性，致使人类或动物的感染性疾病的治疗难度加大，治疗费用增加。④给新药的开发带来压力：随着病原细菌耐药性的增加，使得抗菌药物的使用寿命逐渐缩短，这就要求不断开发新的药物品种以克服耐药性，细菌的耐药性产生得越快，临床上对新药的要求就越迫切。⑤增加体内脏器的负担：残留药物进入人体后，人体在代谢这些药物时，不知不觉中增加了体内脏器的负担。例如，磺胺类药物需通过肝脏来解毒；氨基糖苷类药物有较强的肾毒性，若长期食用含有此类药物的动物性食品，就会造成慢性肾中毒，不利于人体健康。

（2）激素残留的危害。兽药的激素多为促性腺素、肾上腺素、性激素和同化激素等，这些激素在畜牧业生产中多是作为注射剂、饲料添加剂或埋植于动物皮下，以达到促进动物生长发育、增重、育肥以及促使动物发情的目的。此类物质一旦进入人体，特别是对儿童可扰乱其正常的生长发育规律；甚至出现中毒症状，如盐酸克伦特罗就属于 β- 兴奋剂，它可使人产生心动过速、肌肉震颤、心悸和神经过敏等中毒反应。

（3）特殊毒性危害。特殊毒性是指致畸、致突变和致癌的作用。例如，雌激素、硝基呋喃类、喹恶啉类的卡巴氧、砷制剂、黄曲霉菌素、苯并芘、亚硝酸盐、多氯联苯、二恶英等均具有致癌作用。1988 年美国"国家毒理研究中心"报道，磺胺二甲嘧啶可引起大鼠甲状腺癌和肝癌的发病率大大增加，而此药又是动物的常用药，其消除半衰期长。另外，长期摄入氯霉素能引起人骨髓造血机能的损伤而引发再生障碍性贫血；苯并咪唑类药物能引起人体细胞染色体突变和诱发孕妇产生畸形胎的作用。

（4）有毒有害物质的残留。此类物质是指汞、镉、铅、砷、酚、氟等，这些物质或元素在生物体内的蓄积可引起组织器官病变或功能失调等。畜禽产品中的有毒有害物质主要来源：①自然环境中，如高氟地区的动植物体内的含氟量就高。②畜禽产品加工，饲料加工、贮存、包装运输过程中的污染，如松花蛋中汞的含量较高，盒装罐头中锡含量较高。③饲料中添加的微量元素制剂。④农药、化肥及工业"三废"对畜禽及水产品的污染。

（5）农药残留。农药在防治病虫害，去除杂草，调节作物生长与控制人畜传染病，提高农副产品产量和质量方面确实起着重要的作用，但由于有些农药品种不易分解，如滴滴涕、六六六和部分有机磷农药等，使农作物、畜禽、水产等动植物体内受到不同程度的污染，并通过食物链的富积作用而危害人们健康与生命。早在 1983 年，国务院就决定停止生产六六六、滴滴涕。1985 年当时的农牧渔业部就发布了第 337 号文件《关于禁止使用六六六防止家畜寄生虫病的通知》。但时至今日，内蒙古每年要用掉 20 万公斤林丹乳油（含丙体六六六）来防治家畜外寄生虫病，这使得内蒙古的牛、羊肉在出口海湾国家时由于有机氯残留超标而屡屡受阻。

（6）对人类生存环境带来的不良影响。动物用药后，药物以原形或代谢物的形式随排泄物排出体外，残留于环境中，而绝大多数排入环境的兽药仍具有活性，将对土壤微生物、水生动物及昆虫等造成不良影响。低剂量的抗菌药长期排入环境中，会造成环境敏感菌耐药性的增加，而且其耐药基因还可以通过水环境扩展和演化。链霉素、土霉素、泰乐菌素、竹桃霉素、螺旋霉素、杆菌肽锌、己烯雌酚、氯羟吡啶等在环境中降解非常慢，有的甚至需要半年以上才能降解。阿维菌素、伊维菌素等在粪便中可以保持八周的活性，对草原上的多种昆虫及堆肥周围的昆虫都有强大的抑制或杀灭作用。

二、食品中农药残留的概述

（一）农药残留的概述

农药是用于防治危害农作物的病虫、杂草等有害生物及调节植物生长的化学试剂的总称。根据化学成分和结构的不同，农药可分为无机化合物和有机化合物，其中有机化合物占绝大部分，如有机磷、有机氯、有机砷、有机汞、氨基甲酸酯、拟除虫菊酯。农药残留是指农药使用后残存于食品中的微量农药，包括农药原体、有毒代谢物、降解物和杂质。

（二）农药污染食品的途径

食品中的农药残留途径有：施用农药后对作物或食品的直接污染；空气、水、土壤的污染造成动植物体内含有农药残留，而间接污染食品；来自食物链和生物富集作用，如水中农药→浮游生物→水产动物→高浓度农药残留食品；运输及贮存中由于和农药混放而造成食品污染等。

（三）农药残留的防治措施

（1）加强安全教育。加强安全教育、提高农药安全知识水平，只有意识到农药污染及农药危害问题的严重性，才能从根本上防止农药的污染及其危害。

（2）完善农药法规，加强执法。农药法规对人们产生法律约束力，可保障人们在法律许可的范围内正常地生产、销售、使用和处理农药，对以身试法者严惩。

（3）采取有效的防护措施，配备必要的防护设备。根据农药的毒性和剂型，结合实际情况制定相应的防护措施，配备相应的防护设备以减少或杜绝农药生产管理和使用过程中的危害。

（4）加强农药研究，开发新型农药。提供必要的人力、物力、财力加强农药的研究、开发，给农林生产、环境卫生事业提供高效、广谱、低毒、低残留的新型农药品种。

第二节　食品中兽药残留的检测

一、抗生素的检测

自 20 世纪 50 年代美国食品与药物管理局首次批准抗生素可用作饲料添加剂后，抗生素逐渐在畜禽养殖中推广。目前，世界上有 60 多种抗生素被应用于动物饲料中，全球范围内几乎所有地区都采用抗生素来实现追求产量、提高经济效益的目的。

抗生素按其化学结构与性质，可以分为磺胺类、四环素类、大环内酯类和 β - 内酰胺类。

下述方法是用高效液相色谱法测定动物性食品中 13 种磺胺类药物多残留。

（一）原　理

试料中残留的磺胺类药物，用乙酸乙酯提取，0.1 mol/L 盐酸溶液转换溶剂，正己烷除脂，MCX 柱净化，高效液相色谱—紫外检测法测定，外标法定量。

（二）试剂和材料

（1）磺胺醋酰、磺胺吡啶、磺胺甲氧哒嗪、苯酰磺胺、磺胺间甲氧嘧啶、磺胺氯哒嗪、磺胺异噁唑、磺胺二甲氧哒嗪、磺胺吡唑对照品：含量 ≥ 99％；磺胺噁唑、磺胺甲基嘧啶、磺胺二甲基嘧啶：含量 ≥ 99％。（2）乙酸乙酯：色谱纯。（3）乙腈：色谱纯。（4）甲醇：色谱纯；（5）盐酸；（6）正己烷；（7）甲酸：色谱纯；（8）氨水；（9）MCX 柱：每 3mL 60 mg/3 mL，或相当者；（10）0.1% 甲酸溶液：取甲酸 1 mL，用水溶解并稀释至 1 000 mL；（11）0.1% 甲酸乙腈溶液：取 0.1% 甲酸 830 mL，用乙腈溶解并稀释至 1000 mL。（12）洗脱液：取氨水 5 mL，用甲醇溶解并稀释至 100 mL。（13）0.1 mol/L 盐酸溶液：取盐酸 0.83 mL，用水溶解并稀释至 100 mL。（14）50% 甲醇乙腈溶液：取甲醇 50 mL，用乙腈溶解并稀释至 100 mL。（15）100 μg/mL 磺胺类药物混合标准贮备液：精密称取磺胺类药物标准品各 10 mg，于 100 mL 量瓶中，用乙腈溶解并稀释至刻度，配制成浓度为 100p g/mL 的磺胺类药物混合标准贮备液。–20 ℃以下保存，有效期 6 个月；（16）10 μg/mL 磺胺类药物混合标准工作液：精密量取 100 μg/mL 磺胺类药物混合标准贮备液 5.0 mL，于 50 mL 量瓶中，用乙腈稀释至刻度，配制成浓度为 10 μg/mL 的磺胺类药物混合标准工作液。–20° C 以下保存，有效期 6 个月。

（三）仪器和设备

（1）高效液相色谱仪：配紫外检测器或二极管阵列检测器；（2）分析天平：感量 0.000 01 g；（3）天平：感量 0.01 g；（4）涡动仪；（5）离心机；（6）均质机；（7）旋转蒸发仪；（8）氮吹仪；（9）固相萃取装置；（10）鸡心瓶：100 mL；（11）聚四氟乙烯离心管：50 mL；（12）滤膜：有机相，0.22 μm。

（四）试料的制备与保存

（1）试料的制备：取适量新鲜或解冻的空白或供试组织，绞碎，并使均质。

（2）试料的保存：–20° C 以下保存。

（五）测定步骤

（1）提取：称取试料 5 g ± 0.05 g，于 50 mL 聚四氟乙烯离心管中，加乙酸乙酯 20 mL，涡动 2 min，4000 r/min 离心 5 min，取上清液于 100 mL 鸡心瓶中，残渣中加乙酸乙酯 20 mL，重复提取一次，合并两次提取液。

（2）净化：鸡心瓶中加 0.1 mol/L 盐酸溶液 4 mL，于 40 ℃下旋转蒸发浓缩至少于 3 mL，转至 10 mL 离心管中。用 0.1 mol/L 盐酸溶液 2 mL 洗鸡心瓶，转至同一离心管中。再用正己烷 3 mL 洗鸡心瓶，将正己烷转至同一离心管中，涡旋混合 30 s，3000 r/min 离心 5 min，弃正己烷。再次用正己烷 3 mL 洗鸡心瓶，转至同一离心管中，涡旋混合 30 s，3000 r/min 离心 5 min，弃正己烷，取下层液备用。

MCX 柱依次用甲醇 2 mL 和 0.1 mol/L 盐酸溶液 2 mL 活化，取备用液过柱，控制流速 1 mL/min。依次用 0.1 mol/L 盐酸溶液 1 mL 和 50% 甲醇乙腈溶液 2 mL 淋洗，用洗脱液 4 mL 洗脱，收集洗脱液，于 40° C 氮气吹干，加 0.1% 甲酸乙腈溶液 1.0 mL 溶解残余物，滤膜过滤，供高效液相色谱测定。

（3）标准曲线制备：精密量取 10 kg/mL 磺胺类药物混合标准工作液适量，用 0.1% 甲酸乙腈溶液稀释，配制成浓度为 10 mg/L、50 mg/L、100 mg/L、250 mg/L、500 mg/L、2 500 mg/L 和 5000 μg/L 的系列混合标准溶液，供高效液相色谱测定。以测得峰面积为纵坐标，对应的标准溶液浓度为横坐标，绘制标准曲线。求回归方程和相关系数。

（4）测定：①液相色谱参考条件：a. 色谱柱：ODs-3C$_{18}$(250 mm × 4.5 mm，粒径 5 μm)，或相当者；b. 流动相：0.1% 甲酸 + 乙腈，梯度洗脱见表 9-1；c. 流速：1 mL/min；

d. 柱温：30 ℃；e. 检测波长：270 nm；f. 进样体积：100 mL。

表9-1　流动相梯度洗脱条件

时　间 /min	0.1%甲酸 /%	乙　腈 /%
0.0	83	17
5.0	83	17
10.0	80	20
22.3	60	40
22.4	10	90
30.0	10	90
31.0	83	17
48.0	83	17

②测定法：取试样溶液和相应的对照溶液，做单点或多点校准，按外标法，以峰面积计算。对照溶液及试样溶液中磺胺类药物响应值应在仪器检测的线性范围之内。

（5）空白试验：除不加试料外，采用完全相同的步骤进行平行操作。

（六）结果计算和表述

试料中磺胺类药物的残留量按式 (9-1) 计算：

$$X = \frac{c \times V}{m} \tag{9-1}$$

式中：

X——供试试料中相应的磺胺类药物的残留量，单位为微克每千克 ($\mu g/kg$)；

c——试样溶液中相应的磺胺类药物浓度，单位为微克每毫升 ($\mu g/mL$)；

V——溶解残余物所用 0.1% 甲酸乙腈溶液体积，单位为毫升 (mL)；

m——供试试料质量，单位为克 (g)。

二、激素的检测

在畜牧业生产中激素经常被用作动物饲料添加剂或埋植于动物皮下，具有促进动物生长发育、增加体重和肥育等功效，以改善动物的生产性能，提高其畜产品的产量，从而导致所用激素在动物产品中残留。

下述方法是高效液相色谱法测定畜禽肉中的己烯雌酚。

（一）原　理

试样匀浆后，经甲醇提取过滤，注入 hPLC 柱中，经紫外检测器鉴定。于波长 230 mn 处测定吸亮度，同条件下绘制工作曲线，己烯雌酚含量与吸亮度值在一定浓度范围内成正比，试样与工作曲线比较定量。

（二）试　剂

（1）甲醇；（2）0.043 mol/L 磷酸二氢钠：取 1 g 磷酸二氢钠溶于水成 500 mL；（3）磷酸；（4）己烯雌酚标准溶液：精密称取 100 mg 己烯雌酚 (DE s) 溶于甲醇，移入 100 mL 容量瓶中，加甲醇至刻度，混匀，每毫升含 DE s1.0 mg，贮于冰箱中；（5）己烯雌酚标准使用液：吸取 10.00 m LDEs 贮备液，移入 100 mL 容量瓶中，加甲醇至刻度，混匀，每毫升含 DEs 100 μg。

（三）仪　器

（1）高效液相色谱仪：具紫外检测器；（2）小型绞肉机；（3）小型粉碎机；（4）电动振荡机；（5）离心机。

（四）分析步骤

（1）提取及净化：称取 5 g（±0.18）绞碎（小于 5 mm) 肉试样，放入 50 mL 塞离心管中，加 10.00 mL 甲醇，充分搅拌，振荡 20 min，于 3000 r/min 离心 10 min，将上清液移出，残渣中再加 10.00 mL 甲醇，混匀后振荡 20 min，于 3000 r/min 离心 10 min，合并上清液，此时若出现混浊，需再离心 10 min，取上清液过 0.5 μm 滤膜，备用。

（2）色谱参考条件：①紫外检测器：检测波长 230 nm；②灵敏度：0.04AUF s；③流动相：甲醇 +0.043 mol/L，磷酸二氢钠 (70+30)，用磷酸调 pH=5（其中水溶液需过 0.45 μm 滤膜）；④流速：1 mL/min；⑤进样量：20 μL；⑥色谱柱：2 mm×150 mm 不锈钢柱；⑦柱温：室温。

（3）标准曲线绘制：称取 5 份（每份 5.0 g）绞碎的肉试样，放入 50 mL 具塞离心管中，分别加入不同浓度的标准液 (6.0 μg/mL，12.0 μg/mL，18.0 μg/mL，24.0 μg/mL)，同时做空白。其中甲醇总量为 20.00 mL，使其测定浓度为 0.00 μg/mL，0.30 μg/mL，0.60 μg/mL，0.90 μg/mL，1.20 μg/mL，按上述处理方法提取备用。

（4）测定：分别取样 20 μL，注入 hPLC 柱中，可测得不同浓度 DE s 标准溶液的峰高，以 DE s 浓度对峰高绘制工作曲线，同时取样液 20 μL，注入 hPLC 中，测得的峰高从工作曲线图中查相应含量，Rt=8.235。

（5）计算：按下式（9-2）计算：

$$X= \frac{A \times 1\,000}{m \times \frac{V2}{V1}} \times \frac{1\,000}{1\,000 \times 1\,000} \qquad （9-2）$$

式中：

X——试样中己烯雌酚含量，单位为毫克每千克（mg/kg）；

A——进样体积中己烯雌酚含量，单位为纳克（ng）；

m——试样的质量，单位为克（g）；

V_2——进样体积，单位为微升（μL）；

V_1——试样甲醇提取液总体积，单位为毫升 (mL)。

第三节　食品中农药残留的检测

食品中农药残留量的检测分析，早期方法有比色法、分光亮度法和电化学分析法，这些方法存在灵敏度低、选择性不强的缺点，目前较少使用。自从气相色谱法出现后，特别是对农药具有很高专一性与灵敏性的检测器出现后，其在农药残留检测方面应用非常广。所以，色谱分析法是目前食品农药残留检测的主流分析技术。另外，生物传感器、生物芯片、毛细管电泳、超临界流体色谱等近些年发展起来的新技术在农药残留检测上也具有广阔的应用前景。

一、有机氯农药残留的检测

有机氯农药是成分中含有有机氯元素的有机化合物，主要分为以苯为原料和以环戊二烯为原料的两大类。前者包括使用最早、应用最广的杀虫剂滴滴涕（DDT）和六六六，以及杀螨剂三氯杀螨砜、三氯杀螨醇等，杀菌剂五氯硝基苯、百菌清、道丰宁等；后者包括作为杀虫剂的氯丹、七氯、艾氏剂等。此外，以松节油为原料的莰烯类杀虫剂、毒杀芬和以萜烯为原料的冰片基氯也属于有机氯农药。

有机氯农药残留的检测方法有气相色谱法、薄层色谱法、气相色谱—质谱法等。气相色谱法和气相色谱—质谱法是国家标准中使用的定量检测方法。

（一）定性检测——焰火法

1. 原　理

利用样品中的有机氯受热分解为氯化氢，与铜勺表面的氧化铜作用生成氯化铜，在无色火焰中呈现绿色。

2. 操　作

将铜勺在酒精灯或煤气灯上灼烧，直至铜勺表面覆盖一层黑色氧化铜为止。取少量样品，用乙醚浸泡振荡并过滤。将滤液逐滴滴在铜勺表面蒸发，然后进行灼烧，呈绿色火焰，说明样品被有机氯农药污染。若样品中的农药含量很低，可将乙醚提取液浓缩蒸干，用少量乙醇溶解残留物，然后按上述方法检验。

（二）定量检测——气相色谱—质谱法测定动物性食品中的有机氯农药残留

1. 原理

在均匀的试样溶液中定量加入 ^{13}C- 六氯苯和 ^{13}C- 灭蚁灵稳定性同位素内标，经有机溶剂振荡提取、凝胶色谱层析净化，采用选择离子监测的气相色谱—质谱法 (GC-M s) 测定，以内标法定量。

2. 试剂

（1）丙酮（Ch_3COCh_3）：分析纯，重蒸；（2）石油醚：沸程 30 ℃ ~ 60 ℃，分析纯，

重蒸；（3）乙酸乙酯 (Ch$_3$COOC$_2$h$_5$)：分析纯，重蒸；（4）环己烷 (C$_6$h$_{12}$)：分析纯，重蒸；（5）正己烷 (n-C$_6$h$_{14}$)：分析纯，重蒸；（6）氯化钠（NaCl）：分析纯；（7）无水硫酸钠（Na$_2$s$_{04}$)：分析纯，将无水硫酸钠置于干燥箱中，于 120 ℃干燥 4 h，冷却后，密闭保存；（8）凝胶：Bio-Bcads s-X 3 200 目 ~ 400 目；（9）标准溶液：分别准确称取上述农药标准品适量，用少量苯溶解，再用正己烷稀释成一定浓度的标准储备溶液，量取适量标准储备溶液，用正己烷稀释为系列混合标准溶液；（10）内标溶液：将浓度为 1 000 mg/L、体积为 1 mL^{13}C$_6$ 六氯苯和 ^{13}C$_{10}$ 灭蚁灵稳定性同位素内标溶液转移至容量瓶中，分别用正己烷定容至 10.00 mL，配制成 100 mg/L 的标准储条液，-20 ℃冰箱保存。取此标准储备液 0.6 mL，分别用正己烷定容至 10.00 mL，配制成 6.0 mg/L 的标准工作液。

3.仪 器

（1）气相色谱 - 质谱联用仪 (GC-M s)；（2）凝胶净化柱：长 30 cm、内径 2.3 cm ~ 2.5 cm 具活塞玻璃层析柱，柱底垫少许玻璃棉，用洗脱剂乙酸乙酯 - 环己烷（1+1）浸泡的凝胶，以湿法装入柱中，柱高约 26 cm，使凝胶始终保持在洗脱剂中；（3）全自动凝胶色谱系统，带有固定波长 (254 nm) 紫外检测器，供选择使用；（4）旋转蒸发仪；（5）组织匀浆器；（6）振荡器；（7）氮气浓缩器。

4.分析步骤

（1）试样制备

蛋品去壳，制成匀浆；肉品去筋后，切成小块，制成肉糜；乳品混匀待用。

（2）提取与分配

①蛋类：称取试样 20 g(精确到 0.01 g)，置于 200 mL 具塞三角瓶中，加水 5 mL(视试样水分含量加水，使总含水量约 20 g。通常鲜蛋水分含量约 75%，加水 5 mL 即可)，加入 ^{13}C$_6$ 六氯苯 (6 mg/L) 和 ^{13}C$_{10}$ 灭蚁灵（6 mg/L) 各 5 μL，加入 40 mL 丙酮，振摇 30 min 后，加入氯化钠 6 g，充分摇匀，再加入 30 mL 石油醚，振摇 30 min。静置分层后，将有机相全部转移至 100 mL 具塞三角瓶中经无水硫酸钠干燥，并量取 35 mL 于旋转蒸发瓶中，浓缩至约 1 mL，加 2 mL 乙酸乙酯 - 环己烷（1+1）溶液再浓缩，如此重复 3 次，浓缩至约 1 mL，供凝胶色谱层析净化使用，或将浓缩液转移至全自动凝胶渗透色谱系统配套的进样试管中，用乙酸乙酯 - 环己烷 (1+1) 溶液洗涤旋转蒸发瓶数次，将洗涤液合并至试管中，定容至 10 mL。

②肉类：称取试样 20g(精确到 0.01g)，加水 6 mL(视试样水分含量加水，使总含水量约为 20g。通常鲜肉水分含量约 70%，加水 6 mL 即可)，加入 ^{13}C$_6$ 六氯苯（6 mg/L）^{13}C$_{10}$ 和灭蚁灵（6 mg/L）各 5 μL，再加入 40 mL 丙酮，振摇 30 min。其余操作与①从"加入氯化钠 6 g"开始的蛋类操作相同，按照执行。

③乳类：称取试样 20 g(精确到 0.01 g。鲜乳不需加水，直接加丙酮提取)，加入 ^{13}C$_6$ 六氯苯 (6 mg/L) 和灭蚁灵（6 mg/L）各 5 μL，再加入 40 mL 丙酮，振摇 30 min。其余操作与①从"加入氯化钠 6 g"开始的蛋类操作相同，按照执行。

④油脂：称取 1 g(精确到 0.01 g)，加 ^{13}C$_6$ 六氯苯 (6 mg/L) 和 ^{13}C$_{10}$ 灭蚁灵 (6 mg/L)

各 5 μL，加入 30 mL 石油醚振摇 30 min 后，将有机相全部转移至旋转蒸发瓶中，浓缩至约 1 mL，加入 2 mL 乙酸乙酯环己烷（1+1）溶液再浓缩，如此重复 3 次，浓缩至约 1 mL，供凝胶色谱层析净化使用，或将浓缩液转移至全自动凝胶渗透色谱系统配套的进样试管中，用乙酸乙酯 - 环己烷（1+1）溶液洗涤旋转蒸发瓶数次，将洗涤液合并至试管中，定容至 10 mL。

（3）净 化

选择手动或全自动净化方法进行。

①手动凝胶色谱柱净化：将试样浓缩液经凝胶柱以乙酸乙酯 - 环己烷（1+1）溶液洗脱，弃去 0 mL ～ 35 mL 流分，收集 35 mL ～ 70 mL 流分。将其旋转蒸发浓缩至约 1 mL，再重复上述步骤，收集 35 mL ～ 70 mL 流分，蒸发浓缩，用氮气吹除溶剂，再用正己烷定容至 1 mL，留待 GC-M s 分析。

②全自动凝胶渗透色谱系统 (GPC) 净化：试样由 5 mL 试样环注入 GPC 柱，泵流速 5.0 mL/min，用乙酸乙酯 - 环己烷（1+1）溶液洗脱，时间程序为：弃去 0 min ～ 7.5 min 流分，收集 7.5 min ～ 15 min 流分，15 min ～ 20 min 冲洗 GPC 柱。将收集的流分旋转蒸发浓缩至约 1 mL，用氮气吹至近干，以正己烷定容至 1 mL，留待 GC-M s 分析。

（4）测 定

①气相色谱参考条件：a. 色谱柱：CP- sil 8 毛细管柱或等效柱，柱长 30m，膜厚 0.25 μm，内径 0.25 mm；b. 进样口温度：230 ℃；c. 柱温程序：初始温度 50 ℃，保持 1 min，以每分钟 30 ℃升至 150 ℃，再以每分钟 5 ℃升至 185 ℃，然后以 10 ℃升至 280 ℃，保持 10 min；d. 进样方式：不分流进样，不分流阀关闭时间 1 min；e. 进样量：1 μL；f. 载气：使用高纯氦气（纯度 >99.999%)，柱前压为 41.4 kPa(相当于 6psi)。

②质谱参数：a. 离子化方式：电子轰击源（EI），能钘为 70 eV；b. 离子检测方式：选择离子监测（sIM）；c. 离子源温度：250 ℃；d. 接口温度：285 ℃；e. 分析器电压：450 V；f. 扫描质量范围：50 u ～ 450 u；g. 溶剂延迟：9 min；h. 扫描速度：每秒扫描 1 次。

③测定：吸取试样溶液 1 μL 进样，记录色谱图及各目标化合物和内标的峰面积，计算目标化合物与相应内标的峰面积比。

5. 结果计算

试样中各农药组分的含量按式 (9-3) 进行计算：

$$X= \frac{A \times f}{m} \tag{9-3}$$

式中：

X——试样中各农药组分的含量，单位为微克每千克 (mg/kg)；

A——试样色谱峰与内标色谱峰的峰面积比值对应的目标化合物质量，单位为纳克 (ng)；

f——试样溶液的稀释因子；

m——试样的取样量，单位为克 (g)。

二、有机磷农药残留的检测

有机磷农药是用于防治植物病、虫、害的含有机磷的化合物。这类农药品种多、药效高、用途广、易分解，在人、畜体内一般不积累，在农药中是极为重要的一类化合物。但有不少品种对人、畜的急性毒性很强。

有机磷农药种类很多，常分为三大类，分别为剧毒类（如甲拌磷、内吸磷、对硫磷、保棉丰、氧化乐果）、高毒类（如甲基对硫磷、二甲硫吸磷、敌敌畏、亚胺磷）、低毒类（如敌百虫、乐果、氯硫磷等）。

有机磷农药残留的检测方法主要有微量化学法、快速定性检测法、高效液相色谱法、气相色谱法、酶抑制法、酶联免疫法。气相色谱法和液相色谱法是国家标准中使用的定量检测方法。

（一）定性检测——速测卡法

1. 原　理

胆碱酯酶可催化靛酚乙酸酯（红色）水解为乙酸与靛酚（蓝色），有机磷类或氨基甲酸酯类农药对胆碱酯酶有抑制作用，使催化、水解、变色的过程发生改变，由此可判断出样品中是否含有有机磷类或氨基甲酸酯类农药。

2. 试　剂

（1）固化有胆碱酯酶和靛酚乙酸酯试剂的纸片（速测卡）。

（2）pH7.5 缓冲溶液：分别取 15.0 g 磷酸氢二钠（$Na_2hPO_4 \cdot 12h_2O$）与 1.598 无水磷酸二氢钾（Kh_2PO_4），用 500 mL 蒸馏水溶解。

3. 操作方法

（1）整体测定法

①选取蔬菜样品，擦除泥土，剪成 1 cm² 左右的碎片，取 5 g 放入带盖瓶中，加入 10 mL 缓冲溶液，振摇 50 次，静置 2 min 以上。

②取一片速测卡，用白色药片蘸取提取液，放置 10 min 以上进行预反应，有条件时在 37 ℃恒温箱中放置 10 min。预反应后的药片表面必须保持湿润。

③将速测卡对折，用手捏 3 min 或用恒温装置恒温 3 min，使红色药片与白色药片叠合反应。

④每批测定应设一个缓冲液的空白对照卡。

（2）表面测定法

①擦去蔬菜样品表面泥土，滴 2 ~ 3 滴缓冲液，用另一片蔬菜在滴液处轻轻摩擦。

②取一片速测卡，将蔬菜上的液滴滴在白色药片上。

③放置 10 min 以上进行预反应，有条件时在 37 ℃恒温箱中放置 10 min。预反应后的药片表面必须保持湿润。

④将速测卡对折，用手捏 3 min 或用恒温装置恒温 3 min，使红色药片与白色药片叠合反应。

⑤每批测定应设一个缓冲液的空白对照卡。

4.测定结果

与空白对照卡比较，白色药片不变色或略有浅蓝色均为阳性，白色药片变为天蓝色或与空白对照卡相同为阴性。对阳性结果的样品，可用其他分析方法进一步分析以确定农药的种类和含量。

5.注意事项

葱、韭菜、生姜、蒜、辣椒、胡萝卜等蔬菜，含有破坏酶活性或使蓝色产物褪色的物质，处理这类样品时，不能剪得太碎，浸提时间要短，必要时采取整株蔬菜浸提。

（二）定量检测——气相色谱法测定蔬菜水果中的有机磷农药残留

1.原　理

试样中有机磷类农药经乙腈提取，提取溶液经过滤、浓缩后，用丙酮定容，用双自动进样器同时注入气相色谱仪的两个进样口，农药组分经不同极性的两根毛细管柱分离，火焰亮度检测器(FPD磷滤光片)检测。用双柱的保留时间定性，外标法定量。

2.试剂与材料

（1）乙腈；（2）丙酮，重蒸；（3）氯化钠，140 ℃烘烤4 h；（4）滤膜0.2 μm有机溶剂膜；（5）铝箔。

3.农药标准溶液配制

（1）单一农药标准溶液

准确称取一定量(精确至0.1 mg)某农药标准品，用丙酮做溶剂，逐一配制成1 000 mg/L的单一农药标准储备液，贮存在 –18 ℃以下冰箱中。使用时根据各农药在对应检测器上的响应值，准确吸取适量的标准储备液，用丙酮稀释配制成所需的标准工作液。

（2）农药混合标准溶液

将农药分组，根据各农药在仪器上的响应值，逐一准确吸取一定体积的同组别的单个农药储备液分别注入同一容量瓶中，用丙酮稀释至刻度，采用同样方法配制成相对应的农药混合标准储备溶液。使用前用丙酮稀释成所需质量浓度的标准工作液。

4.仪器设备

（1）气相色谱仪，带有双火焰光度检测器(FPD磷滤光片)，双自动进样器，双分流/不分流进样口；（2）分析实验室常用仪器设备；（3）食品加工器；（4）旋涡混合器；（5）匀浆机；（6）氮吹仪。

5.分析步骤

（1）试样制备

按GB/T 8855抽取蔬菜、水果样品，取可食部分，经缩分后，将其切碎，充分混匀放入食品加工器粉碎，制成待测样。放入分装容器中，于 –20 ℃～ –16 ℃条件下保存，备用。

（2）提　取

准确称取25.0 g试样放入匀浆机中，加入50.0 mL乙腈，在匀浆机中高速匀浆

2 min 后用滤纸过滤，滤液收集到装有 5g ~ 7g 氯化钠的 100 mL 具塞量筒中，收集滤液 40 mL ~ 50 mL，盖上塞子，剧烈震荡 1 min，在室温下静置 30 min，使乙腈相和水相分层。

（3）净　化

从具塞量筒中吸取 10.00 mL 乙腈溶液，放入 150 mL 烧杯中，将烧杯放在 80 ℃水浴锅上加热，杯内缓缓通入氮气或空气流，蒸发近干，加入 2.0 mL 丙酮，盖上铝箔，备用。

将上述备用液完全转移至 15 mL 刻度离心管中，再用约 3 mL 丙酮分三次冲洗烧杯，并转移至离心管，最后定容至 5.0 mL，在旋涡混合器上混匀，分别移入两个 2 mL 自动进样器样品瓶中，供色谱测定。如定容后的样品溶液过于混浊，应用 0.2 μm 滤膜过滤后再进行测定。

（4）测　定

①色谱参考条件：a. 色谱柱：预柱：1.0 m，0.53 mm 内径，脱活石英毛细管柱。

两根色谱柱，分别为：

A 柱：50% 聚苯基甲基硅氧烷 (DB-17 或 hP-50+)[1] 柱，30 m × 0.53 mm × 1.0 μm，或相当者；

B 柱：100% 聚甲基硅氧烷 (DB-1 或 hP-1)[1] 柱，30 m × 0.53 mm × 1.50 μm，或相当者。

b. 温度：进样口温度：220 ℃；检测器温度：250 ℃。

柱温：150 ℃（保持 2 min）-8 ℃/min->250 ℃（保持 12 min）。

c. 气体及流量：载气：氮气，纯度 >99.999%，流速为 10 mL/min；燃气：氢气，纯度 >99.999%，流速为 75 mL/min；助燃气：空气，流速为 100 mL/min。

d. 进样方式：不分流进样。样品溶液一式两份，由双自动进样器同时进样。

②色谱分析：由自动进样器分别吸取 1.0 μm 标准混合溶液和净化后的样品溶液注入色谱仪中，以双柱保留时间定性，以 A 柱获得的样品溶液峰面积与标准溶液峰面积比较定量。

6. 结果表述

（1）定性分析

双柱测得样品溶液中未知组分的保留时间 (RT) 分别与标准溶液在同一色谱柱上的保留时间 (RT) 相比较，如果样品溶液中某组分的两组保留时间与标准溶液中某一农药的两组保留时间相差都在 ± 0.05 min 内，则可认定为该农药。

（2）定量结果计算

试样中被测农药残留量以质量分数 w 计，单位以毫克每千克 (mg/kg) 表示，按公式 (9-4) 计算。

$$W = \frac{V_1 \times A \times V_3}{V_2 \times As \times M} \times \rho \tag{9-4}$$

式中：

ρ——标准溶液中农药的质量浓度，单位为毫克每升（mg/L）；

A——样品溶液中被测农药的峰面积；

A_s——农药标准溶液中被测农药的峰面积；

V_1——提取溶剂总体积，单位为毫升（mL）；

V_2——吸取出用于检测的提取溶液的体积，单位为毫升（mL）；

V_3——样品溶液定容体积，单位为毫升（mL）；

M——试样的质量，单位为克（g）。

三、氨基甲酸酯类农药残留的检测

氨基甲酸酯类农药是人类针对有机氯和有机磷农药的缺点而开发出来的一种新型广谱杀虫、杀螨、除草剂，在水中溶解度高，具有高效、选择性强、广谱、对人畜低毒、易分解和残留期短的优点，在农业、林业和牧业等方面得到了广泛的应用。氨基甲酸酯类农药使用量较大的有速灭威、西维因、涕灭威、克百威、叶蝉散和抗蚜威等。氨基甲酸酯类农药一般在酸性条件下较稳定，遇碱易分解，暴露在空气和阳光下易分解，在土壤中的半衰期为数天至数周。

联合国粮食及农业组织及世界卫生组织联合食品添加剂专家委员会曾在2005年进行有关氨基甲酸酯类农药评估，认为经食物（不包括酒精饮品）摄入的氨基甲酸酯类农药分量，对健康的影响并不大，但经食物和酒精饮品摄入的氨基甲酸酯类总量，则可能对健康构成潜在的风险。专家委员会建议采取措施，减少一些农作物氨基甲酸酯类农药的含量。

氨基甲酸酯农药残留的检测方法有气相色谱法、气相色谱—质谱联用法、高效液相色谱法、液相色谱—质谱/质谱法、免疫分析法、酶抑制法等。气相色谱法和液相色谱—质谱法是国家标准中使用的定量检测方法。

（一）定性检测——分光亮度法

1. 原　理

在一定条件下，有机磷和氨基甲酸酯类农药对胆碱酯酶正常功能有抑制作用，其抑制率与农药的浓度成正相关。正常情况下，酶催化神经传导代谢产物（乙酰胆碱）水解，其水解产物与显色剂反应，产生黄色物质，用分光亮度计在412 nm处测定吸亮度随时间的变化值，计算出抑制率。通过抑制率可以判断出样品中是否有高剂量有机磷或氨基甲酸酯类农药的存在。

2. 试剂

（1）pH8.0缓冲溶液：分别取11.9 g无水磷酸氢二钾与3.2 g磷酸二氢钾，用1 000 mL热馏水溶解；（2）显色剂：分别取160 mg二硫代二硝基苯甲酸（DTNB）和15.6 mg碳酸氢钠，用20 mL缓冲溶液溶解，4 ℃冰箱中保存；（3）底物：取25.0 mg硫代乙酰胆碱，加3.0 mL蒸馏水溶解，摇匀后置4 ℃冰箱中保存备用；（4）乙酰胆碱酯酶：根据酶的活性情况，用缓冲溶液溶解，3 min的吸光度变化值应控制在0.3以上；（5）可选用由以上试剂制备的试剂盒。乙酰胆碱酯酶的 ΔA_0 值应控制在 0.3 以上。

3.. 仪器

（1）分光光度计或相应测定仪；（2）常量天平；（3）恒温水浴或恒温箱。

4. 分析步骤

（1）样品处理，选取有代表性的蔬菜样品，冲洗掉表面泥土，剪成 1 cm 左右见方碎片，取样品 1 g，放入烧杯或提取瓶中，加入 5 mL 缓冲溶液，振荡 1 min ~ 2 min，倒出提取液，静置 3 min ~ 5 min，待用。

（2）对照溶液测试，先于试管中加入 2.5 mL 缓冲溶液，再加入 0.1 mL 酶液、0.1 mL 显色剂，摇匀后于 37 ℃放置 15 min 以上（每批样品的控制时间应一致）。加入 0.1 mL 底物摇匀，此时检液开始显色反应，应立即放入仪器比色池中，记录反应 3 min 的吸亮度变化值 ΔA_0。

（3）样品溶液测试：先于试管中加入 2.5 mL 样品提取液，其他操作与对照溶液测试相同，记录反应 3 min 的吸亮度变化值 ΔA_0。

5. 结果的表述计算

(1) 结果计算见式（9-5）。

$$抑制率（\%）=[(\Delta A_0 - \Delta A_t)/\Delta A_0] \times 100 \qquad （9-5）$$

式中：

ΔA_0——对照溶液反应 3 min 吸亮度的变化值；

ΔA_t——样品溶液反应 3 min 吸亮度的变化值。

（2）结果判定

结果以酶披抑制的程度 (抑制率) 表示。当蔬菜样品提取液的抑制率≥50% 时，表示蔬菜中有高剂量有机磷或氨基甲酸酯类农药存在，样品为阳性结果。阳性结果的样品需要检验 2 次以上。对阳性结果的样品，可用其他方法进一步确定具体农药品种和含量。

6. 说明

（1）葱、蒜、萝卜、韭菜、芹菜、杏菜、茭白、蘑菇及西红柿汁液中，含有对酶有影响的植物次生物质，容易产生假阳性。处理这类样品时，可采取整株 (体) 蔬菜浸提。对一些含叶绿素较高的蔬菜，也可采取整株 (体) 蔬菜浸提的方法，减少色素的干扰。

（2）当温度条件低于 37 ℃，反应的速度随之放慢，加入酶液和显色剂后放置反应的时间应相对延长，延长时间的确定，应以胆碱酯酶空白对照测试 3 min 的吸亮度变化 ΔA_0 值在 0.3 以上，即可往下操作。注意样品放置时间应与空白对照溶液放置时间一致才有可比性。胆碱的空白对照溶液 3 min 的吸亮度变化△ A_0 值 <0.3 的原因：一是酶的活性不够，二是温度太低。

（二）定量检测——液相色谱—质谱 / 质谱法测定乳及乳制品中多种氨基甲酸酯类农药残留

1. 原理

试样用乙腈提取，提取液经固相萃取柱净化后，甲醇洗脱，用液相色谱—串联质谱仪检测和确证，外标法定量。

2. 试剂和材料

（1）试剂：①乙腈（C_2H_3N）：残留级；②甲醇（CH_4O）：残留级；③甲酸（CH_2O_2）：优级纯；④甲醇 - 水溶液（3+2，V/V）：准确量取 60 mL 甲醇和 40 mL 水，混合后备用；⑤无水硫酸钠（Na_2SO_4）：分析纯，经 650 ℃灼烧 4 h，贮于密封容器中备用；⑥氯化钠（NaCl）：分析纯。

（2）标准品

农药标准物质：杀线威、灭多威、抗蚜威、涕灭威、速灭威、恶虫威、克百威、甲萘威、呋线威、异丙威、乙霉威、仲丁威、残杀威和甲硫威等，纯度均≥ 98.5％。

（3）标准溶液配制

①标准储备溶液：分别准确称取适量的各种氨基甲酸酯标准物质，用甲醇配制成浓度为 100 μg/mL 的标准储备溶液，–18 ℃保存。

②混合标准中间溶液：分别准确吸取适量的氨基甲酸酯类农药标准储备溶液，用甲醇配制成浓度为 5 μg/mL 的混合标准中间溶液，–18 ℃保存。

③基质混合标准工作溶液：根据需要吸取适量的混合标准中间溶液，用空白样品基质溶液配制成适当浓度的混合标准工作溶液，0 ~ 4 ℃冰箱中保存，使用前配制。

（4）材　料

①微孔过滤膜：13 mm × 0.22 μm，有机系。

② C_{18} 固相萃取柱：ENVI™-18 1 000 mg，6 mL，或相当者。

3. 仪器和设备

（1）液相色谱—串联质谱仪：配备电喷雾离了源（ESI）；（2）天平：感量 0.01 g 和 0.000 1 g；（3）均质器；（4）离心机：4000 r/min；（5）旋转蒸发器；（6）聚丙烯离心管：50 mL；（7）烧瓶：100 mL。

4. 试样保存

纯奶、酸奶、果奶、奶酪等于 0 ~ 4 ℃保存，奶粉密封常温保存。

5. 分析步骤

（1）提取

① 奶、果奶、奶酪等：称取试样 5 g（精确到 0.01 g）于 50 mL 离心管中，加入 20 mL 乙腈以及 5g 无水硫酸钠，均质提取 1 min，加入 2g 氯化钠，振荡，于 4 000 r/min 离心 3 min。吸取上清液，残渣再用 10 mL 乙腈重复提取 1 次，提取纯奶、酸合并上清液，于 40 ℃水浴中旋转蒸发浓缩至近干，加 5 mL 甲醇溶解，待净化。

②奶粉等：称取试样 3g（精确到 0.01g）于 50 mL 离心管中，加入 5 mL 水，30 ℃水浴振荡 10 min。再加入 20 mL 乙腈以及 5g 无水硫酸钠，均质提取 1 min，加入 2g 氯化钠，振荡，于 4 000 r/min 离心 3 min。吸取上清液，残渣再用 10 mL 乙腈重复提取 1 次，合并上清液，于 40 ℃水浴中旋转蒸发浓缩至近干，加 3 mL 甲醇溶解，待净化。

（2）净　化

用 10 mL 甲醇活化 ENVI-18 固相萃取柱后，弃去活化液，吸取 2 mL 提取液上样。用 15 mL 甲醇进行洗脱（流速不超过 1 mL/min）。收集上样液和全部洗脱液于 100 mL 烧瓶中，于 40 ℃水浴中旋转蒸发浓缩至近干。用氮气吹干，甲醇 - 水溶液（3+2，V/V）溶解并定容至 1.0 mL，过滤膜，供液相色谱 - 串联质谱仪测定和确证。

（3）测　定

①液相色谱参考条件：a. 色谱柱：Thermo hypersil GOLD C$_{18}$，150 mm×2.1 mm，5μm，或相当者；b. 柱温：30 ℃；c. 流速：0.25 mL/min；d. 进样量：10μL；e. 流动相及梯度洗脱条件见表9-2。

表9-2　流动相及梯度洗脱条件

时　间 (min)	流　速 (μL/min)	甲　醇 (%)	0.1% 甲酸水溶液 (%)
0.00	250	30.0	70.0
1.00	250	40.0	60.0
2.00	250	60.0	40.0
3.00	250	80.0	20.0
5.00	250	95.0	5.0
9.00	250	95.0	5.0
9.00	250	30.0	70.0
12.00	250	30.0	70.0

②质谱参考条件：a. 电离方式：电喷雾电离（ESI）；b. 扫描方式：正离子扫描；c. 检测方式：多反应监测（MRM）；d. 电喷雾电压：4.2 kV；e. 鞘气、辅助气均为高纯氮气，碰撞气为高纯氩气。使用前应调节各气体流量以使质谱灵敏度达到检测要求；f) 离子源温度：350 ℃。

③色谱测定与确证：根据样液中被测物含量情况，选定浓度相近的基质混合标准工作溶液，基质混合标准工作溶液和待测样液中 14 种氨基甲酸酯类农药的响应值均应在仪器检测的线性范围内。

标准溶液及样液均按上述规定的条件进行测定，如果样液中与标准溶液相同的保留时间有峰出现，则对其进行确证。经确证分析被测物质量色谱峰保留时间与标准物质相一致，并且在扣除背景后的样品谱图中，所选择的离子均出现；同时所选择离子的丰度比与标准样物质相关离子的相对丰度一致，相似度在允许偏差之内，则可判定样品中存在对应的被测物。采用基质溶液标准曲线外标法定量。

（4）空白试验

除不称取试样外，均按上述步骤进行。

6. 结果计算和表述

用色谱数据处理软件或按（9-6）式计算试样中 14 种氨基甲酸酯类农药残留量：

$$X = \frac{Ai \times ci \times V \times 1\,000}{Ais \times m \times 1\,000} \tag{9-6}$$

式中：

X_i——试样中农药 i 残留量，单位为毫克每千克（mg/kg）；

A_i——样液中氨基甲酸酯类农药的峰面积（或峰高）；

c_i——标准工作液中农药 i 的浓度，单位为微克每毫升（mg/mL）；

V——样液最终定容体积，单位为毫升(mL)；

A_{is}——标准工作液中农药 i 的峰面积（或峰高）；

m——最终样液所代表的试样质量，单位为克(g)。

四、拟除虫菊酯类农药残留的检测

拟除虫菊酯类农药是模拟天然除虫菊素由人工合成的一类杀虫剂，有效成分是天然菊素。由于其杀虫谱广、效果好、低残留，无蓄积作用等优点，近 30 年来应用日益普遍。拟除虫菊酯类农药多不溶于水或难溶于水，可溶于多种有机溶剂，对光热和酸稳定，遇碱(pH>8)时易分解。可经消化道、呼吸道和皮肤黏膜进入人体。但因其脂溶性小，所以不易经皮肤吸收，在胃肠道吸收也不完全。进入体内的毒物，在肝微粒体混合功能氧化酶(MFO)和拟除虫菊酯酶的作用下，进行氧化和水解等反应而生成酸（如游离酸、葡萄糖醛酸或甘氨酸结合形式）、醇（对甲基羧化物）的水溶性代谢产物及结合物而排出体外。主要经肾排出，少数随大便排出。24 小时内排出 50％以上，8 天内几乎全部排出，仅有微量残存于肝脏中。大量动物试验证明，拟除虫菊酯类无致癌、致畸和突变作用。

拟除虫菊酯类残留的检测方法有气相色谱法、气相色谱—质谱联用法、高效液相色谱法、液相色谱—质谱/质谱法、速测盒法、免疫分析法、薄层色谱法、生物传感器法等。气相色谱法和气相色谱/质谱法是国家标准中使用的定量检测方法。

（一）定性检测——显色法

1. 原　理

将已知浓度的拟除虫菊酯类农药水解，选用分光亮度法测定空白对照和已知浓度的拟除虫菊酯类农药在 525 nm 处的吸亮度值，得到吸亮度差值与拟除虫菊酯类农药浓度之间的线性关系标准曲线；对未知浓度的拟除虫菊酯类农药进行水解，利用所述显色检测体系对样品进行检测，获得基于羧酸酯酶水解显色方法对样品的吸亮度差值，并利用标准曲线法对样品中拟除虫菊酯农药含量进行测定。

2. 操作方法

（1）将已知浓度的拟除虫菊酯类农药水解。将农药和羧酸酯酶酶液加入弱碱性的缓冲溶液中，农药、羧酸酯酶酶液和缓冲溶液的体积比 1：1：25，水解完全；然后用乙酸乙酯萃取水解产物，经旋蒸除去萃取剂后再复溶于乙腈醋酸溶液中；

（2）显色检测的步骤。将浓度为 2 ~ 4 mol/L 的硫酸和 5 ~ 15 mmol/L 的高锰酸钾溶液加入到比色管中，混合均匀，硫酸和高锰酸钾溶液的体积比为 12：1；取 0.77 mL 的步骤（1）中复溶样品加入，另外取 0.77 mL 乙腈醋酸溶液为对照，于 55 ℃ ~ 65 ℃ 反应 10 ~ 15 min，选用分光亮度法测定 525 nm 处的吸亮度值，记录已知浓度的拟除虫菊酯类农药与空白之间的吸亮度差值，获得不同浓度的拟除虫菊脂农药溶液的吸亮度响应值，得到吸亮度差值与拟除虫菊酯类农药浓度之间的线性关系标准曲线；

（3）在步骤（2）得到的标准曲线的基础上，采用步骤（1）的方法对未知浓度的拟除虫菊酯类农药进行水解，利用所述显色检测体系对样品进行检测，获得基于羧酸酯酶水解显色方法对样品的吸亮度差值，并利用标准曲线法对样品中拟除虫菊酯农药含量进行测定。

3. 适用范围

该方法适用于粮食、蔬菜、水果等农产品及环境中Ⅰ型和Ⅱ型拟除虫菊酯类农药残留的定性和定量检测，操作步骤简便、快捷、成本低，易于在现场快速检测设备中使用。

（二）定量检测——气相色谱/质谱法测定冻兔肉中拟除虫菊酯类农药残留

1. 原 理

试样用环己烷 + 乙酸乙酯混合溶剂均质提取，提取液浓缩后经凝胶渗透色谱和间相萃取净化，浓缩，气相色谱—质谱仪检测，外标法定量。

2. 试剂和材料

（1）乙腈；（2）环己烷；（3）乙酸乙酯；（4）环己烷 + 乙酸乙酯混合溶剂（1+1，体积比）；（5）正己烷；（6）正己烷饱和的乙腈：向 100 mL 乙腈中加入 100 mL 正己烷，充分振摇后，静置分层，取下层乙腈备用；（7）甲苯；（8）丙酮；（9）无水硫酸钠，分析纯：用前在 650 ℃ 灼烧 4 h，储存于干燥器中，冷却后备用；（10）中性氧化铝固相萃取小柱，500 mg，3 mL 或相当者：用前使用 2 mL 正己烷饱和的乙腈活化；（11）农药标准物质：纯度 ≥ 95%；（12）标准储备溶液；（13）准确称取 10 mg(精确至 0.1 mg) 各农药标准物，分别置于 10 mL 容量瓶中，用甲苯溶解并定容至刻度；（14）混合标准溶液：按照农药的性质和保留时间，将农药按照规定的浓度分组，用甲苯配制成混合标准溶液。混合标准溶液避光 4 ℃ 保存，可使用 1 个月；（15）基质混合标准工作溶液：按照规定的浓度，分别取混合标准溶液 0 mL、0.05 mL、0.10 mL、0.25 mL、0.5 mL，加样品空白基质提取液并定容至 1.0 mL，混匀，配成四组基质混合标准工作溶液，用于绘制标准工作曲线，基质混合标准工作溶液使用前配制。

3. 仪 器

（1）气相色谱—质谱仪：配有电子轰击源 (El)；（2）凝胶渗透色谱仪：内装 Bio ~ Bead s s*X3 填料的净化柱；（3）分析天平：感量 0.1 mg 和 0.01g 各一台；（4）旋

转蒸发器；（5）均质器：最大转速为 24 000 r/min；（6）离心机：最大转速为 5 000 r/min；（7）氮气吹干仪。

4.试样制备与保存

样品用绞肉机绞碎，充分混匀，用四分法缩分至不少于 500 g，作为试样，装入清洁器内，加封后，标明标记。试样于 −18 ℃冷冻保存。

5.测定步骤

（1）提　取

称取约 10 g 试样，精确到 0.01 g，放入装有 20 g 无水硫酸钠的 50 mL 离心管中，加 35 mL 乙酸乙酯 - 环己烷混合溶剂，均质 1 min，把离心管放入离心机中，在 4 000 r/min 离心 5 min，上清液通过装有无水硫酸钠的漏斗，收集于 100 mL 鸡心瓶中，离心管中的组织残渣再用 35 mL 乙酸乙酯 - 环己烷混合溶液提取一次，离心后上清液过装有无水硫酸钠的漏斗到上述鸡心瓶中，于 40 ℃水浴将提取液旋转蒸发至约 1 mL，浓缩液转移至 GPC 自动进样系统的样品管中，用乙酸乙酯 - 环己烷混合溶剂洗涤旋转蒸发瓶两次，洗涤液合并至样品管中并定容至 10 mL。

（2）凝胶渗透色谱净化

①色谱条件：a.净化柱：200 mm×25 mm，内装 Bio ~ Bcad s s ~ X3 填料；b.检测波长：254 nm；c.流动相：乙酸乙酯 - 环己烷混合溶剂；d.流速：4.7 mL/mi；e.进样量：5 mL；f.开始收集时间：7.5 min；g.结束收集时间：15 min。

②净化：样液过滤后通过 5 mL 样品环注入 GPC 柱，收集 7.5 min ~ 15 min 馏分于 100 mL 鸡心瓶中，并在 40 ℃水浴旋转蒸发至约 1 mL，待过氧化铝固相萃取柱。

（3）固相萃取净化

将上述样液加到已活化的氧化铝固相萃取柱内，用 5 mL 正己烷饱和的乙腈洗脱，收集洗脱液于 40 ℃氮气吹至近干，用 1.0 mL 丙酮溶解残渣，供 GC-M s 测定．

（4）测　定

①气相色谱 - 质谱条件：a.色谱柱：DB ~ 1701(30m×O.25 mm×O.15 μm) 石英毛细管柱或相当者；b.色谱柱温度：40 ℃保持 1 min，然后以每分钟 30 ℃升温至 130 ℃，再以每分钟 5 ℃升温至 250 ℃，再以每分钟 10 ℃升温至 300 ℃，保持 5 min；c.载气：氮气，纯度 ≥ 99.999%，流速为 1.0 mL/min；d.进样口温度：280 ℃；e.进样量：1 μL；f.进样方式：不分流进样，0.75 min 后打开分流阀；g.电子轰击源：70 eV；h.离子源温度：180 ℃；i)GC-Ms 接口温度：280 ℃；j.选择离子监测。

②定量测定：定量应采用基质混合标准工作溶液，标准溶液的浓度应与待测化合物的浓度相近，并且保证所测样品中农药的响应值均在仪器的线性范围内，外标法定量测定。

6.结果计算

按式 (9-7) 计算试样中每种农药的残留量，计算结果需扣除空白。

$$X= \frac{A \times cs \times V}{As \times m} \tag{9-7}$$

式中：

X——试样中每种农药的残留量，单位为毫克每千克（mg/kg）；

A——试样中每种农药的色谱峰面积；

c_s——标准工作溶液中每种农药的浓度，单位为微克每毫升（μg/mL）；

V——样液最终定容体积，单位为毫升（mL）；

A_s——标准工作溶液中每种农药的色谱峰面积；

m——最终试样体积所代表的试样量，单位为克（g）。

参考文献

[1] 李东凤. 食品分析综合实训 [M]. 北京：化学工业出版社，2008.

[2] 张英. 食品理化与微生物检测试验 [M]. 北京：中国轻工业出版社，2004.

[3] 王叔淳. 食品分析质量保证与实验室认可 [M]. 北京：化学工业出版社，2004.

[4] 高向阳. 现代食品分析 [M]. 北京：科学出版社，2012.

[5] 孙清荣. 食品分析与检验 [M]. 北京：中国轻工业出版社，2011.

[6] 吴晓彤. 食品检测技术 [M]. 北京：化学工业出版社，2013.

[7] 李启隆，胡劲波. 食品分析科学 [M]. 北京：化学工业出版社，2011.

[8] 刘兴友，习有祥. 食品理化检验学 [M]. 北京：中国农业大学出版社，2008.

[9] 杨严俊. 食品分析 [M]. 北京：化学工业出版社，2013.

[10] 丁晓雯. 食品分析实验 [M]. 北京；中国林业出版社，2012.

[11] 郝生宏. 食品分析检测 [M]. 北京：化学工业出版社，2011.

[12] 周光理. 食品分析与检验技术 [M]. 北京：化学工业出版社，2010.

[13] 徐思源. 食品分析与检验 [M]. 北京：中国劳动社会保障出版社，2013.

[14] 陈晓平，黄广民. 食品理化检验 [M]. 北京：中国计量出版社，2008.

[15] 彭珊珊. 食品分析检测及其实训教程 [M]. 北京：中国轻工业出版社，2011.

[16] 姜黎. 食品理化检验与分析 [M]. 天津：天津大学出版社，2010.

[17] 杨严俊. 食品分析 [M]. 北京：化学工业出版社，2013.

[18] 王朝臣，吴君艳. 食品理化检验项目化教程 [M]. 北京：化学工业出版社，2013.

[19] 王燕. 食品检验技术（理化部分）[M]. 北京：中国轻工业出版社，2011.

[20] 李京东，余奇飞，刘丽红. 食品分析与检验技术 [M]. 北京：化学工业出版社，2011.

[21] 潘长春. 食品分析中镉含量的几种检测方法 [J]. 中国高新技术企业，2010.

[22] 苏帅鹏，徐斐，曹慧，等. 重金属快速检测方法的研究进展 [J]. 应用化工，2013.